과학과 함께 걸어오다

과학과 함께 걸어오다

과학과 함께 걸어오다

have stepped so far with science

이장로 이학박사 편저

한림원 (주)

서문

이 책을 펴 내면서

학부와 대학원에서 약 40여 년 간 기초과학基礎科學인 물리학物理學을 전공하는 학생들을 가르치고, 대학원 석·박과정생 졸업논문지도와 더불어, 전공관련 국내, 국제 연구논문 및 학술연구발표를 통한 국내외 학회활동을 하면서 많은 시간이 정신없이 훌쩍 지나가 버렸습니다.

따라서 학교생활을 하는 동안에는, 일반 대중을 위한 과학의 저변확대底邊擴大의 일환으로 대중 상대 과학상식 알리기 및 과학인식에 대한 폭을 넓히는 데에는 소홀히 하게 되었습니다.

퇴임 이후에도 한 동안은 계속된 한국과학재단과 한국학술진흥연구재단의 연구과제를 수행해 왔습니다. 그 연구과제 결과보고 종료 이후에는 각종 언론매체에 과학논단科學論壇과 신문칼럼·과학이야기를 연재하여 과학의 저변확대에 작지만 조금이라도 보탬이 될 기회를 가져왔습니다.

이것들을 대략 발표순으로 엮고, 그리고 그동안 대학생 때부터 교수 시절 이후까지의 필자의 삶과 관련되어, 대학신문, 학회논문지, 잡지, 일간신문 그리고 인터넷 카페 등 각종 매체에 이미 발표, 소개, 보도 및 발행된 내용의 파일들을 정리하고 발췌拔萃하여 자전적自傳的 형식의 책으로 엮어 보기로 하였습니다.

글솜씨를 비롯하여 여러모로 부족하고 미흡未洽하지만, 이 책이 과학도科學徒 또는 과학에 조금이라도 관심 있는 분들에게, 특히 기초과학의 중요성을 이해하고 과학기술의 발전이 인류의 편리한 문명생활文明生活에 미친 기여도寄與度를 이해하는데 조금이라도 도움이 되었으면 하는 마음 간절합니다.

출판에 여러 가지로 도움을 주신 ㈜한림원 대표이사 김흥중 사장님께 감사의 말씀을 드립니다. 그리고 손수 그린 컷을 제공해 주신 친구 서영수 시인에게, 또 편집과 교정을 맡아주신 한림원 마안나 대리에게 감사드립니다.

끝으로 책 내용의 오류誤謬에 대해서는 지적하시는 분의 가르침에 따르려고 합니다.

2018년 가을, 이장로李章魯

차례

과학과 함께 걸어오다

제1부 과학 이야기

그동안 한국일보, 여수일보, 포커스 데일리, 동창회 카페 등에 연재하여 발표된 과학논단科學論壇 및 신문칼럼·과학이야기 등을 정리

제1장 기초과학, 빛, 시간, 나노기술 ···· 13

기초과학基礎科學, Fundamental Science의 중요성 / 빛Light의 빠르기 / 시간Time의 물리적 의미 I / 시간Time의 물리적 의미 II / 나노기술Nano-Technology

제2장 원적외선, LED, 3D 프린터, 힉스입자 ···· 33

빅뱅Big Bang과 힉스Higgs입자 / 원적외선遠赤外線의 응용 I / 원적외선遠赤外線의 응용 II / LED發光 다이오드의 응용 / 3D, 4D 프린터 / 3D 프린팅, 음식문화도 바꾼다-인류 식생활에 커다란 변화 일으킬 3D 프린팅 기술

제3장 드론, 그래핀, 중력파 ···· 59

중력파Gravitational wave 검출 / 드론Drone, 무선원격조종항공기 I / 드론Drone, 무선원격조종항공기 II / 차세대 꿈의 신소재 그래핀Graphen I / 차세대 꿈의 신소재 그래핀Graphen II

제4장 노벨상, 인공지능, 산소건강 ········· 77

노벨상Nobel Prize 이야기 I / 노벨상Nobel Prize 이야기 II / 인공지능 알파고 AlphaGo와의 세기의 바둑대결 / 산소와 건강 I / 산소와 건강 II

제5장 로봇, 태양전지, 방사선 ········· 95

로봇Robot의 응용 I / 로봇Robot의 응용 II / 태양전지Solar Cell I / 태양전지 Solar Cell II / 방사선Radiation의 이해 I / 방사선Radiation의 이해 II

제6장 산업혁명, 자율차, 전자혁명 ········· 123

제4차 산업혁명第四次 産業革命 I / 제4차 산업혁명第四次 産業革命 II / 자율주행차自律走行車의 현황 I / 자율주행차自律走行車의 현황 II / 스핀트로닉스 Spintronics, 제2전자혁명 I / 스핀트로닉스Spintronics, 제2전자혁명 II

제7장 자기학, 방사선치료, 이차전지, 가상물리계 ········· 149

방사선 치료Radiation therapy I / 방사선 치료Radiation therapy II / 사이버 물리시스템假想 物理系 / 자기학Magnetics의 발전과 역사 I / 자기학Magnetics의 발전과 역사 II / 이차전지Rechargeable Battery, 二次電池 I / 이차전지Rechargeable Battery, 二次電池 II

제2부 삶

삶과 관련하여 신문, 학회 논문지, 홍보지, 인터넷카페 등에 보도, 게재, 소개, 발행된 것 등을 자전적 내용으로 발췌하여 엮음

제1장 박에서 본 모습 ······ 181

천년의 벗김병기 / 인물 탐방기광양제일신문 / 차세대 메모리개발 보도매일경제신문 / 인물탐구정년논문집 진면목·순사카페

제2장 나의 삶 ······ 205

떠난 분을 기리며나의 아버님·서울신문 / 위대한 어머니의 표상 / 훈련중인 아들에게 / 손자 찬용에게 / 부끄러운 고백아내의 건강을 기원하며 / 2018 아시안 게임 축구관전기포커스 데일리

제3장 대학생 시절 ······ 229

수석졸업과 대학생활정수장학회·청오지 / 졸업식 거행, 수상자프로필고대신문 / 졸업식 25일 거행고대신문

제4장 교수 시절 ······ 241

뜻있는 곳에 길 있다특집 고난과 영광의 길, 정수정학회·청오지 / 김교수 정년 송축사

제5장 대학장 시절 ········· 249

신입생 OT인사말씀숙대신문 / 환경주제 설리제 인사말씀숙대신문 / 오교수 추모사

제6장 학회 활동 ········· 257

학회장 취임사한국자기학회지 논문집 / InterMag 국제학회 참관기물리학과 첨단기술, 한국물리학회 홍보지 / 학회장 마치며한국자기학회지 논문집

제7장 대외 활동 ········· 279

자화상약업신문 / 광양신문 창간1주년 축사 / 시집·바다갤러리발간축사 / 해태창립 50주년 기념축사해태 홍보지

제8장 봉사 활동 ········· 289

재경 사범총동 회장취임사재경 순천사범 카페 / 고물동 62 안내장 / 우면산牛眠山 산행 / 전주이씨 대종회 총회참관기명덕지 34호 / 재경 사범총동 회장 퇴임사재경 순천사범 카페 / 서영수 시인 시평명덕지 31호 / 우리가 CEO재경 순천사범 동창회 안내장

제1부

과학 이야기

제1부 과학 이야기

제1장 기초과학, 빛 시간, 나노기술

기초과학의 중요성 / 빛의 빠르기 / 시간의 물리적 의미 I, II / 나노기술

제2장 원적외선, LED, 3D 프린터, 힉스입자

빅뱅과 힉스 입자 / 원적외선의 응용 I, II / LED 다이오드의 응용 / 3D, 4D 프린터 / 3D 프린팅, 음식문화도 바꾼다

제3장 드론, 그래핀, 중력파

중력파 검출 / 드론, 무선원격조종항공기 I, II / 차세대 꿈의 신소재 그래핀 I, II

제4장 노벨상, 인공지능, 산소건강

노벨상 이야기 I, II / 인공지능 알파고와의 세기의 바둑대결 / 산소와 건강 I, II

제5장 로봇, 태양전지, 방사선

로봇의 응용 I, II / 태양전지 I, II / 방사선의 이해 I, II

제6장 산업혁명, 자율차, 전자혁명

제4차 산업혁명 I, II / 자율주행차의 현황 I, II / 스핀트로닉스, 제2전자혁명 I, II

제7장 자기학, 방사선치료, 이차전지, 가상물리계

방사선 치료 I, II / 사이버 물리시스템 / 자기학의 발전과 역사 I, II / 이차전지 I, II

제1장

기초과학, 빛, 시간, 나노기술

기초과학基礎科學, Fundamental Science의 중요성

기초과학基礎科學이란, 난이도를 나타내는 초보과학이나 초급과학을 뜻하는 것이 아니고 자연과학 중에서 근본fundamental적이고 기본적basic이며, 밑바탕礎石이 되는 과학을 의미한다.

즉 기초과학은 공학이나 응용과학의 밑바탕이 되고 근본이 되는 자연과학으로 자연현상의 원리원칙을 규명하는 학문이다.

또한 기초과학은 순수과학이라고도 하는데, 이것은 순수한 지적 호기심을 통한 학문의 진리 탐구 그 자체만을 목적으로 하고, 영리 활동을 목적으로 하지 아니하는 학문분야라는 뜻에서 나온 것이다.

우리가 추구하는 과학기술발전이 궁극적으로 과일이라면 기초과학은 그 나무의 뿌리에 대응한다고 할 수 있다. 뿌리가 튼튼한 나무는 많은 싹을 만들고 가지를 뻗어 튼튼하게 자라서 과일이 열리게 된다. 즉 뿌리가 튼튼한 기초과학의 발전은 수많은 응용과학기술의 과일을 수확하게 한다. 다만 나무가 뿌리를 내려서 싹이 나오고 가지를 뻗고 과일이 열리게 하기까지 오랜 시간이 걸린다. 이처럼 기초과학의 과일인 결과물을 만들어내는 데에는 오랜 시간의 노력과 비용이 들어가기 마련이다. 그러나 기초과학에 투자한 이러한 시간과 노력과 비용은 결코 헛되지 않고, 과학기술발전을 위한 초석을 쌓는데 큰 도움이 될 것이다.

다시 말해서 기초과학의 발전이 없는 상태에서의 과학기술은 사상누각에 불과하다고 주장하는 것은 기초과학의 중요성을 강조하는 데서 나온 이야기가 아닌가 생각한다.

성대신문의 '기초과학이 중요한 이유' 등에서 밝힌 바와 같이 근래 한국과학기술단체총연합회KOFST가 국내 과학기술자들을 대상으로 하는 설문조사결과에서 대부분의 과학기술자들은 정부가 추진해야 할 과학정책의 제1순위가 기초과학육성인 것으로 나타났다고 한다.

기초과학을 전공한 인재들은 산업현장에서 금방은 이용할 데가 없어 보여도, 조금 멀리 내다보면 어떤 업무도 잘 해낼 수 있는 능력과 자질을 갖추고 있는 사람들이다.

기초과학은 모든 공학의 원리와 원칙을 바탕으로 하기 때문에 기초과학 전공자는 그것을 응용하고, 적응하고, 확장하는 능력이 앞설 수밖에 없다.

요즈음 우리나라 정부의 신성장 동력영역으로 알려진 반도체, 디스플레이, 정보통신기술 등은 결과적으로는 물리학, 화학 등의 기초과학 없이는 개발하기 어려운 부분이다.

또한 의학, 약학 등의 생명과학분야가 매우 인기가 높고 각광을 받으며 지금처럼 발전할 수 있게 된 것 역시 물리학, 화학 및 생물학, 즉 기초과학의 발전에 따른 결과라 할 수 있다.

1962년에 노벨 생리의학상을 수상한 크릭F. H. C. Crick 박사는 X-선 회절을 전공한 물리학자로서 DNADeoxyribo Nucleic Acid; 디옥시리보 핵산를 발견하였다. 그리고 물리학자인 맨스필드P. Mansfield 박사와 화학자인 로터버Paul C. Lauterbur 박사는 MRIMagnetic Resonance Imaging; 자기공명영상영상장비를 개발한 공로로 노벨 생리의학상을 공동으로 수상하였다.

이들은 1952년에 NMRNuclear Magnetic Resonance; 핵자기공명의 발견으로 노벨 물리학상을 받은 퍼셀E. M. Purcell 박사의 업적과 기술을 활용하여 의공학 분야인 MRI 영상장비개발에 성공하게 된 것이다.

그리고 물리학에서 개발된 레이저Laser를 이용하여 세포를 절단하거나 세포막을 열어 세포 내에서 인위적으로 생화학적 조작을 마음껏 할 수 있게 된 것 역시 물리학발전의 덕분이다. 또한 음향물리학의 발전으로 초음파를 이용하여 임상에서 흔히 보는 인체영상장비 제작과 결석 제거 시술 등에 응용할 수 있게 되있다.

또한 요즈음 암과 각종 병의 진단에 필수적으로 활용하고 있는 MRI,

CTComputed Tomography; 전산단층촬영, PETPositron Emission Tomography; 양전자방출단층촬영 등의 영상장비 개발에 활용한 기술도 방사선물리학과 핵물리학의 발전으로 크게 도움을 받은 것이다.

따라서 첨단 과학기술을 보유한 기업과 국가만이 국제 경쟁에서 살아남을 수 있다. 즉 기초과학이 발전된 국가만이 첨단 과학기술개발에 앞장 설 수 있다. 따라서 선진국일수록 기초과학육성을 강조하고 많은 투자를 하고 있는 것이다. 기초과학은 첨단 과학기술개발에도 중요하지만 더 나아가 기초과학교육을 받은 사람으로 하여금 인간을 합리적으로 사고하게 하고 방법론적으로 생활하게 한다는 것이다.

이것은 기초과학이 단순한 지식만을 가르치는 것이 아니라 자연현상의 원리와 원칙을 깨우치게 하고, 새로운 기술 영역을 개척하고 탐구하는 정신을 키워주기도 하는 학문이기 때문이다.

어려운 문제가 봉착하고 있는 상황에서 끊임없이 해답을 추구하고 탈출방법을 탐색하는 기초과학자의 탐구정신이야 말로 모든 사람들이 배워야 할 고귀하고 발전적인 인간정신이기도 하다.

지식기반사회에서 과학기술은 산업 경쟁력을 강화하는 핵심이며 일자리를 창출하는 경제성장의 원천동력이다. 따라서 특히 기초과학연구는 신지식을 창출하고 창조적 인력을 양성하는 과학기술의 바탕으로 다양한 사회경제적 파급효과를 창출하게 한다.

세계적인 경제적 위기와 치열한 국가 간 경쟁 속에서 우리나라를 국가경쟁력을 갖는 선진 4차 산업혁명 국가로 견인해 줄 확실한 동력은 기초과학연구라 할 수 있다. 결론적으로 기초과학의 중요성은 아무리 강조하여도 부족하다 하겠다.

그동안 우리나라에서는 기초과학의 육성과 발전을 위하여 한국학술진흥재단KRF, 한국과학재단KOSEF, 한국기초과학지원연구원KBSI 등의 지원으로 각 대학 및 연구소 등에서 열심히 연구하여 많은 실적과 성과를 거두어 왔었다.

그러나 2009년에는 전 학문분야를 포함하는 국가 기초연구지원시스템의 효율화 및 선진화를 목적으로 한국과학재단, 한국학술진흥재단, 국제과학기술협력재단KICOS이 하나로 통합되어 국가를 대표하는 연구관리전문기관으로 한국연구재단NRF이 새롭게 설립되었다.

특히 2011년에는 세계적 수준의 기초과학연구 및 기초과학 기반 순수기초연구를 수행하고 창조적 지식 및 원천기술 확보와 우수 연구인력 양성을 목적으로 늦게라도 기초과학연구원IBS이 설립된 것은 앞으로 우리나라의 기초과학의 발전을 위하여 매우 다행스러운 일이 아닐 수 없다.

<참고문헌>

1. "What is basic research?" (PDF), National Science Foundation, Retrieved 2014-05-31.
2. Gerard Piel, "Science and the next fifty years", "Applied vs basic science", Bulletin of Atomic Scientists, 10(1), 17-20, 18 (1954).
3. '기초과학이 중요한 이유', 성대신문 1354 호 (2004).
4. 선우 준 외, 핵심 기초과학, e 퍼플 (2014).

(2017. 7. 20, 과학이야기, 칼럼)

빛의 빠르기

진공에서 빛보다 더 빠른 물질이 존재할까?

이것은 최근 전세계 물리학계의 커다란 관심거리였었다.

그런데 최근 유럽의 입자물리연구실CERN 등이 참여한 오페라OPERA 국제연구그룹은 빛보다 더 빠른 물질(뉴트리노neutrino=소립자의 하나)이 존재한다고 실험결과를 발표하여 세계 물리학계가 한동안 커다란 논란에 휩싸였었다.

이것이 사실이어서 빛보다 빠른 입자가 존재한다면, 관찰자의 입장에서 시간이 거꾸로 흐르는 현상을 보게 되고, 결과가 원인에 앞서 발생한다거나 또 미래로부터 과거로 신호를 보내는 일 등이 가능해진다. 1905년에 발표하여 과학계의 진리로 여겨왔던 우주 내에 존재하는 어떤 물질도 빛보다 빨리 움직일 수 없다는 아인슈타인Einstein의 특수상대성원리에 정면으로 배치하는 것이다.

심지어 빛보다 빠른 물질의 출현으로 불가능한 것으로 생각되었던 타임머신time machine의 등장도 가능하다는 전망까지 나올 정도였다.

그러나 약 2년전 이 연구팀의 재 실험 결과 뉴트리노는 빛보다 빠르지 않다는 것이 확인되었다. 이들이 측정에 사용한 장치의 뉴트리노 검출기와 위성위치 확인 수신장치를 연결하는 전선의 접속불량이 약 700여 마일 이동거리상에서의 속도측정치의 정확도에 영향을 미쳐 오류가 발생한 것으로 결론지었다. 따라서 지금까지의 물리학의 상식을 뒤집지는 못했다. 즉 아직까지 우주상에 빛보다 빠른 물질은 존재하지 않는다는 결론에 도달한 것이다.

그러면 빛은 얼마나 빠르게 움직이는 것일까?

우리는 흔히 굉장히 빠른 것을 표현할 때 '번갯불에 콩 볶아 먹는다'라는 말을 하곤 한다. 번갯불의 빠르기는 대략 1초 동안에 지구의 둘레를 일곱 바퀴 반이나 도는 속도이기 때문이다. 정말로 굉장히 빠른 속도이다.

그렇다면 이렇게 빠른 빛의 속도를 어떻게 측정했을까?

빛은 아무리 먼 곳을 비추어도 순식간에 이동하기 때문에 그 속력을 측정하기가 어렵다.

젠킨스Jenkins와 화이트White는 그의 저서 '기초광학Fundamentals of Optics'에서 광속 측정방법을 소개하고 있다. 빛의 속력을 최초로 측정하려고 했던 사람은 갈릴레이Galilei였다. 한밤에 갈릴레이와 그의 조수는 각각 램프와 램프덮개를 하나씩 들고 약 1마일 정도 떨어진 산봉우리에서 빛이 보이는 시간을 측정하여 광속측정을 시도하였으나 두 사람 사이의 거리가 너무 가까워 제대로 측정할 수 없었지만 광속측정을 위한 최초의 시도였다는 점에 큰 의의가 있었다.

빛의 속도 측정을 처음으로 성공한 것은 네덜란드의 천문학자 뢰머Romer가 행한 1675년의 실험이었다. 뢰머는 목성의 위성을 관찰하여 빛의 속도가 200,000km/s라고 추정했다. 그 후 약 50년 후에 영국의 천문학자 브래들리Bradley는 전혀 다른 종류의 관측으로부터 광속光速이 300,000km/s임을 얻었다.

1849년에 프랑스의 물리학자 피조Fizeau가 처음으로 비천문학적인 방법에 의해 광속을 측정하여 313,000km/s 라는 값을 얻었다. 피조는 관측자 쪽에 있는 빛이 빠르게 회전하는 톱니바퀴를 통과하게 한 다음 이 빛이 관측자의 맞은편에 있는 거울에 반사하여 되돌아오는 빛을 관측자가 관찰할 수 있게 한 장치를 사용하였다. 따라서 톱니의 수와 회전 속도, 톱니와 반사거울 사이의 거리를 측정하여 광속을 계산했던 것이다.

1862년에 프랑스의 물리학자 푸코Foucault는 톱니바퀴 대신 회전거울로 바꿔 피소의 방법을 개선하였다. 미국의 물리학자 마이켈슨Michelson은 이 방법을 써서 50년에 걸쳐 실험을 거듭하여 그가 죽기 4년 전인 1927년에는 오늘날의 광속과 거의 같은 값 299,798km/s를 얻을 수 있었다.

지금까지의 방법은 일정한 거리를 빛이 통과하는 시간을 측정하여 광속을 측정하였다. 그러나 1950년대의 영국의 에센Essen을 비롯하여 1976년 조셉Joseph에 이르기까지 수많은 과학자들을 전자기 복사선의 진동수를 측정하여 광속을 계산하였다.

이 방법으로 측정된 값들은 정밀도가 높았으며 그 후 레이저 광의 발명으로 마침내 1983년에는 광속은 무한대가 아니고 유한한 값(299,792.458 km/s)을 갖는 것으로 국제적으로 공인되었다.

광속을 정확히 측정하고자 하는 인간의 의지가 달성되기까지 얼마나 많은 과학자들의 노력과 방법의 다양성이 동원되었던가? 인류의 끈질김과 슬기로움에 대한 기념비적인 역할을 하고 있는 광속... 이처럼 과학의 발전은 '번갯불에 콩 볶아 먹는' 식으로 하루아침에 이뤄진 것이 아니고 오랜 세월을 거쳐 수많은 과학자들의 끊임없는 탐구정신探究精神과 끈질긴 집념들이 함께 모여 빚어낸 '공동 작품'인 것이다.

<참고문헌>

1. "How is the speed of light measured?", Archived from the original on 2015-08-21
2. Taylor, EF; Wheeler, JA (1992). Spacetime Physics: Introduction to Special Relativity (2nd ed.). Macmillan. ISBN 0-7167-2327-1.
3. Jenkins and White, Fundamentals of Optics, 3rd edition, McGraw-Hill Book Co., (1957).
4. 이장로 외 역, F.W.Sears등 원저, '대학물리학', 광림사 (2003).

(2015. 12. 17, 과학이야기, 칼럼)

시간時間의 물리학적 의미 I

가장 작은 물질인 입자로부터 거대한 은하에 이르기까지 우주는 끊임없이 변화하고 있다. 순간순간의 시간의 흐름은 물질을 변화시키고 상상하기 어려운 형태로 그 모양을 변하게 한다. 시간이 존재하지 않는 세계는 상상할 수가 없다.

여기에서는 시간표준의 정의, 고전적 시간개념의 운명론, 상대론적 시간의 비결정론 등을 시간에 관한 에피소드와 더불어 살펴보고자 한다.

1. 시간표준의 정의

시간의 측정에는 두 가지 요소가 있다. 즉 일상생활에서나, 우리는 과학적 연구를 위해서나 또 사건이나 현상이 어느 날 어느 때에 일어났는가를 바로 알고 싶어 한다. 즉 사건이 일어난 시각을 앎으로써 사건들을 순서대로 나열할 수 있는 것이다. 그러나 대부분의 과학 연구의 측정에서는 시각보다도 그 현상이 얼마나 오래 지속되는지(시간 간격)를 알아야 할 때가 많다. 그러므로 시간의 표준을 정하는 데 있어서는 언제(시각) 그리고 얼마나 오래(시간)계속되느냐 하는 두 가지 질문을 다 고려하여야 한다.

아리스토텔레스Aristoteles는 시간을 "운동의 숫자"라고 했으며 라이프니츠Leibniz는 "시간은 모든 연속관계의 추상적인 개념이다"라고 했다. 시간측정에서 기본적이고 중요한 기준은 규칙적이고 셀 수 있는 재현성이 있어야 한다는 것이다. 그러기 위해서는 시간측정은 우리가 아리스토텔레스의 '수'와 라이프니츠의 '연속'을 둘 다 갖고 있어야 한다는 것을 의미한다.

옛날에는 시간의 단위로 하루의 길이를 사용하였고 보다 정밀한 측정이 가능하면서부터 하루를 모래시계에 의해서 몇 개로 나누어 쓰기도 했다. 또한 보나 짧은 시간은 인간 심장의 박동수를 기준으로 측정하기도 하였다. 갈릴레오Galileo Galilei는 이와 같은 방법으로 돌과 실로 만든 '진자'의 진동주기를 측정하였다. 돌을 매단 실을 잡고 돌을 약간 흔들어주면 왔다 갔다 하는 왕복운동을 하는데 이것을 '진자'라 한다. 그리고 이 보다 정밀하게 시간을 재는 장치들이 고안되었다. 이것들은 모두 다 그것이 용수철이건, 수정이건, 분자이건 간에 진자의 진동이 근본적으로 일정한 주기를 갖는다는 사실에 근거한 것이다.

1967년까지 시간의 표준은 지구가 태양둘레를 한 바퀴 도는 데 걸리는 시간의 평균치를 구함으로써 정의하였다. F. W. Sears 저, '대학물리학'에 의하면 평균 태양일을 표준으로 정하여 그 평균 태양일의 86,400분의 1을 평균태양초로 정의하고, 이렇게 정의된 시간을 만국표준시universal time라고 하였다. 이렇게 시간의 단위를 정의했음에도 불구하고 지구의 회전을 관측하여 시간을 측정하고 고도의 정밀도를 얻기에는 쉽지 아니하였다. 왜냐하면 지구가 회전하는 속도에는 아주 작기는 하지만 1년 동안에 약 10의 8승분의 1 정도의, 우리가 느낄 수 있는 주기적인 변화가 있어 정확한 시간을 측정하기에는 문제가 되기 때문이다.

사실, 보다 안정되고 쓰기 쉬운 시간의 표준이 필요하게 되어 1967년 13회 국제도량형위원회 총회에서 시간에 대하여 원자론적으로 정의한 단위가 국제표준으로 채택이 되었다.

우리가 현재 사용하고 있는 원자시계는 세슘 원자가 갖고 있는 진동을 이용한 것이다. 물리적으로 1초는 세슘 내에서 일어나는 진동이 9,192,631,770회 일어나는 데 걸리는 시간으로 정의되었다. 이렇게 1초를 정의하면 정확도가 10의 12승분의 1로 시간 간격을 비교할 수 있는데 이것은 3만년에 1초가 틀리는 것에 해당한다.

현재 진행되고 있는 다른 원자의 진동에 대한 연구 특히, 수소 메이저에 관련된 연구가 완성되면 10의 14승분의 1의 정확도, 즉 3백만년만에 1초가 틀리는 시계를 보게 될 것이라고 한다. 우주 안에 존재하는 시간간격으로는 빛이 원자핵 지름을 통과하는 시간(10의 24승분의 1초)으로부터 우주의 나이(10의 18승 초)까지를 고려할 때, 가장 짧은 시간과 가장 긴 시간의 비는 10의 40승 배 이상이 된다.

2. 시간은 거꾸로 흐를 수 없다

아인슈타인Einstein에 따르면 시간은 제 4차원의 좌표로서 시공간이라는 4차원 세계(3차원 공간+1차원 시간)의 한 좌표이긴 하지만 성질만큼은 공간의 성질과 전혀 다르다. 공간 속에서 우리는 앞뒤, 좌우, 상하로 마음대로 움직일 수 있으나 시간의 방향은 오직 한 쪽 방향, 즉 미래라 불리는 방향으로만 고정되어 있다.

따라서 우리는 현재를 뛰어넘어 곧장 미래로 가거나 또는 과거로 갈 수가 없다. 사건들은 언제나 과거에서 미래를 향해 흐르지 그 반대로는 절대로 흐르지 않는다. 영국의 공상과학 소설가 하트조지웰즈의 '타임머신time machine' 같은 공상과학소설에서는 쉽게 이루어지는 이 시간여행도 완전히 공상일 뿐 현실적으로 불가능하다.

한 예로서, 스튜어트 매크리디 저, '시간에 대한 거의 모든 것들' 등에서 소개하는 타임머신을 살펴보자. 어떤 사람이 '타임머신'을 타고 과거의 세계로 돌아가서 어릴 때의 자기 자신을 보게 되는, 여행자의 자기모순적인 역설Paradox을 한번 생각해보자. 만약 그가 그 아이(어릴 때의 자기 자신)를 죽인다면 그 순간 그 아이가 죽고 말았으니 여행자 그 자신도 꺼져 없어질 것인가 아니면 그대로 살아 있을 것인가?

여행자 자신은 존재하면서도 그 아이는 더 이상 존재하지 않게 되는 모순에 빠지게 된다. 스필버그감독이 만든 영화 '미래세계로의 여행'은 재미있는 영화이긴 하지만 엄격하게 따져보면 논리적 모순으로 가득 찬 공상영화에 불과한 것이다.

<참고문헌>

1. David Halliday and Robert Resnick, Physics, John Wiley & Sons, Inc., (1978).
2. Arthur Beiser, Concepts of Modern Physics, 3rd Ed., McGraw-Hill Book Co., (1982).
3. 이장로 외 역, F. W. Sears등 원저, '대학물리학', 광림사 (2003).
4. 남경태 옮김, 스튜어트 매크리디 저, 시간에 대한 거의 모든 것들 (2010).
5. 매들렌 렝글, 시간의 주름, 문학과지성사 (2001).

(2016. 1. 21, 과학이야기, 칼럼)

시간時間의 물리학적 의미 II

가장 작은 물질인 입자로부터 거대한 은하에 이르기까지 우주는 끊임없이 변화하고 있다. 순간순간의 시간의 흐름은 물질을 변화시키고 상상하기 어려운 형태로 그 모양이 변하게 된다. 시간이 존재하지 않는 세계는 상상할 수가 없다.

여기에서는 시간표준의 정의, 고전적 시간개념과 운명론, 상대론적 시간의 비결정론 등을 시간에 관한 에피소드와 더불어 살펴보고자 한다.

3. 고전론적 시간개념과 운명론

스튜어트 매크리디 저, '시간에 대한 거의 모든 것들' 등에 의하면 뉴턴Newton은 시간을 "절대적으로 참된 수학적 시간은 외부와 관계를 갖지 않은 채 스스로의 성질에 따라 균일하게 흐르며 무한한 과거로부터 무한한 미래로 그저 흘러가며 지속하는 것"이라고 정의하였다. 즉 시간은 항상 일정하고 고른 속도로 무한한 과거로부터 지금 이 순간을 거쳐 무한한 미래로 직선적으로 흘러간다는 뜻이다. 따라서 뉴턴의 이러한 절대시간 개념에 따르면 시간은 외부로부터 아무런 영향력도 받지 않고 그 자체의 성질에 따라 똑바로 나아가기 때문에 단 한 가지 밖에 있을 수가 없다. 그러므로 그러한 시간의 흐름에 따라 만들어지는 세계도 하나뿐일 수밖에 없는 것이다.

즉 뉴턴에 의하면 우리의 과거가 한 가지인 것과 마찬가지로 미래도 단 한 가지뿐이라는 것이다. 만약 신이 존재하여 어느 순간 우주의 모든 물체를 구성하는 분자나 원자의 처음 위치와 처음 속도를 알 수 있다면 시간은 늘 일정한 속도로 흐르기 때문에 그 분자의 과거 및 미래의 위치를 정확히 세산해낼 수 있게 된다. 즉 그런 신의 존재를 믿는다면 우주의 과거와 미래를 모조리 예언할 수 있다는 것이다. 인간의 미래, 국가 나아가 우주전체의 미래마저 전부 결정되어 있다는 것이다. 이른바 이것을 뉴턴의 기계론적 결정론 또는 운명론fatalism이라 할 수 있다.

4. 상대론적 시간과 선택 가능한 미래

그러나 시간의 본질은 아인슈타인Einstein의 상대성 이론theory of relativity, 1905년 및 1915년에 의해 달라졌고 또 하이젠베르크Heisenberg의 불확정성원리uncertainy principle, 1927년에 의해 다시 한 번 크게 다르게 해석되게 되었다.

상대론적 시간개념에 대하여 매들렌 렝글 저, '시간의 주름' 등에 의하면 시간은 구부러진 시간 축을 따라 균일하지 않은 속도로 흐를 뿐만 아니라 그 시간축의 휘어진 정도나 공간축과의 기울기는 그 때 그 때마다 거기에 작용하는 힘의 성질이나 물질의 분포에 따라 달라진다.

그 결과, 이제 시간은 단 하나만 있을 수 있는 것이 아니라 관찰자의 운동상태나 그 주변의 상태에 따라 무수히 많이 존재할 수 있게 되었다. 그 한 예로 특수상대성이론의 시간지연time dilation 현상이 있다. 즉 Arthur Beiser 저, 'Concepts of Modern Physics'에 따르면 운동하는 시계로 측정한 시간간격이 정지해 있는 시계로 잰 시간간격보다 더 길다. 다시 말해서 운동하는 사람의 시간이 늦게 간다는 말이다.

이러한 시간지연은 우주여행을 다녀오면 젊어진다는 말로 이해할 수 있다. 즉 영이와 동갑내기인 20살의 철수가 25광년 떨어진 별까지 빛의 속도의 98%인 초속 29만4천km의 빠르기로 우주여행을 다녀오면 철수는 30살밖에 안되었는데 지구에 남아있던 영이는 71살 할머니가 된다. 움직이는 우주선을 타고 시간을 보낸 철수는 영이보다 시간이 지연되어 나이를 덜 먹게 된다는 것이다.

그러나 이러한 상대성이론으로서는 아직 뉴턴의 기계론적 결정론이 완전히 극복될 수는 없었다. 그 후 1927년에 하이젠베르크Heisenberg 불확정성 원리uncertainty principle를 발표하였다.

여러 실험에 의하여 확인된 이 원리에 의하면 원자는 물론이고 모든 물체의 초기위치와 초기속도는 동시에 정확히 결정할 수 없다는 것이다. 즉 어떤 물체에 대하여 초기위치를 정확히 알게 되면 그 물체의 초기속도에 대해서는 아무 것도 알 수 없다는 뜻이다. 이 원리가 사실이라면 신도 이제는 어쩔 수 없게 된다. 어떤 순간이 우주의 모든 전자의 초기위치와 초기속도를 확정할 수 없다면 우주의 미래를 예측할 수도 없는 것이다.

이렇게 운명론이 설 자리를 잃게 되면 미래에 대한 우리의 생각도 달라진다. 즉 미래는 단 하나로 결정되어 있는 것이 아니고 여러 개가 되어 선택의 폭이 넓어진다. 이렇게 다양한 미래는 우리에게 희망을 안겨주게 된다.

따라서 우리의 노력 여하에 따른 선택에 따라 이 다양한 많은 미래 중에서 희망에 찬 미래를 맞이할 수 있다는 것이다. 모든 사람은 미래가 선택 가능하다는 것을 믿고 항상 최선의 노력으로 무한히 정진하여야 할 것이다.

<참고문헌>

1. 이장로 외 역, F. W. Sears등 원저, '대학물리학', 광림사 (2003).
2. David Halliday and Robert Resnick, Physics, John Wiley & Sons, Inc., (1978).
3. Arthur Beiser, Concepts of Modern Physics, 3rd Ed., McGraw-Hill Book Co., (1982).
4. 남경태 옮김, 스튜어트 매크리디 저, 시간에 대한 거의 모든 것들 (2010).
5. 스티븐 호킹, 그림으로 보는 시간의 역사, 까치 출판사(1998).

(2016. 2. 4, 과학이야기, 칼럼)

나노기술Nano-Technology
-나노, 21C 기술 혁명을 주도하다

모래 알갱이 크기만한 초소형 컴퓨터가 인간의 생활 주위 어느 곳에서나 네트워크로 연결되어 인간의 삶을 편리하게 만들어주는 유비쿼터스Ubiquitous: '언제나 어디서든 있는'을 의미하는 라틴어 컴퓨팅 환경이 구축될 새로운 지식정보혁명시대가 다가오고 있다. 이와 같은 일은 나노기술Nano Technology: NT-원자 또는 분자 수준에서 제조기술의 발전으로 가능해지고 있다.

나노Nano는 10억분의 1을 뜻하는 접두사로 그 어원은 난쟁이를 뜻하는 희랍어 '나노스'에서 유래된다. 1 나노미터nm는 1미터의 1억분의 1의 크기이다. 사람이 맨눈으로 볼 수 있는 최소 물체가 10,000 nm 정도이고 박테리아 세포가 수백 nm이고 사람의 머리카락 두께가 5만 nm이니 즉 나노는 수소 원자 열 개가 한 줄로 늘어서야 겨우 1 nm가 될 정도로 작은 값이다. 이러한 극미의 나노세계에서는 뉴턴의 물리법칙은 성립하지 않고 양자역학의 지배를 받는다.

미국 국립 나노기술지원단NNI은 '나노'를 '다음에 올 산업혁명'이라 부를 정도로 나노기술은 21세기를 이끌어 갈 핵심과학기술이다. 나노기술은 정보통신분야, 생명과학분야, 환경분야 산업의 발전을 위한 가장 중요한 기반기술로 인식되고 있으며, 선진국들의 치열한 경쟁이 벌어지고 있다. 나노기술은 원자나 분자들을 적절히 결합시켜 기존물질의 특성 개선은 물론이고, 신물질, 신소재 창출에 더욱 적합한 기술이다.

우리가 사용하고 있는 컴퓨터에는 이미 나노기술이 사용되고 있다. IBM사는 컴퓨터의 정보저장장치인 하드디스크 드라이브 헤드에 거대자기저항Giant magnetoresistance/스핀밸브Spin valve를 이용한 나노 재료를 적용, 전 세계 하드디스크 드라이브 헤드 시장을 선점하다시피 하고 있는 실정이다.

필자도 이러한 나노재료분야에 수백편의 국제 및 국내 논문발표, 학술활동 그리고 국제 및 국내특허등록을 통하여 나노연구에 참여하고 있다.

IBM의 Rohrer 박사 등이 발명한 주사형 터널형 현미경은 탐침에 전기를 가하여 원자들을 끌어 모아 극미한 원자들의 선이나 글씨를 쓰는 기술로, 아주 작은 전기회로를 반도체에 새겨 집적도 높은 기억소자나 연산장치를 만드는데 이용할 수 있다. 핵심동작부분이 수십 nm 이내로 개발 중인 단전자 트랜지스터는 전자 하나로도 on-off를 조절하는 스위치로 사용가능하고 또 연산작용이 가능하여 전력소모가 거의 없으며 마이크로 기술에 의존하는 기존의 프로세서 보다 수백 배의 집적이 가능하다. 또 이 단전자소자와 더불어 화학분자를 사용한 분자전자소자도 개발되고 있는데 이들 소자에서 전자의 이동은 도선 내를 물 흐르듯 이동하는 것이 아니라 길이 막힌 절연층의 장벽을 허물지 않고 뚫고 지나가는 즉 터널링을 통해 이동하게 되는데, 이는 양자역학법칙이 성립하는 세계에서의 현상이다.

이인식 편저, '나노기술이 세상을 바꾼다' 등에서 보면 앞으로 이와 관련한 나노기술이 획기적으로 발전할 것으로 기대되며 초지능-초소형 손목컴퓨터 제작도 가능하리라 보여진다. 이 컴퓨터는 그 처리속도가 무척 빨라야 하며 복잡한 전자회로, CPU, 메모리 등 컴퓨터 부품들이 동전만한 크기 안에 모두 집적되어 있고 태양전지를 전원으로 하기 때문에 무거운 충전기가 필요 없게 된다. 이 손목컴퓨터는 모든 일들을 무선통신으로 직접 처리할 수 있어 집 밖에서도 로봇에게 집안일을 하도록 명령을 내릴 수도 있고 해외 여행 시 실시간 동시통역기능을 통해 외국인과 자유롭게 대화가 가능하게도 해주고 있다.

한편 노스웨스턴 대학 래트너 교수가 제시한 나노기술의 생활필수용 신소재 사용의 예는 다음과 같은 것들이 있다. 자동차 유리에 피부암을 유발하는 자외선을 차단하는 물질을 입혀 스위치만 누르면 투명에서 진파랑색으로 변화되어 선팅대신 사용가능하고 유리창이나 자동차 몸체에 매우 단단한 층을 입혀서 흠집이 생기지 않게 할 수도 있다. 때가 타지 않고 항균성 나노입자가 박힌 욕실 타일 제작이 가능하여 곰팡이 오염을 억제하여 욕실 위생을 향상시킬 수도 있다. 요즘 쓰고 있는 평판형 액정디스플레이LCD보다 훨씬 재현 속도가 빠르고 부드럽고 또렷한 동영상을 보여줄 수 있는 향상된 발광다이오드LED 디스플레이의 개발이 이미 상용화되고 있다. 첨단분자규모 나노복합물로는 때가 타지 않고, 천연섬유처럼 편안하면서도 합성섬유처럼 질기고 항균성분이 들어있는 의복제작이 가능하다.

또한 강철보다 10배 이상 강하지만 무게는 가벼운 탄소나노튜브는 연료전지, 항공기, 방탄복제조용 복합소재로 쓰이며 중금속과 다이옥신 같은 환경오염물질 제거능력이 뛰어난 다공성 나노물질 제조가 가능하다. 또 나노크기의 무기점토와 고분자 나노복합체로 평생 사용가능한 타이어 개발이 가능하고, 피부의 세포간격보다 작아 흡수력이 강한 나노구조체로 주름살 제거 화장품, 자외선 차단 선크림, 미백화장품 등이 제작가능하다.

의료분야에서의 응용전망에 대하여 서갑양 지음 '나노기술의 이해' 등에 의하면 의료분야에서는 백혈구보다 작게 만든 자성체 나노로봇Nano Robot을 제작 사용하여 혈관 속에서 백혈구와 함께 병균과 싸우게 하며, 상처부위에 필요한 약물을 공급하게도 하고, 외부자기장의 조종을 받아 암세포 부위로 이동하여 로봇팔로 암세포 파괴가 가능하며, 나노입자를 사용하여 보다 정확한 임신진단 기구 제작이 가능해지며 앞으로 탄저병에서 에이즈까지 모든 질병을 나노기술을 통해 자가진단이 가능하고 더 나아가 치명적인 질병을 치료 내지 완치하는 것도 가능할 것으로 내다보고 있다.

이상의 나노기술에서 본 바와 같이 나노기술의 응용분야는 무궁무진하다. 나노기술의 응용분야가 전자, 재료, 기계, 의약, 환경, 농업 및 에너지, 국가안보 등 그 영향이 미치지 않는 곳이 없을 정도로 경제적, 기술적 파급효과가 막대하다.

우리나라에서도 2001년 국가나노기술 종합발전계획안이 마련되고 미래

창조 과학기술부 주관 21세기 프론티어 사업으로 “테라급 나노소자 개발사업단”이 KIST 단지 내에 설치돼 테라급 나노소자개발에 대한 연구로 많은 성과를 내었다. 이에는 많은 대학 교수를 비롯한 과학자가 참여하였으며 또한 KAIST에서 나노종합팹센터 구축사업이 완료되어 국내 나노과학기술 발전에 중심적인 역할을 하고 있다.

특히 최근 국내의 연구개발에서는 나노분말, 카본나노튜브CNT, 그래핀 등 나노소재가 전자기파 차폐 성능이 우수하다는 것이 알려져 있고, 나노소재의 대량생산기술이 발전함에 따라 이를 산업화하기 위한 글로벌경쟁이 본격화하고 있다. 작년 10월 우리나라가 개최한 나노분야 국제표준기구 위원회IEC TC113에서도 이 분야 산업을 지원하기 위한 각국의 기술 규격 표준화가 활발히 진행되고 있음을 알 수 있다.

따라서 혁신적이고 창의력 있는 과학자들의 끊임없는 노력만이 나노기술을 보다 성공으로 이끌 수 있을 것이다.

<참고문헌>

1. "Cover Story – Nanotechnology". Chemical and Engineering News. 81(48): 37-42. December 1, 2003.
2. Drexler, K. Eric, Engines of Creation: The Coming Era of Nanotechnology, (1986).
3. 강찬형, 재미있는 나노기술여행, 양문출판사, (2006).
4. 서갑양, 나노기술의 이해, 서울대학교 출판문화원 (2001).
5. 이인식 엮음, 나노기술이 세상을 바꾼다, 김영사 (2002).

(2016. 1. 7, 과학이야기, 칼럼)

YOUNG

제2장

원적외선, LED, 3D 프린터, 힉스입자

빅뱅Big Bang과 힉스Higgs입자

-우주와 입자의 기원을 찾아서
-CERN의 실험결과 발표와 관련하여

과학계의 예상대로 "신의 입자"로 불리는 힉스 입자의 존재를 공식 확인한 공로로 영국의 피터 힉스Peter Ware Higgs; 87 에든버러대 명예교수와 벨기에의 프랑수아 앙글레르François Englert; 83 브뤼셀 자유대 명예교수가 2013년 10월 노벨물리학상을 수상하였다. 일찍이 1964년에 피터 힉스가 그 입자의 존재를 예견했지만 물질을 구성하는 기본입자 중에서 유일하게 관측 확인되지 아니한 가상의 입자로 남아 있었다.

그런데 2012년 중반기 한국물리학회에 의하면 유럽입자물리연구소Conseil Européenne pour la Recherche Nucléaire; CERN의 Paolo Giubellino 대변인이 내한하여 "빅뱅과 힉스입자"에 관하여 최신의 실험결과를 소개할 예정이라고 안내하였다.

여기에서 소개한 내용을 요약하면, 140억 년 전 우주는 거대한 폭발Big Bang로 시작되었고, 현대 물리학의 중요한 숙제 중의 하나는 이 빅뱅 직후의 우주 상태를 알아내는 것이었다. 핵, 입자 물리 연구의 메카로 불리는 스위스에 위치한 유럽입자물리연구소는 이러한 우주와 인간의 시작을 묻는 질문에 대한 대답을 핵심 연구과제로 하고 있었다.

이를 위해 약 10조원을 투입해 구축한 둘레 27km의 거대 강입자충돌가속기Large Hadron Collider; LHC 안에는, 각기 다른 물리학적 목표를 가진 4개의 실험-ALICE, CMS, ATLAS, LHCb-이 있었다. LHC의 물리학적인 목표는 크게 두 가지로 구분할 수 있었다. 첫 번째는 '빅뱅이 발생한 후 100만분의 1초 사이에 어떤 일이 일어났는지를 알아내는 것'으로 거대강입자충돌실험A Large Ion Collider Experiment; ALICE 실험에서 주도하고 있었고, 다른 하나는 '모든 물질에 질량을 부여하는 기능을 하는 신의 입자라 불리는 힉스입자를 찾아내는 것'으로 CMS와 ATLAS 실험에서 주도하고 있었다. 이중 힉스입자일 가능성이 99.6%일 이 발견은 사실상 2011년에 이루어졌고, 이는 2012년 자연과학계에서 가장 주목을 받는 뉴스였다.

존 C. 레녹스 지음, '빅뱅인가 창조인가' 등에 의하면 빅뱅 실험으로 불리는 ALICE의 실험은 납 핵을 가능한 한 최고의 에너지 상태에서 가속시켜 충돌시켜, 뜨겁고 밀도가 높은 원자보다 작은 불덩이들을 만들어 내 빅뱅 직후의 상황을 재현하였다고 한다. 물리학자들은 이 미니 빅뱅으로 초고온이 형성되며, 이런 고온에서 정상적인 물질은 녹아서 '쿼크-글루온 플라즈마'로 알려진 극한상태의 핵물질이 만들어질 것으로 예측하고, 그 존재와 특성을 실험적으로 검증하고 있었다. 이로부터 핵을 형성하는 강력한 힘이 어떻게 작용했고 기초적인 입자들이 어떻게 뭉치게 됐는지, 즉 우주를 구성하는 물질의 기원을 밝혀낼 수 있을 것으로 기대하였다.

여기에서는 현재 LHC 실험에서 행해지고 있는 최신 실험과 결과를 소개하고, 인간의 원초적인 호기심인 물질의 근원과 태초 우주의 생성과 진화를 알아보는 데에 인간이 얼마나 근접해 가 있는지를 조명해 볼 수 있을 것으로 기대한다는 것이었다.

따라서 이 실험결과발표에 앞서, 그동안 힉스입자 발견과 관련한 보도 내용을 좀 더 소개해보고자 한다.

리사 랜들 지음, '이것이 힉스다' 등에 의하면, 유럽 핵입자물리연구소가 2011년 발견한 소립자가 '힉스 입자'일 가능성이 높아졌다고 2012년 연초에 밝힌 바 있었다고 한다. 이 연구소는 전년에 대형 강입자 충돌기에서 검출된 입자를 추가 분석한 결과 입자의 주요 특성이 힉스 입자의 특성과 일치하는 것으로 추정된다는 것이었다.

2011년 7월 이 연구소는 '힉스 입자에 부합되는 새로운 입자'를 발견했다고 밝힌 바 있있다. 당시만 해도 힉스 입자인지를 확인시켜 줄 분석 결과가 충족되지 않았기 때문에 연구팀의 발표는 조심스러웠다.

이 연구소 조 인칸델라 연구팀장은 이탈리아 라투일레에서 열린 국제 물리학회에서 "어떤 종류의 힉스 입자인지 알아내려면 여전히 갈 길이 멀지만 우리가 다루고 있는 것이 힉스 입자라는 점은 분명하다"고 말했었다.

연구소는 그 당시 추가분석을 통해 지난해 발견된 소립자의 '스핀' 값이 힉스 입자와 같은 '0'의 값을 지닌 것으로 나타났다고 밝혔다. 스핀은 모든 입자가 지닌 고유한 운동량을 가리킨다. 그 전년도 발표에서 연구팀은 새로 발견된 입자의 스핀 값을 확정하지 못했다.

물리학계는 이에 대해 힉스 입자의 입증 가능성이 커졌다고 평가하면서도 더 규명이 필요하다는 신중한 반응을 보이고 있었다. 그러나 결과적으로 드디어 그 존재가 확인된 힉스 입자는 피터 힉스가 1964년 내놓은 존재가 미처 확인되지 아니한 가상의 입자를 가리키고 있었다.

현대 물리학에서는 세상의 모든 물질과 세상을 움직이는 힘이, 짐 배것 지음, '힉스, 신의 입자 속으로' 등에 의하면 16개의 입자와 더불어 힉스 입자로 구성됐다고 가정하고 있다. 즉 우주가 탄생한 과정을 설명하는 가장 유력한 이론인 '표준모형 이론'에 따르면 모든 물질은 기본입자 12개와 힘을 전달하는 매개입자 4개, 힉스 입자 등 모두 17개의 소립자로 이루어진다. 힉스 입자는 기본입자들과 상호작용을 통해 다른 기본 입자에 질량을 부여하는 역할을 하는 것으로 여겨졌었다.

그동안 힉스 입자 외에 나머지는 모두 그 존재가 확인됐었다. 가설로만 존재했던 힉스 입자의 존재가 드디어 확인됨으로써 현대물리학의 근간인 표준모형 이론의 마지막 고리가 연결되어 이 표준모형이 완성된 셈이다. 그러나 힉스 입자의 존재가 확인되었다고 해도 표준모형으로 설명될 수 있는 우주의 물질과 에너지는 전체의 4%에 불과하다는 것이다. 앞으로도 이 분야에 대한 과학계의 무한한 연구의 필요성을 인정한 셈이 되었다.

<참고문헌>

1. O'Luanaigh, C., "New results indicate that new particle is a Higgs boson", CERN, Retrieved 2013-10-09.
2. Onyisi, P., "Higgs boson FAQ", University of Texas ATLAS group, Retrieved 2013-01-08.
3. Higgs, Peter, "Broken symmetries, massless particles and gauge fields", Physics Letters, 12 (2), 132-133, (1964).
4. "CERN to give update on Higgs search as curtain raiser to ICHEP conference", CERN, Retrieved 12 November 2016.
5. Singh, Simon, Big Bang: The Origin of the Universe. Harper Perennial, p. 560 (2005).
6. "Big-bang model", Encyclopedia Britannica, Retrieved 11 February 2015.
7. 이강영 외 역, 리사 랜들 저, 이것이 힉스다, 사이언스북스 (2013).
8. 존 C. 레녹스, 빅뱅인가 창조인가, 프리윌 출판사 (2013).
9. 박병철 역, 짐 배것 저, 힉스, 신 의 입자 속으로, 김영사 (2008).
10. 김일선 역, 앤류니 저, 빅뱅에서 힉스 입자까지(물리학 오디세이), 아름다운 물리학의 역사, 도서출판 돋을새김 (2013).

(2016. 2. 25, 과학이야기, 칼럼)

원적외선遠赤外線의 應用 I

적외선은 4,000~8,000 옹스트롬(=1mm의 천만분의 1)의 파장범위를 갖는 가시광선의 장파장 끝의 7,600~8,000 옹스트롬을 하한계로 하고, 상한계는 10,000,000 옹스트롬 정도까지의 파장을 갖는 전자파를 말한다.

적외선은 학자의 따라서, 또 전문분야에 따라 다르긴 하지만 학문적으로는 파장이 대략 7,600~30,000 옹스트롬인 근적외선near infrared ray과 파장이 30,000 옹스트롬 이상 10,000.000 옹스트롬까지의 원적외선far infrared ray으로 나누기도 한다(엄격한 파장 범위가 있는 것은 아님).

그러면 이 적외선은 누가 발견했을까?

적외선 발견은 1800년 미국의 천문학자이며 물리학자인 Frederick William Herschel에 의해서이다. 그는 천왕성을 발견했을 뿐만 아니라 은하우주에 대한 현상을 올바르게 해석해서 오늘날의 우주론의 기초를 세우는데도 큰 공을 세웠다. 어느 날 그는 프리즘을 사용하여 태양광선의 스펙트럼 분포에 관한 연구를 하던 중, 가장 높은 온도를 나타내는 부분은 가시광선 부분이 아니라 적외부(장파장 끝 부분)라는 사실을 알게 되었다. 이것이 적외선 발견의 시초이다.

그리하여 Herschel은 온도계가 최고의 온도를 나타내는 이 부분에서도 눈에는 안 보이지만 열적 효과가 큰 복사선이 나온다는 사실을 알아내고 이것을 적외선이라고 이름을 붙였다. 그 후 많은 학자들의 연구에 의해서 적외선은 여러 가지 물리적 효과를 일으키는 것으로 알려지고 있다.

지철근 지음 '원적외선의 특성과 효능' 등에 의하면, 이러한 적외선 중에서 근적외선은 그 진동수가 분자진동의 진동수와 같은 크기이기 때문에 물질에 흡수되면 직접 물질중의 원자가 이온의 진동을 일으키게 하여 물질의 온도를 올리는 효과를 나타낸다고 한다.

적외선을 열선이라 부르는 이유가 여기에 있다. 바로 이 효과를 이용하여 자동차 도장의 건조, 인쇄 잉크의 건조, 복사기의 정착, 전자부품이나 수지의 건조, 적외선 난로 등에 응용되고 있다.

또 적외선은 투과력이 커서 이 효과를 이용한 적외선 사진법, 생체 조직체의 투과 사진, 삼림 조사, 자원 탐사, 해양 오염 조사, 사법 감정 등에 활용되고 있다.

지금까지는 원적외선을 가열에 의해서 방출하였으나 열원이 없어도 적외선이 방출되는 물체가 개발되었다. 즉 스테인레스 표면에 금속산화물계의 세라믹스를 증착한 세라믹스계를 원적외선의 방사원으로 사용한다는 것이다. 산업적으로 이용되고 있는 원적외선은 파장이 대략 30,000~300,000 옹스트롬 사이로 알려져 있다.

원적외선의 식품응용에 관하여 다까지마 히로오 저서 '기초 원적외선공학' 등에서 살펴보면, 원적외선은 식품에도 응용할 수 있어 생선이나 야채 내의 물 분자를 활성화시켜 단백질 등의 고분자를 균일하게 하여 산소를 활성화시켜 박테리아의 침식을 방지하고 단백질의 분해를 방지하는데 사용할 수 있다고 한다. 또한 원적외선은 보온병의 침대 시트, 양말, 구두 안창, 벨트, 음식의 선도를 보관 유지해주는 식기, 화초의 성장을 촉진시켜 주는 화분의 제작 등에 활용되고 있다.

실생활에서도 다양하게 활용하여 원적외선의 놀라운 기능을 활용한 각종 상품들이 나와 있다. 인체에 전혀 해를 주지 않고 오히려 생체 활동을 촉진하는 원적외선은 물질의 숙성과 선도 유지, 공기정화, 방충, 냄새제거, 살균, 보온 보냉 효과가 있어 이것을 이용한 바이오세라믹 상품으로는 생산과 채소를 싱싱하게 보존하는 용기를 비롯하여 냉장고 탈취제, 요통 생리통을 치료하는 복대, 보온침대시트, 컵 속에 담긴 음료 맛을 더욱 좋게 하는 컵받침, 냄새 안 나게 하는 양말, 구두안창, 방석, 벨트, 보온 효과가 뛰어난 도시락, 음식의 선도를 보관 유지해주는 식기, 화초의 성장을 족진시켜 주는 화분 등의 제작에 이용되고 있다.

<참고문헌>

1. Reusch, William (1999), "Infrared Spectroscopy", Michigan State University, Retrieved 2006-10-27.
2. 지철근, 원적외선의 특성과 효능, 리빙북스 (2004).
3. 다까지마 히로오, 기초 원적외선공학, 겸지사 (1997).

(2016. 3. 10, 과학이야기, 칼럼)

원적외선遠赤外線의 應用 II

앞에서는 적외선의 정의와 최초 발견자에 대하여 알아보았고, 이것이 식품분야 및 실생활에 어떻게 응용되고 있는지에 대하여도 알아보았다. 여기에서는 원적외선far infrared ray이 의학 분야에 어떻게 활용되고 있는지에 대하여 알아보기로 한다.

적외선은 의학 분야에도 널리 사용되고 있다. 고광석 지음 '암과 성인병을 이겨내는 원적외선' 등에 의하면 인체에 흡수된 원적외선은 원자와 분자를 진동시켜 피하층의 온도를 상승시키고 모세혈관의 확장, 혈액순환의 촉진, 어혈 등의 대사장애를 없애며 조직의 부활, 효소 생성을 촉진한다고 소개하고 있다.

그리고 대사장애를 없애주기 때문에 간장에서는 생체에 쌓이는 노폐물과 불필요한 유해 축전물을 수분과 함께 배설시키고, 발암물질이라 일컬어지는 유해 중금속, 피로와 노화의 원인인 유산, 유리지방산, 피하지방, 고혈압의 원인이 되는 나트륨, 동통의 원인이 되는 요산 등을 배설하도록 도와준다고 한다.

또한 피지선을 활발하게 움직여 줌으로 피부에 누적돼 있는 화장품을 신장을 통하지 않고 피부에서 직접 배설시키므로 신장과 피부 양쪽에 유리한 역할을 한다고 한다. 실제로 임상결과 발표에 의하면 원적외선은 간질환, 위염, 방광염, 치질, 전립선 비대증, 고혈압, 천식, 뇌경색증, 폐기종 등 거의 모든 질병에서 좋은 성과를 보이고 열상, 화상에 특히 효과가 좋은 것으로 알려져 있고, 대상에 따라 약물요법 등을 적절히 병행하면 더욱 좋은 효과를 얻는 것으로 알려지고 있다.

그러면 원적외선은 어떤 원리에 의해 이런 효과들을 나타내고 있을까? 미시간 대학의 Reusch, William 지음, "적외선 분광기Infrared Spectroscopy" 등에 의하면 원적외선은 적외선이 가지는 복사선으로서의 일반적인 성질을 갖는 외에도 특성흡수와 투과 작용을 가진다는 점 때문이라고 설명한다. 즉 적외선의 물질 내 투과성은 적절한 파장 영역에서는 파장의 평방근에 비례한다는 것이 알려져 있다. 긴 파장 일수록 깊숙이 파고 들어가는 성질을 갖고 있다는 뜻이며 이로 인해 원적외선은 근적외선에 비해 인체에 적용되는 경우 적용되는 경우 피부 속 깊숙이까지 파고 들어가 생리효과에 큰 영향을 줄 것으로 예상된다. 참고로 원적외선은 인체를 형성하는 수분에 쉽게 흡수되어 그 부분의 체온을 높인다는 것이다.

또 인체는 무수한 유기체인 세포로 구성되어 있다. 그 세포의 구성 분자는 여러 원자나 원자단과 결합이 되어 특정한 고유진동수로 신축운동 또는 회전운동을 하고 있다. 따라서 진동이나 회전 운동의 고유 진동수와 동일한 진동수 대의 적외선을 쬐어 준다면 원자 또는 원자단은 크게 여기excite되어 공진resonance 현상을 일으킬 것으로 예상된다. 이런 공진 현상은 곧 생체 내 분자에게 활성화 에너지를 갖게 해줄 것이고 그 결과 생체를 구성하는 분자는 활성화될 것으로 예상된다.

사실 인체의 피부는 실험 결과 30,000, 60,000~100,000 옹스트롬 이상의 원적외선 영역에서 현저한 흡수 특성을 나타낸다는 것이 알려져 있다.

따라서 이 파장 영역의 원적외선은 생체에 현저한 영향을 미칠 가능성이 있고, 여기에 원적외선의 투과작용이 첨가된다면 원적외선의 효용도가 더욱 커지지 않을까 하고 일부 학자들은 믿고 있다. 그러나 적외선의 연구는 정밀한 측정기기 개발에 큰 애로점이 있고 생체나 생리의 연구는 다학문적interdisciplinary 접근법이 요구되어 연구 상 문제점이 가로놓여 있다고 한다.

그나마 국내에 원적외선 응용연구회와 응용평가기관 등이 활동하고 있는 것은 다행스러운 일이라 생각한다. 앞으로, 이들 기관이 계속적으로 국내 학자들과는 물론이고 외국의 학자들과도 정보교환, 상호방문, 그리고 국제공동 연구를 통하여 원적외선의 여러 가지 효용과 응용에 관한 참되고 진지한 연구와 더 적극적인 연구 개발이 이루어져야 할 것이다.

<참고문헌>

1. "IR Astronomy: Overview", NASA Infrared Astronomy and Processing Center, Retrieved 2006-10-30.
2. Reusch, William (1999), "Infrared Spectroscopy", Michigan State University, Retrieved 2006-10-27.
3. 지철근, 원적외선의 특성과 효능, 리빙북스 (2004).
4. 고광석, 암과 성인병을 이겨내는 원적외선, 양서각 (1999).

(2016. 3. 24, 과학이야기, 칼럼)

LED發光 다이오드의 應用

저녁 무렵 고층 아파트 유리창을 멀리서 쳐다보다가 그 중에서 유난히 밝은 층 하나를 발견할 수가 있었다.

나중에 알고 보니 특별히 밝은 아파트 세대는 LEDLight Emitted Diode: 발광 다이오드전구를 장착한 것으로 알려졌다. 요즘 LED 조명을 사용하는 세대가 점점 늘어나고 있는 상황이다.

조명용 광원은 1810년 전후에 가스등 발명을 시작으로 하여 1879년에 백열등, 1938년에 형광등, 그리고 1996년에 백색 LED가 개발되어 대략 60년 간격으로 새롭게 변하고 있다.

LED 발전추세로 미루어 현재의 조명체계인 형광등이나 할로겐 램프등이 머지않아 퇴출되고 LED 반도체 조명으로 바꾸어질 전망이다.

고유가시대와 지구 온난화로부터 화석연료 사용의 규제가 대두되는 시점에서 백열전구에 비하여 긴 수명, 저전력 에너지 사용량을 가지는 LED는 형광등에 사용되는 독성물질인 수은이나 카드뮴을 사용하지 않아서 친환경 추세에도 부합하는 이점이 있다. 가까이는 휴대폰 키패드에서부터 일반 조명에 이르기까지 광범위한 적용이 가능하다보니 국가적 관심을 받고 있다.

LED 즉 '발광다이오드'는 전류를 가하면 빛을 발하는 화합물 반도체 소자이다. 기본적으로 LED는 양(+)의 전기적 성질을 가진 p형 반도체(전공이 많아 양의 성질 띰)와 음(-)의 전기적 성질을 지닌 n형 반도체(전자가 많아 음의 성질 띰)가 얇은 층 형태로 붙어있는 이종 접합구조를 갖는다.

순방향으로 전압을 가하면, 수 볼트의 전압으로 전류가 흘러, n층의 전자가 p층으로 이동해 정공과 결합하면서, 가지고 있던 에너지 차이, 즉 에너지 밴드 갭에 해당하는 파장의 빛에너지를 발산하게 된다. 이 과정에서 사용하는 원소의 종류에 따라 방출되는 에너지의 양이 달라진다. 이 에너지 차이에 따라서 빛의 파장이 결정되고 그에 따라 여러 가지 다른 색을

낼 수 있게 된다. 적색은 주로 GaAs를, 녹색은 GaP를, 그리고 청색은 GaN을 기반으로 한다.

그러면 백색 LED는 어떻게 만들까? 센다이 가즈오 지음 'LED 조명' 등에서 다음과 같이 소개한다. 지금까지 눈에 편한 백색을 구현하기 위하여 백색 LED는 청색 LED에 황색 형광체를 쓰거나 또는 3원색의 LED를 세트로 묶어서 병렬 조합하는 방식이었다. 그러나 청색 혹은 자외선을 흡수해 녹색, 황색, 적색 등 형광을 방출하는데 쓰이는 희토류 물질인 형광체는 수입의존도가 높을 뿐만 아니라 낮은 연색성과 변색 등도 문제가 된다. 또 여러 색의 LED 칩을 병렬 조합하는 방식은 단가가 높아진다는 단점이 있었다.

다행히도 최근 국내 연구진이 이와는 다르게 3차원 특수한 피라미드 구조의 마이크로 복합 구조 반도체칩에 전류를 흘려 백색광을 내는 LED를 개발하는데 성공하였다고 한다. 따라서 이 결과는 무형광체 백색 LED의 초기 단계이긴 하지만 3차원 반도체 공정개발을 통해 효율을 개선하면 값싸고 색 재현성이 좋은 무형광체 단일칩 백색 LED 광원으로 활용할 수 있을 것으로 보인다.

지금까지 알려진 LED가 가지는 장점으로, 박재환 지음 'LED 사인조명기술, 물리학과 첨단기술' 등에 의하면 약 60% 이상의 양자효율, 5~10만 시간의 장수명, 수 mm 이하의 초소형 경량 광원, 저전압 직류가동, 화상의 염려가 없는 저온 광원, 1~2차원으로 무한확대가 가능한 점광원, 1,600만개의 총 천연색의 빛, 극히 빠른 응답 반응속도로 인한 디지털 모듈레이션의 확장성, 그리고 간단한 설치와 유지보수 등을 들고 있다.

LED 기술의 향상으로 대 출력 LED광원과 신 조명기술을 만들어내고 있으며, 인공적인 빛을 필요로 하는 분야마다 그 유용성을 확인시키고 있다. 그 결과 LED 응용이 폭발적으로 증가하고 있고 막대한 규모의 시장성이 형성되고 있는 것이다.

LED 응용에 대하여 Ando Koushi 지음 'LED 발광다이오드' 등에서 제시하는 내용을 살펴보자. LED는 교통 신호등과 전광판 같은 단순한 표시소자기능에서 인간의 시감각, 동식물의 광반응을 이용한 대상제어의 영역으로 진화하고 있다. 인간의 감성, 생리현상, 심리 등에 부합하는 조명을 제공하고 어패류, 가축 등의 이동통제, 포획과 양식, 그리고 약용식물, 해조류 등 고부가 가치 식물 자원의 숙성 재배와 억제 등에 응용되고 있다. 그리고 LED TV의 back light, 자동차 조명 등 공산품에서의 응용이 시장성을 선도하고 있고, 조선, 의료, 환경, 정보가전, 가시광 통신, 군수과학산업에서의 신기술 개발 등에도 그 시장 규모가 확대되고 있다.

따라서 LED는 에너지 절감과 친환경 소재로 많은 연구기관과 기업에서 다양한 연구와 개발이 진행되고 있으며 관련 산업 및 기술이 확충되면서 많은 제품들이 출시되고 있다.

특히 백색 LED는 일반 조명용 광원으로서의 사용에 대한 기대가 크기 때문에, 발광 효율의 향상, 연색성, 가격문제, 광원의 기능평가 및 인체에 미치는 영향까지도 고려하여, 신뢰성을 확보한 고품질 LED 제품들의 개발을 통하여, 차세대광원으로서 확실히 자리잡아갈 수 있도록 해야할 것이다.

<참고문헌>

1. "The life and times of the LED- a 100-year history" (PDF). The Optoelectronics Research Centre, University of Southampton. April 2007. Retrieved September 4, 2012.
2. Thomas M. Okon; James R. Biard (2015). "The First Practical LED"(PDF). EdisonTechCenter.org. Edison Tech Center. Retrieved 2016-02-02
3. "LED". The American heritage science dictionary. Houghton Mifflin Company. 2005.
4. 데이코산업연구소, LED 및 LED 조명 시장의 실태와 전망, (2009).
5. 구기준역, 센다이 가즈오 저, LED 조명, BM 성안당 (2014).

6. 박재환, LED 사인조명 기술, 물리학과 첨단기술, 34, Nov. (2008).
7. Ando Koushi, LED 발광다이오드, 성안당 (2011).

(2016. 4. 11, 과학이야기, 칼럼)

3D, 4D 프린터

최근 서울의 어느 대학병원에서 3D 프린터를 사용하여 인간의 두개골을 제작하여 이식에 성공했다는 보도가 있었다. 얼마 전까지만 해도 프린터 하면 종이에 그림이나 글자를 인쇄하는 것으로 알고 있었다. 그러면 3D 프린트가 어떠한 기능이 있기에 인간의 두개골까지 제작할 수 있다는 것일까?

지금까지의 2D 프린터는 종이를 인쇄하는 것인데 대해 3D 프린터는 3차원 물체를 기존의 절삭가공 방식이 아닌 쌓아가는 방식으로 실물제품을 찍어내는 프린터이다.

호드 립슨 지음 '3D 프린팅의 신세계' 등에서 제시하는 3D 프린터의 가장 큰 장점은 제작하는 크기의 범위 내에서는 복잡한 모형의 형상일수록 그 기능을 잘 발휘하여 찍어 냄으로써 기존의 절삭 가공의 한계를 넘어서는 점이라 할 수 있다고 한다. 이것은 바닥에서 위로 재료를 쌓아가는 방식이기 때문에 제품형상 구성에 한계가 없어 인간이 상상하는 어떤 모양도 출력이 가능하다는 것이다. 현재의 문제점으로는 프린터 출력시간, 재료종류, 재료강도, 재료색상 등이 제기되고 있지만 시제품이나 실물크기의 모형용 제품 개발에는 특수한 경우를 제외하고는 문제가 없는 것으로 알려져 있다.

단지 양산제품을 대량으로 찍어내는 경우에는 부족한 점이 없지 않지만 여러 종류의 소량을 제작하는 경우에는 지금의 기술로도 충분하다고 한다.

재료강도는 현재 양산되고 있는 제품의 80%까지 접근하고 있으며, 재료종류는 플라스틱, 고무, 파우더, 왁스, 종이, 금속, 나무, 등 현재 약 30 가지 정도가 가능하므로 큰 제약이 없다. 재료색상은 다양한 색상을 지원하는 재료가 출시되고 있으며 또 후가공으로 도금처리까지 가능한 소재가 있으니 큰 걱정을 하지 아니해도 될 것이라고 한다.

허재 지음 '3D 프린터의 모든 것' 등에 의하면 3D 프린터는 프로그램에 의한 명령만 내리면 원하는 부속품, 구조물, 단백질 등을 제작할 수 있고 심지어 인공장기, 줄기세포까지도 만들어 낼 수 있다는 것이 현실화되어 이번에 인간 두개골을 제작하고 그 것의 이식까지도 성공할 수 있었다고 소개하고 있다.

그러면 최근 거론되고 있는 4D 프린팅이란 무엇인가? 4차원이라는 개념을 바로 떠올릴 수 있는 것이 바로 4D 영화일 것이다. 4D 영화는 입체 영상과 사운드 외에 진동이나 향기, 바람 등의 다른 감각요소를 집어넣어 시각과 청각 외에 추가로 한 가지 이상의 감각을 더하여 몰입감을 강화하는 시스템이다. 그렇다면 4D 프린터에서의 4D는 무엇을 이야기하는 것일까?

4D 프린팅이라는 용어는 2013년 미국 MIT 자가조립연구소 스카일러 티비츠Skylar Tibbits 교수의 '4D 프린팅의 출현The emergence of 4D printing'이라는 제목의 TEDTechnology, Entertainment, Design 강연을 통해 처음으로 알려지게 되었다. 여기에서는 3D 프린팅의 진화된 개념으로 4D 프린팅 기술이 설명되었다.

3D 프린팅 기술은 3DDimension, 차원의 공간(x, y, z)개념과 프린팅 기술이 결합한 개념이다. 4D 프린팅 기술도 유사한 개념으로 3D 공간에 하나의 차원인 시간 개념을 추가한 의미이다. 그래서 시간(t) 개념이 추가로 들어가 있는 3D 프린팅이라고 생각하면 된다. 3D 프린팅 기술이 디지털 정보와 3D 프린터를 이용하여 원하는 입체를 구현하는 것을 의미한다면, 4D 프린팅 기술은 이러한 3D 프린터에 의해서 나온 제작물이 환경에 반응하면서 시간에 따라 변화하는 개념을 추가하고 있다. 3D 프린팅 기술을 이용해 만든 제작물이 온도나 물 그리고 햇빛 등의 요인에 따라 스스로 변형되도록 만드는 기술이 4D 프린팅 기술이다. 즉 3D 프린터로 출력해서 제작된 의수가 특정 온도나 압력 혹은 외력 등의 특정 조건에 의해서 출

력물의 손가락이 접히거나 움직일 수 있게 프린팅하는 것이 4D 프린팅이라 할 수 있다.

3D 프린터를 이용하여 원하는 제품 또는 구조물을 출력한 후 출력된 각 부품들을 조립하기 위해서 인간 또는 기계 등이 동원되는 추가비용이 들지 아니하고 출력물 스스로가 움직이며 최종 결과물로 완성된다는 개념이다. 즉 프린터를 이용해 제작된 부품들이 저절로 조립되는 조립에 대한 자동화automation개념이다.

4D 프린터는 어떠한 가능성을 보여줄까? 티비츠 교수가 TED 영상에서 설명했듯 인간이 도달하기 어렵거나 불가능한 장소에 노동력을 투입할 필요 없이 스스로 조립되게 하는 구조물, 그리고 온도에 따라 그 형태가 변형하는 의상, 특정 온도에서 반응하는 밸브나 파이프 등이 스스로 움직여 저절로 형태를 구성하는 출력물이 가능해진다는 것이다. 여기에서 장소란 극한 환경인 우주나 심해, 혹은 체내와 같은 극소공간 등이 될 수 있을 것이다. 또한 개인이 사용하는 3D 프린터의 한계로 지적되어 있는 출력물의 크기와 부피 문제를 해결하는 방안이 될 수도 있다. 길게 출력하여 스스로 원하는 부피의 크기로 조립되게 하는 형식이 될 것이다. 또는 이것을 자동차 외장에 적용하게 되면 사고나 충돌 등으로 훼손이 되었을 때 그 부위에 열을 가하거나 일정한 주파수를 갖는 진동을 가해 주어서 특정 조건을 만족시키면 원상으로 복구되는 기능이 개발될 수 있을 것이라고 한다.

앞으로 기술 발전이 더 이루어져서 3D 프린터의 재료 단가가 내려가면, 이것을 개인용 프린터로 구매하는 경우가 많아질 것으로 예상된다. 현재도 시중에 저렴한 개인용 3D 프린터가 다수 출시되고 있는 실정이다.

그리고 안창현 지음 '3D 프린터' 등에 의하면 3D 프린터가 ICTInformation & Communication Technology, 정보통신기술용 복합기술, 인터넷 비즈니스 등이 연계되어 3차, 4차 산업혁명을 이끄는 데 아주 많은 역할을 할 것이라고 기대하고 있으며, 우리사회가 급속하게 고령화로 진입하고 있는 상황에서 3D나 4D 프린터를 이용하여 1인 공장 개념을 활용함으로써 노후에 일자리, 여가생활 등 문제를 해결할 수도 있을 것이라고 전망하고 있다.

3D 프린팅 기술은 개발된 지 30 여년이 지났지만 불과 3~4년 정도밖에 안된 4D 프린팅은 창의적 설계 기술과 스마트 소재를 기반으로 할 때 그것의 다양한 무한 가능성 때문에 더욱 더 많은 관심이 집중되고 있다.

<참고문헌>

1. Mtaho, Adam etal., "3D Printing: Developing Countries Perspectives". International Journal of Computer Applications. 104 (11): 30 (2014).
2. Ge, Qi; Dunn, Conner K.; Qi, H. Jerry; Dunn, Martin L., "Active origami by 4D printing". Smart Materials and Structures. 23 (9), 35 (2014).
3. Ge, Qi; Sakhaei, Amir Hosein; Lee, Howon, "Multimaterial 4D Printing with Tailorable Shape Memory Polymers". Scientific Reports. 6 (1): 31110, (2016).
4. Sydney Gladman, A., Lewis, Jennifer A., "Biomimetic 4D printing", Nature Materials, 15 (4) 413 (2016).
5. 호드 립슨, 멜바 컬만, 3D 프린팅의 신세계, 한스미디어, (2013).
6. 이기훈, 3D 프린터 A to Z, 인투북스 (2014).
7. 허재, 고산, 3D 프린터의 모든 것, 동아시아 펴냄 (2014).
8. 안창현, 3D 프린터, 코드미디어 (2014).
9. 크리스토퍼 바넷, 3D 프린팅 넥스트 레볼루션, 한빛비즈 (2014).

(2016. 5. 4, 과학이야기, 칼럼)

3D 프린팅, 음식문화도 바꾼다

-식감과 체내 흡수력 높인 플랫폼 개발

밥솥이나 레인지가 아닌, 음식을 만들어내는 새로운 가전제품을 상상해 보자.

가루로 된 여러 성분을 넣고 버튼을 누르기만 하면 각 가족구성원에게 필요한 영양분이 함유된 맛있는 음식이 조리돼 나온다. 이런 일은 아직 상상 속에 머무는 것처럼 보이나, 3D 프린팅을 사용해 맞춤 음식을 만드는 방법도 언젠가는 현실화될 것으로 기대된다.

이화여대 식품공학과 이진규 교수는 24일 미국 샌디에이고에서 열리고 있는 '2018 실험생물학 대회Experimental Biology meeting'의 미국 생화학 및 분자생물학회 연례 학술대회에서 식품 생산을 위한 3D 프린팅 기술의 새로운 가능성에 대해 발표했다.

이 교수는 "3D 프린팅 기술을 사용해 개인의 취향이나 특성에 맞는 음식 질감과 체내 흡수를 조절할 수 있는 음식의 미세구조 생성 플랫폼을 구축했다"고 밝히고, "사람들이 언젠가는 3D 프린팅으로 필요나 기호에 따라 혼합해 조리할 수 있는 가루 성분들이 포함된 카트리지를 갖게 될 것"이라고 예측했다.

"3D 음식 프린팅, 세계 식량 보급에 중요 역할"

식품 3D 프린팅은 최종 제품을 만들기 위해 여러 층의 원료를 배치한다는 점에서 다른 재료를 3D 프린팅으로 만드는 것과 같다. 식품의 바탕이 되는 재료를 컴퓨터 설계를 통해 출력하는 기술로 균일한 품질의 식품을 생산할 수 있고, 식품안전성과 가격 및 품질의 안정성을 기할 수 있다.

또한 다품종 소량생산이 가능해 체질이나 연령, 알러지, 영양조절, 기호성 등을 고려한 소비자 맞춤형 식품 제조가 가능하다. 가공 방법이 단순

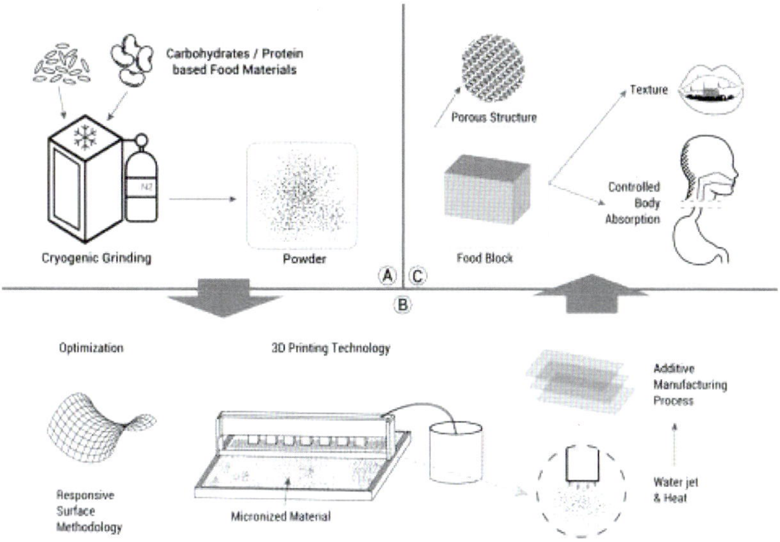

(A) 식품 재료가 섭씨 영하 100도 가까운 초저온에서 분쇄돼 가루로 된 상태. (B) 미세한 크기의 식품 재료를 최적의 수분 함량과 열 조건 하에서 접착제를 분사해 다공성 필름 형태로 재구성했다. 이 필름형 재료를 만드는 공정은 3차원 식량블럭을 만들기 위해 층층이 반복된다. (C) 음식의 외부 모양과 특정 다공성 식품블럭의 내부 미세구조는 먹고 소화하는 동안 음식의 질감을 느끼고 체내에 흡수가 잘 되도록 디자인된다. CREDIT: Jin-Kyu Rhee, Ewha Womans University.

하고 기능성 재료와 대체 재료 등을 사용해 친환경적인 식품 제조가 가능한 것도 큰 장점. 음식 쓰레기 및 음식 저장과 수송에 드는 비용을 크게 줄일 수 있는 부가적인 이점도 있다.

아울러 급증하는 세계 인구의 식량 수요를 충족시키는 데도 도움이 될 수 있다. 바다에 많이 서식하는 해조류나 대량 번식시킨 곤충의 단백질 등을 활용해 환경에 해를 끼치지 않고 영양 성분을 확보해 음식으로 전환시킬 수 있는 식자재를 가루 형태 등으로 장기간 보관할 수 있다면 기후 변화에 따른 흉작으로 굶주리는 인구를 줄일 수 있을 것으로 보인다.

몇 년 전부터 이미 단순한 형태의 3D 음식 프린팅 기계가 출시되고 있으나 가격이 비싸 보급에 어려움을 겪고 있는 중이다. 그러나 최근에는 네덜란드에 3D 음식 프린팅 전문 레스토랑이 등장했고, 미군에서는 3D 프린팅 기술로 병사들에게 맞춤 영양분과 전장에서의 전투 식량 보급을 계획하고 있는 것으로 알려진다.

"자연 식품에서 느끼는 식감도 최대한 구현 가능"

식품블록 제조를 위해 사용되는 프린팅 기술은 식품의 맛과 식감, 영양학적 가치를 고려한 재료에 픽셀 단위의 미세한 공정을 가해 식품을 재성형 또는 가공하는 방식으로, 실제의 식품을 모방하고 구현하게 된다.

문제는 맛이나 식감이 제대로 표현되느냐는 점. 연구팀은 이를 위해 음식을 먹는 과정도 세밀하게 분석해 보았다. 우리는 입으로 들어온 음식을 미세한 구조물로 부수어 이와 혀로 섞어가며 느끼고, 삼키고, 소화한다. 이때 식품의 재료와 구조물의 특징이 음식 맛의 중요 요인이 된다. 이 교수는 "3D 프린팅 기술을 활용하면 식품의 미세구조를 식품소재에 더욱 가까운 조직 구조로 디자인해 구현할 수 있고, 물질의 변형과 흐름을 살피는 유변학적 특성 및 조직감, 분산 정도를 고려한 디자인으로까지 확장할 수 있다"며, "개인의 건강 데이터에 따른 다양한 식감이나, 맛, 다른 영양분도 첨가할 수 있다"고 설명했다.

"음식 특성 모방한 미세구조 플랫폼 개발"

이 교수팀은 357개의 양방향 프린팅 노즐로 구성된 3D 프린터를 사용해 연구를 수행했다. 프린터 각각의 노즐은 5피코리터 정도의 액상 재료를 정교하게 분사해 구조체를 가진 식품블록을 출력한다.

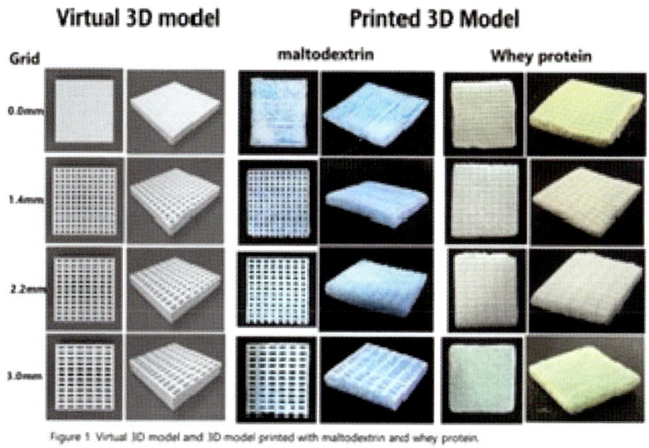

말토덱스트린과 유장 단백질의 3D 가상모델과 3D 프린터로 만들어낸 모습. CREDIT: Jin-Kyu Rhee, Ewha Womans University

연구팀은 이 프로토타입 3D 프린터로 실제 음식 샘플에서 관찰된 물리적 특성과 나노 규모의 질감을 모방한 미세구조를 가진 음식을 만들었다. 그리고 자신들이 만든 플랫폼과 최적화된 방법으로 탄수화물과 단백질 가루를, 음식 질감을 조절하고 체내에 흡수되는 방식을 조절할 수 있는 미세구조를 가진 음식으로 전환시킬 수 있음을 입증했다.

이 교수팀은 이번 연구에서 출력 공정 개선과 최적화 등을 통해 식품 3D 프린팅의 출력 효율성을 증가시킬 수 있는 기초적인 파라메터를 구축했다고 밝혔다. 연구팀은 더 나아가 식품의 단면 스캐닝, 분산되는 정도 및 물성 측정 등의 데이터들을 기반으로 식품의 용해도 혹은 분산도와 물성 등을 조절해 3차원의 식품 구조물을 생성할 수 있는 소프트웨어 개발 연구도 진행할 예정이다.

이 교수는 "우리 연구는 아직 초기 단계에 머무르고 있으나 지속적인 연구를 통해 3D 음식 프린팅을 다음 단계로 향상시킬 것"이라며, "3D 음식 프린팅 기술로 오랫동안 보관이 가능하고 체내 흡수를 위해 기능성을 향상 시킨 식자재와 음식 제품을 창출해내기 위해 노력하고 있다"고 밝혔다.

(2018. 04. 25, *사이언스타임즈The Science Times 김병희 기자-전재 승인 2018. 10. 10)

*사이언스타임즈는 한국과학창의재단이 운영하는 과학전문 인터넷 신문이다.

3D 프린팅 연구의 성공을 기원하며

그동안 연세대에서 생명공학을 전공하고 미국 SCRIPPS연구소에서 박사후과정을 마친 큰아들이진규 교수이 지난 4월말 미국 샌디에이고 컨벤션센터에서 발표한 논문이 큰 반향을 일으켜 미국 내 BBC방송 등 몇 군데 방송에 인터뷰 출연하고, 미국 및 국내 10여 개 이상의 언론매체들을 통하여 기사화되고 보도되었습니다.

국제특허를 출원한 이 연구논문은 3D 프린터를 이용하여 고기능성 영양분을 갖춘 맞춤형 음식을 프린트하여 식탁에 제공하는 연구로 인류의 미래 식품산업에 관한 혁신적이고 기술적인 도전이라고 평가하고 있습니다.

이 연구가 좀 더 진전되면 잉크 카트리지 대신 파우더 카트리지만 휴대하면 입맛에 맞는 맞춤형음식이 프린트되어 제공되고, 부가적으로 친환경적이고 경제적인 음식제조, 음식 쓰레기 및 음식저장과 수송비용 절감, 흉작문제 해결 등이 가능하여 인류에 식량을 제공할 뿐 아니라 음식문화를 바꿀 수 있는 계기가 마련될 수 있고 그 단초를 제공했다는 점 때문에 큰 반응이 있었던 것 같습니다.

특히 이 교수는 「Best R&D - 대한민국의 과학기술과 미래를 이끌어 갈 연구주역」을 소개하는 저널 「월간 인물」 7월호의 표지인물로 등재되었습니다.

여기에서는 "인류 식생활에 커다란 변화 일으킬 3D 프린팅 기술"이라는 제하 기사의 머리말에 "4차 산업혁명의 핵심 기술로 주목받고 있는 3D 프린팅은 제조업부터 금형, 건설, 우주항공, 의학, 산업디자인 등 다양한 산업에 변화를 불러오고 있다. 이러한 가운데 이화여대 식품공학과 이진규 교수는 3D 프린팅을 식품에 적용한다는 아이디어를 구현하기 위한 연구를 수행하며 주목받고 있다. 하나의 버튼으로 온가족이 필요로 하는 영양분이 골고루 함유된 음식이 조리되어 나오는 상상이 현실이 될 날이 머지않았다."라고 소개하면서 그의 인터뷰 기사를 게재한 바 있습니다.

이 연구의 그동안의 결과에 대한 국제 및 국내특허는 출원했지만 이 연구가 아직은 걸음마 과정에 불과하고 그 가능성을 제시한 단계이니 좋은 결과를 기대하면서 지켜봐야 될 것 같습니다.

(2018. 8. 26, 큰아들의 3D 음식 프린팅 연구의 성공을 기원하며)

제3장

드론, 그래핀, 중력파

중력파Gravitational wave 검출

금년 2월 11일 한국물리학회는 미국 국립과학재단NSF이 중력파 탐색의 최신 결과 공개에 대한 예고문을 발표하였다.

이 예고문에서 "아인슈타인이 중력파(시공간을 이루는 시간축과 공간축에 발생한 잔물결)의 존재를 예언한지 100년이 지난 올해, 미국 국립과학재단은 캘리포니아 공과대학, 메사추세츠 공과대학, 라이고 과학 협력단LIGO Scientific Collaboration 소속의 과학자들을 모아 중력파 검출을 위해 노력하여 얻은 성과를 과학계에 공표하고자 합니다. 쌍둥이 라이고 검출기로부터 얻은 데이터의 연구와 분석은 라이고 과학협력단, 지오 600GEO 600 연구단과 비르고Virgo 연구단을 아우르는 국제적 규모의 연구진의 협력으로 이루어지고 있습니다."라고 하였다.

드디어, 2016년 2월 11일 오전 10시 30분(미국시간) "약 5개월 전인 2015년 9월 14일, 레이저 간섭계 중력파관측소Laser Interferometer Gravitational-wave Observatory; LIGO에 잡혔던 신호는 13억 광년 떨어진 곳에서 태양 질량의 약 30배 정도 되는 2개의 블랙홀이 충돌하면서 낸 중력파에 의한 신호이다"라고 라이고 과학협력단이 공식적으로 발표하였다.

중력파 예측 후 100년이 지나서야 검출이 된 셈이다. 그러면 중력파란 무엇인가?

중력파와 전자기파는 역사적으로 볼 때 둘 다 이론적으로 먼저 예측되었고 그 후 실험적으로 검출되어 그들의 존재가 확인되었다고 하는 점이 비슷하다고 하였다.

David Halliday와 Robert Resnick 저 'Physics' 등에 의하면 19세기 영국의 물리학자 맥스웰Maxwell은 그동안의 전기와 자기 현상에 대한 연구를 바탕으로 하여 4개의 전자기장 방정식을 만들었다. 이것의 해를 구하면 파동으로 표현되는 파동방정식 수식이 유도되는데 이것이 바로 전자기파이며 그 전파속도는 빛의 속도(30만km/초)와 같다고 한다.

즉 전자가 가속될 때 전자기파가 발생하여 빛의 속도로 전파한다는 것이다. 전자기파는 전기자기파 또는 줄여서 전파라고도 하는데 전기장과 자기장이 각각 수직한 방향으로 진동하면서 이것들과 수직한 방향으로 전파하는 횡파이다.

그러나 맥스웰은 전자기파의 존재를 스스로 입증하지 못한 채 세상을 떠났으나 독일 물리학자 헤르츠Hertz가 1888년 공명자 실험을 통하여 전자기파의 존재를 증명하였고 그 공로를 기리기 위하여 전자기파의 주파수 단위를 헤르츠Hz라고 사용하게 되었다. 한편 중력파의 경우에도 이와 비슷하게 오정근 저, '중력파 아인슈타인의 마지막 선물' 등에 따르면 1916년에 아인슈타인이 일반상대성 이론을 발표하였으며, 이것은 가속을 하는 좌표계에서의 상대적인 운동을 설명하는 이론으로 여기에는 시공간과 중력의 실체 등을 기술하는 중력장 방정식이 포함되어 있다.

이 방정식은 맥스웰 방정식보다 훨씬 복잡하지만 근사해를 구하면 새로운 파동의 존재를 예측할 수 있었다. 이 파동이 바로 중력파로서 중력장 자체가 진동하면서 퍼져나가는 횡파이다. 이것 역시 전파 속도는 전자기파의 속도와 동일하다.

그러면 중력파를 예측한 후 검출하는데 왜 100년이나 걸렸을까?

중력은 또 다른 장거리 힘인 전자기력에 비해 너무 미약하기 때문에 측정이 매우 어렵기 때문이다. 중력은 물질에 작용하는 4가지 종류의 힘인 중력, 전자기기력, 강력, 그리고 약력 중에서도 가장 약한 힘이다. 전자기력은 강력 다음으로 강한 힘으로 전자를 기준으로 비교할 때 중력에 비해 무려 10에 40승 배 만큼이나 강하여 그것에 의한 전자기파가 쉽게 검출될 수 있었다. 반면 중력에 의한 중력파는 전자기파의 비하여 너무나 그 신호가 약해서 심지어는 그 존재를 예언한 아인슈타인까지도 그 존재를 확인하는 날이 올 수 있을까를 믿지 않을 정도였다고 한다.

전자기파와 비슷하게 질량과 중력을 가진 물체가 가속될 때 중력파가 방출하게 된다.

따라서 중력파가 너무 약하므로 중성자별이나 블랙홀 정도의 엄청난 밀도와 중력을 가진 물체가 큰 가속운동을 해야만 지구에서 비로소 검출 가능한 세기의 중력파가 발생하게 된다는 것이다.

중력파에 관련한 클라라 모스코비츠Clara Moskowitz 지음, '빅뱅에서 온 중력파Gravity Waves from Big Bang Detected' 등에 의하면 이번에 검출된 중력파는 태양 질량의 약 36배와 29배의 질량을 가진 블랙홀이 충돌하여 하나로 합쳐지며 태양의 62배가 되는 초대형 블랙홀이 탄생했다고 한다. 즉 블랙홀 2개가 충돌한 결과 충돌 전 후의 질량 차이인 태양 질량의 3배에 해당하는 물질이 순식간에 사라지면서 그 에너지가 중력파로 전환된 것이다. 그럼에도 불구하고 그 중력파의 최대진폭은 10의 21승 분의 1m정도로 빛이 1년 동안 가는 거리의 머리카락 굵기 정도 밖에 되지 않는 변화이니 그 측정이 어려울 수밖에 없는 것이다. 그러면 중력파를 측정하는 검출기기는 어떻게 만들어졌을까?

중력파가 만들어내는 공간의 요동은 아주 미세해서 이 미세한 길이의 변화를 읽어내야 한다. 즉 시간과 공간의 간격이 진동하면서 변한다는 뜻이다. 실제검출기의 크기는 중력파의 파장에 비해 훨씬 작기 때문에 중력파의 실제 효과는 두 점 사이의 거리를 늘렸다 줄였다 하는 것으로 나타난다. 따라서 중력파 검출기는 중력파가 지나갈 때 나타나는 두 점 사이의 미세한 길이 변화를 측정하도록 고안되어 있다.

중력파 검출을 위한 검출기기제작은 1950년대 미국 물리학자 조지프 웨버Joseph Weber가 처음으로 시도했으나 그 정밀도가 10의 16승 분의 1m 길이 변화를 측정할 수 있을 정도였다. 그것으로 중력파를 검출하기에는 역부족이었다.

1989년 미국 국립과학재단의 승인을 받아 2001년에 완공된 현재의 라이고는 레이저 간섭계개념을 이용한 기존의 L-자 모양의 마이켈슨 간섭계 Michelson Interferometer의 구조를 가진다. 이 라이고는 파장이 일정한 레이저 광을 빔 분할기Beam Splitter를 이용해 서로 수직한 방향으로 동시에 보낸 다음 반사되어 되돌아 온 레이저광을 다시 모으면 간섭 형태의 무늬모양이 만들어지는데 이 무늬의 변화를 통하여 그 방향의 길이 변화를 산출해 내는 방식이다. 이 라이고의 한 팔의 길이는 무려 4km나 된다.

이번 중력파 검출은 지난 수십 년간의 노력으로 미국 루이지애나주 리빙스턴과 워싱턴주의 핸포드에 있는 쌍둥이 라이고 중력파검출기로 이루어진 것이다. 이미 검출된 중력파 신호를 5개월이나 늦게 발표한 것은 잘못될 수 있는 가능성을 검토하고, 또 검출 데이터를 완벽하게 분석하고 검토한 후에 발표하는 신중을 기한 것이었다고 한다.

결론적으로, 아인슈타인이 일반상대성 이론을 발표한지 100주년이 되는 금년에 실험 장비를 통하여 이루어진 중력파 검출은 일반상대성 이론의 확증이라는 점에서 실로 그 의미가 크다.

또 중력파를 직접 검출한 것은 우주를 관측하고 연구하는 새로운 창문이 열렸음을 의미한다. 앞으로 중력파 천문학이 발달하게 된다면 우주 대폭발, 초기의 우주특성, 별의 생성과 진화 등 우주의 비밀을 풀 수 있는 기회가 제공될 수 있을 것으로 전망된다.

다행히 한국에도 서울대학교 이형목 교수가 이끄는 중력파 연구협력단 KGWG; Korean Gravitational Wave Group이 2003년 말경에 결성되어 중력파 검출에 대한 국내 연구역량을 키우고 있으며, 라이고 국제과학 협력단에도 직접 참여하여 이번 중력파 검출에 많은 기여를 한 것으로 알려져 있다.

<참고문헌>

1. Castelvecchi, Davide; Witze, Witze (February 11, 2016). "Einstein's gravitational waves found at last", Nature News, doi:10.1038/nature.2016.19361, Retrieved 2016-02-11.

2. "First Second of the Big Bang", How the universe works 3, 2014, Discovery Science.
3. Clara Moskowitz (17 March 2014), "Gravity Waves from Big Bang Detected", Scientific American. Retrieved 21 March 2016.
4. David Halliday and Robert Resnick, Physics, John Wiley & Sons, Inc., (1978).
5. 오정근, 중력파 아인슈타인의 마지막 선물, 동아시아 펴냄 (2016).

(2016. 5. 26, 과학이야기, 칼럼)

드론Drone: 원격조종 무인항공기 I

얼마 전 드론Drone을 활용해 섬이나 산간 지역에, 우선은 전남 고흥과 강원 영월에 의약품이나 구호품 등 최대 10kg의 긴급 물품의 배송택배를 하는 시범 사업에 착수한다는 뉴스보도가 있었다. 이것은 그에 앞서 규제개혁위원회의에서 내놓은 드론 관련 규제개선안의 후속 조치의 일환으로 보인다.

그리고 해외에서는 아직 드론의 이·착륙 과정을 수동으로 조종하지만 이번 사업은 이륙부터 배송, 귀환까지 전 과정을 자동화하는 것을 목표로 한다고 발표하였다.

그러면 드론이란 무엇인가? 드론은 조종사가 탑승하지 않고 지정된 임무를 수행할 수 있도록 제작한 원격조종 무인항공기Unmanned aerial vehicle: UAV이다. 이것은 벌이 날아다니며 윙윙거린다drone라는 것에서 '드론'이라고 이름 붙여진 것이다.

박찬 지음 '드론 완전 정복' 등에서 소개하는 드론의 정의와 구성을 살펴본다. 미국에서는 드론의 정의를 '조종사를 태우지 않고, 공기역학적 힘에 의해 부양하여 자율적으로 또는 원격조종으로 비행을 하며, 무기 또는 일반 화물을 실을 수 있는 1회용 또는 재사용할 수 있는 동력 비행체이다'라고 정의한다. 탄도비행체, 준탄도비행체, 순항미사일, 발사체, 포 등은 드론으로 간주되지 않고 있다.

드론의 구성은 하드웨어 요소로 비행체, 컴퓨터, 항법장비, 송수신기, 가시광선과 적외선 센서 등의 장비로 이루어지고 있다. 그리고 소프트웨어 요소로는 1. 임무계획 수립과 비행체와 임무 탑재체의 조종 명령, 통제, 영상과 데이터의 수신 등 무인항공기 운용을 위한 지상통제장치, 2. 카메라, 합성구경 레이더, 통신중계기, 무장 등의 임무 수행을 위한 장비, 3. 비행체 상태의 정보, 비행체의 조종 통제, 임무 탑재체가 획득·수행한 정보 등의 전달에 요구되는 비행체와 지상간의 무선통신 요소, 4. 비행체가 지상으로부터 발사, 이륙과 착륙, 회수하는 데 필요한 이착륙장치, 그리고 5. 지상 지원설비와 인력 등을 총칭, 무인항공기의 효율적인 운용에 필요한 분석, 정비, 교육 장비 시스템을 포함하는 지상지원체제 등으로 구성된다.

이러한 드론은 1916년 무기를 실은 비행체가 원격조종으로 날아가 적을 공격하는 군사용무인기로 개발이 시작되었다. 그리고 1982년 이스라엘의 레바논 침공 시 처음으로 실전에 투입되었다. 그 후 세계 각국은 무인정찰과 폭격기, 상업용, 교육용 등의 용도로 드론을 앞 다투어 개발하고 있다.

드론은 크기에 따라 무게 25g의 초소형 드론에서부터 무게 1만 2000kg에 40시간 이상의 체공 성능을 가진 것까지 다양하다.

2014년 기준으로 드론 세계 최다 보유국인 미국이 120여종 1만 1000여대의 드론을 보유하고 있는 것을 비롯하여, 이스라엘, 프랑스, 영국, 러시아 등이 드론 개발에 박차를 가하고 있다.

드론은 최근 들어 그 가격이 하락하고, 소형화되고, 이동성이 강화되면서 상업적 사용이 확대되고 있어 그 수요가 급증하는 추세여서 시장창출에 그 속도가 붙을 전망이다. 따라서 머지않아 1집 1드론 시대, 또는 1인 1드론 시대가 올 것이라는 전망도 나오고 있다.

이중화 지음, '나의 첫 드론 스타팅' 등에서 제시하는 드론의 다양한 응용에 대해 알아보자. 드론은 카메라가 장착되어 있어 다양한 분야에서 활용되고 있다. 의학 분야에서는 응급환자를 탐지하고 수송하는 용도로, 기상 분야에서는 기상관측과 태풍 등 기상변화를 실시간으로 모니터하는 데 이용되고 있다. 과학 분야에서는 멸종 동물의 지역적 분포와 이동경로를 확인하고 지리적 특성을 파악하고 정밀한 지도를 제작하는 데 활용된다. 미디어 분야에서는 영화와 방송 등의 다양한 촬영에 활용되고 정유 분야에서는 송유관 파손점검과 해상석유시설관리 등에도 활용되고 있다.

<참고문헌>

1. "ICAO's circular 328 AN/ 190 : Unmanned Aircraft Systems", 3 February 2016.
2. Tice, Brian P, "Unmanned Aerial Vehicles – The Force Multiplier of the 1990s", Airpower Journal, 24 July 2009.
3. 이중화, 나의 첫 드론스타팅, 동양북스, (2015).
4. 편석준, 최기영, 이정용, 왜 지금 드론인가, 미래의창 (2015).
5. 박찬, 드론 완전 정복, 밥북 출판사 (2016).

(2016.7. 7, 과학이야기, 칼럼)

드론Drone: 원격조종 무인항공기 II

앞에서는 드론의 정의 및 구성과 그것의 응용에 대한 것이었다. 이어서 드론의 추가적인 응용과 국내외 드론 산업의 현황에 대하여 이야기하고자 한다.

미디어 분야에서도 과거에는 찍지 못했던 영상을 촬영하는 것이 가능해졌다. 1986년 폭발 이후 30년이 지났지만 아직도 안전성을 확신할 수 없는 우크라이나 체르노빌 원전 사고 현장에 대해 미국 CBS는 체르노빌의 곳곳을 취재해 생생한 영상으로 보여줬었다. 지금껏 볼 수 없었던 위험한 현장을 카메라에 담을 수 있었던 것은 바로 드론 덕분이었다. CNN도 2013년 발생한 터키 반정부 시위의 생생한 모습을 드론으로 촬영해 보도했었다.

드론을 활용한 물류배송에 대해서 편석준 지음 '왜 지금 드론인가' 등에서 소개하는 내용을 알아본다. 드론을 이용한 배송의 정확성, 효율성, 반품의 편리성 증가 등으로 드론의 사용은 단순한 배송 확대가 아니라 기존 물류시장 구조 변화를 가져올 것이라고 전망하고 있다. 따라서 슈퍼마켓이나 편의점 등 동네상권뿐만 아니라 점차 대형마트까지 매출감소로 이어질 것으로 예상된다. 독일의 국제특송업체 DHLDalsey, Hillblom, Lynn은 드론을 이용해 항구에서 멀리 떨어진 섬에 의약품 및 긴급구호물품배송을 이미 실시하고 있다. 구글은 비행선 형태의 무인기를 이용해 인터넷과 통신망 구축에 활용하고 있고, 페이스북은 드론을 통해 아프리카와 남미 등의 오지에 무선인터넷을 공급할 예정으로 있어 정보통신 분야에서도 기존 네트워크를 대체하는 세계 네트워크와 통신망이 구축될 것으로 전망된다.

일본은 2013년까지 2500여대의 농업용 드론을 판매해 전체 논의 40%에 대한 살충제와 비료 살포에 드론을 활용하였으며, 호주에서는 100여 대의 농업용 드론을 수입해 제초용으로 이용하고 있다.

국내에서도 농협이 농약살포, 작물 씨뿌리기, 산림보호 등을 위해 150여대의 드론을 보유하고 활용하고 있어 농업 분야에서도 노동력 부족을 드론으로 대체하는 방식으로 활용하고 있다.

또한 자연재해가 발생했을 때 신속하게 피해규모를 조사하거나 손해액을 산정할 수 있고, 재해나 사고 발생 시 드론을 통해 사고 위치와 손해 발생 상황을 실시간 확보할 수 있어 보험 분야에서도 드론 활용의 현저한 역할을 기대할 수 있다.

최근 동향으로 미국의 워싱턴 시애틀에 본사를 두고 있는 국제적 전자상업 회사로 유명한 아마존은 드론을 이용해 쇼핑 고객이 주문 후 30분 내에 물건을 받을 수 있도록 하는 프라임 에어 서비스를 준비하고 있다고 한다.

아마존이 개발하는 드론은 고도로 자동화돼 있으며 주변 물체와 경로를 감지해 충돌을 회피하는 기술을 내장하고 있다는 점에서 이미 나와 있는 드론들과는 매우 다르다고 설명하고 있다.

월마트 역시 작년 하반기부터 미국 항공당국 허가를 받아 중국 드론 제작업체의 제품을 이용해 상품을 배송하는 시험 중이라고 한다.

이승경 지음 '무한상상 DIY 드론 A to Z' 등에 의하면 국내의 드론기술은 뒤지지 않는다. 드론이 애초 군사 목적으로 개발되면서 기술 개발에 공을 들여왔기 때문이다. 드론 특허는 세계 5위, 군용 기술로는 세계 7위급이다. 드디어 세계적으로 드론으로 인한 변화의 물결은 이미 시작되었다. 그러나 각 나라마다 국가의 규제로 상업화가 지연되고 있다는 지적도 나오고 있다.

그동안 국내에서도 개인의 사생활 보호와 안보문제로 드론 상업화에 대한 규제와 더불어, 서울 도심은 대부분 비행금지나 비행제한구역으로 설정돼 있어 드론 활용에 제약이 있었다.

이번에 드론 시장의 성장세에 맞춰 정책지원이 필요하다고 보고 지난달 규제개혁위원회에서 국민안전, 안보 등을 저해하는 경우를 제외하고, 기존의 농업, 항공, 관측, 교육 분야로 한정했던 드론을 택배나 공연 등 다양한 범위에서 활용할 수 있도록 모든 분야로 확대한다고 발표하였다.

또한 드론 제작 업체가 많은 수도권에 전용비행구역을 현재 구역에서 수도권 외곽까지 늘려 비행장소를 확대하도록 지원하기로 했다.

그리하여 사람이 직접 확인하기 어려운 위치의 전봇대 위 전력 설비를 촬영해 미세한 균열 등을 정확히 발견할 수 있어 정전이나 화재를 예방하는 사업에도 드론을 시범 활용할 계획이라고 한다.

또한 초기 수요 창출을 위해 공공분야에서 지적 재조사, 댐 관리, 토지 보상 등의 업무 현장에 드론을 활용하는 실증사업을 추진하며, 올 하반기 중에는 시범사업을 추가 공모해 더 많은 업체와 기관이 새로운 사업모델을 발굴할 수 있도록 실증 기회를 제공할 계획이다.

최근 드론 산업은 운용에 필요한 기술의 발전으로 다양한 분야에서 그 활용 가능성이 증대되면서 관련 시장 또한 급속도로 성장하고 있음은 매우 다행스러운 일이 아닐 수 없다.

<참고문헌>

1. Kennedy, Caroline; Rogers, "Virtuous drones?", The International Journal of Human Rights, 17 Feb. 2015.
2. "ICAO's circular 328 AN/190: Unmanned Aircraft Systems", 3 February 2016.
3. 이승경 외, 무한상상 DIY 드론 A to Z, 앤써북 (2016).
4. 이중화, 나의 첫 드론스타팅, 동양북스, (2015).
5. 편석준, 최기영, 이정용, 왜 지금 드론인가, 미래의창 (2015).

(2016. 8. 4, 과학이야기, 칼럼)

차세대 꿈의 신소재 그래핀graphen I

세상에서 가장 얇은 물질은 무엇일까? 이 정답은 바로 2010년 노벨물리학상을 수상한 꿈의 신소재 '그래핀graphen'이다. 영국 맨체스터 대학의 안드레 가임Andre Geim 연구팀과 러시아 체르노골로브카Chernogolovka 마이크로일렉트로닉스의 콘스탄틴 노보셀로프Konstantin Novoselov의 연구팀이 2004년 최초로 스카치테이프를 사용하여 흑연에서 그래핀을 분리해낸 공로로 안드레 가임과 노보셀로프는 2010년 노벨물리학상을 수상했다.

그렇다면 그래핀은 얼마나 얇을까? 그 두께는 0.35nm (나노미터: 10억분의 1m)로, 고작 원자 한 층 밖에 안 되는 두께다. 1nm 두께에 그래핀을 3장 정도나 쌓을 수 있는 두께이다.

그러면 꿈의 신소재 그래핀은 어떻게 만들고 어떤 특성을 가지고 있으며 어디에 응용할 수 있을까? 시장전망은 어떠한가? 그래핀graphene은 연필심에 쓰이는 흑연의 구성 물질이다. 흑연을 뜻하는 그래파이트graphite와 화학에서 탄소 이중결합을 가진 분자를 뜻하는 접미사 -ene을 결합해 만든 용어이다.

노보셀로브 그룹에서 그래핀을 분리하게 된 계기를 알아보자. 가끔씩 진행하는 연구와는 무관하게 호기심을 충족하기 위한 간단한 실험에서 "세상에서 가장 얇은 물질을 어떻게 만들 수 있을까?"하면서 착안한 것이 스카치테이프에 흑연을 붙인 후 테이프를 붙였다 떼었다 하니까 기하급수적으로 얇아지면서 최종적으로 단일 원자 두께의 그래핀을 분리해냈다고 한다.

정확한 원리는, 흑연에 스카치테이프를 붙이면, 그래핀 표면과 스카치테이프의 접착력으로 인한 결합이 그래핀 사이의 결합보다 더 강해지게 되고, 이 상태에서 스카치테이프를 떼 내면 그래핀이 스카치테이프에 붙은 채 떨어지게 되는 것이다. 정말 간단한 방법이다.

그래핀을 합성하기 위한 방법이 수없이 많이 나왔지만, 아직도 이 스카치테이프 방법으로 얻은 그래핀보다 질적인 측면에서 볼 때 더 나은 것은 없어 보인다. 가장 순수하면서 전도도 또한 높은 '이상적인' 그래핀을 얻으려면 스카치테이프를 써야 한다는 것이다.

그래핀은 탄소 나노 소재로, 탄소 원자가 벌집 모양의 육각 구조를 이루면서 한 층으로 펼쳐져 있다. 구조적으로만 보면 공 모양으로 싸면 풀러렌fullerene, 김밥처럼 말면 탄소 나노튜브Carbon nano-tube, 계속 쌓으면 흑연이 된다고 한다. 이렇게 탄소 나노 소재에는 풀러렌, 탄소 나노튜브, 그래핀이 있다. 그래핀이 등장하기 전까지 한때 '꿈의 신소재' 하면 탄소 나노튜브만 거론할 정도였으나 이것을 꺾고 현재는 그래핀이 최고로 각광 받는 꿈의 신소재가 됐다.

그래핀의 제조와 합성 방법에 대하여 윤창주 지음 '미래를 열어가는 탄소재료의 힘' 등에서 소개하는 내용을 알아보자.

첫째, 물리적 박피방법이 있다. 앞서의 안드레 가임과 콘스탄틴 노보셀로프가 그래핀을 최초 만들어 낸 흑연과 스카치테이프를 이용하여 흑연 결정에서 기계적인 힘으로 한 층을 벗겨내어 그래핀을 만드는 방법이다.

둘째, 화학기상 증착법은 그래핀을 성장시키고자 하는 기판 표면에 높은 운동 에너지를 지닌 기체 또는 증기형태의 탄소 전구체를 흡착-분해 또는 반응시켜 탄소원자로 분리시키고, 해당 탄소원자들이 서로 원자간 결합을 이루게 함으로서 결정질 그래핀을 성장시키는 방법이다.

셋째, 화학적 박리법은 흑연의 산화-환원 특성을 활용한 방법이다. 먼저 흑연을 강한 산과 산화제 등으로 산화시켜 산화 흑Graphite Oxide을 제작하고 물과 닿게 하면 산화 흑연의 강한 친수성으로 물 분자가 면과 면 사이에 침투하여 면간 간격이 늘어나게 하여 장시간의 교반이나 초음파 분쇄기를 이용해 쉽게 박리시킬 수 있다.

넷째, 에피텍셜 합성법은 실리콘 카바이드SiC와 같이 탄소가 결정에 흡착되거나 포함되어 있는 재료를 약 1,500℃의 고온 상태에서 열처리하면 탄소가 실리콘 카바이드 표면의 결을 따라 성장하면서 그래핀이 형성된다.

<참고문헌>

1. "This Month in Physics History: October 22, 2004: Discovery of Graphene". APS News Series II. 18(9), 2 (2009).
2. K. I. Bolotin et al., Solid State Commun. 146, 351 (2008).
3. S. V. Morozov et al., Phys. Rev. Lett. 100 (2008).
4. A. A. Balandin et al., Nano Lett. 8, 902 (2008).
5. 데이코산업연구소 편집부, 그래핀 나노소재 관련 시장과 기술개발 동향, 데이코산업연구소 발행 (2014).
6. 윤창주, 정해상, 미래를 열어가는 탄소재료의 힘, 일진사(2011).

(2016. 8. 25, 과학이야기, 칼럼)

차세대 꿈의 신소재 그래핀graphen II

앞에서는 안드레 가임과 노보셀로프가 2004년 최초로 스카치테이프를 사용하여 흑연에서 그래핀을 분리해 낸 공로로 2010년 노벨물리학상을 수상했던 꿈의 신소재 그래핀의 제작방법에 대하여 주로 이야기하였다.

여기에서는 그래핀이 어떤 특성을 가지고 있으며 어디에 응용할 수 있을까, 그리고 시장전망은 어떠한가에 대하여 알아보고자 한다.

그렇다면 세계 과학자들이 열광하는 그래핀은 어떠한 우수한 특성을 가지고 있는가?

그래핀의 특성에 대하여 '하연 편집부' 지음, '차세대 신소재 그래핀의 기술현황 및 연구개발 동향' 등에서 그 내용을 살펴보면, 전기적으로는 상온에서 단위면적당 구리보다 약 100배 많은 전류를 흐르게 하여, 실리콘보다 100배 이상 빠르게 전달하게 할 수 있을 뿐만 아니라, 열전도성이 최고인 다이아몬드보다 2배 이상 높으며, 기계적 강도는 강철보다 200배 이상 강하다고 한다. 그리고 투과에서는 빛이 98%나 통과될 정도로 투명하며 또한 자기 면적의 20%까지 늘어날 정도로 신축성이 좋아 늘리거나 접어도 전기전도성이 사라지지 않는다는 것이다.

탄소가 마치 그물처럼 연결돼 벌집 구조를 만드는 그래핀은 이때 생긴 공간적 여유로 신축성이 생겨 구조가 변해도 비교적 잘 견딜 수 있다. 이것은 육각형의 탄소 구조가 가지는 전자배치의 특성 때문에 전도성을 잃지 않아 화학적으로 안정한 것이다. 이 특성은 미래의 기술로 각광받는 휘어지는 디스플레이나 입는 컴퓨터wearable computer에 적용될 수 있다는 이야기다.

그러면 소재로서 부족함이 없는 그래핀의 응용 및 활용에 대하여, 데이코산업연구소에서 발행한 저서 '그래핀 나노소재 관련 시장과 기술개발 동향' 등에서 소개된 내용을 살펴보자. 그래핀 소재는 기존 실리콘 반도체를 대체하거나 휘어지는 액정화면이 가능해 손목시계형 등 다양한 모양의 휴대전화를 만들 수 있다. 또 고효율 태양전지와 이차전지용 전극, 초고속 충전기, 두루마리 컴퓨터, 접어서 들고 다니는 전자종이제작 등에도 적용할 수 있다. 과학자들은 그래핀을 사용하여 일반 반도체로 만들 때보다 저장 용량이 큰 컴퓨터칩과 전자소자 등 초고속 나노메모리nano memory를 만들 수 있을 것으로 기대하고 있다.

그래핀이 플라스틱과 만나면 플라스틱에 전혀 새로운 특성이 나타나게 된다. 전기가 통하지 않는 플라스틱에 1%의 그래핀만 섞어도 전기가 잘 통하게 된다. 또한 플라스틱에 불과 0.1% 소량의 그래핀을 집어넣으면 열에 대한 저항이 30%나 늘어난다. 그러니 얇으면서도 잘 휘어지고 가볍기까지 한 새로운 초강력 물질이 탄생하는 것이다.

그리하여 그래핀은 무엇보다 투명 플렉시블 디스플레이의 제작에 적용이 가능하다. 즉 이것을 이용하여 제작한 대형 TV를 주머니에 접거나 말아서 들고 다니다가 캠핑 텐트 안에서 집에서와 똑같은 화질로 드라마를 시청할 수 있다는 것이다.

현재 자동차 기업들은 유리창에 head-up display를 띄우고 있다. 여기에서 투명도가 좋고 전기전도도가 높으며 잘 휠 뿐 아니라 튼튼하기까지 한 Graphene만이 가지는 특성을 자동차분야에서 잘 활용할 수 있다는 것이다. 차 유리창의 대체물질로 Graphene을 사용하여 안개 낀 날 적외선을 비춰 반사된 것을 영상처리하고 그 영상을 띄우는 것이 현재의 head-up display의 최적의 발전방향이라 할 수 있다. 이미 여러 기업들은 이것을 이용한 기술개발을 진행하고 있다고 한다.

윤창주 지음 '미래를 열어가는 탄소재료의 힘' 등에 의하면 향후 그래핀 소재의 시장규모는 2030년까지 매년 22.1% 증가, 세계시장 규모가 약 5,000억 달러에 이를 것으로 전망하고 있다. 투명전극 산화인듐주석ITO를 대체할 수 있는 투명전극 분야로 확대되면, 디스플레이 시장에 적용될 수 있어 1,200억 달러의 시장이 예상되며, 전기자동차 등을 위한 이차전지 및 초대용량전지의 전극으로 응용되면, 약 1,631억 달러의 시장이 형성될 것으로 보고 있다.

그래핀은 향후 10~20년에 걸쳐 기존의 전도성 소재와 필름재 등을 대체하며 시장규모가 폭발적으로 증가할 것으로 예상되며, 그래핀을 이용한 완제품 및 그래핀 생산에 필요한 기계장비들의 시장규모가 급증할 것으로 보인다.

따라서 산·학·연이 유기적 협력형태로 참여하여 상용화 기술개발에 주력하는 형태로 추진하는 것이 바람직할 것이다. 아울러 대기업 및 중소기업의 동반참여가 필요한 사업추진 구조가 형성되어야 그 효과가 극대화될 수 있을 것이다.

<참고문헌>

1. C. Lee et al., Science 321, 385 (2008).
2. R. R. Nair et al., Science 320, 1308 (2008).
3. Hyosub An et al., Current Applied Physics 11, S81 (2011).
4. Elena Loginova et al., Physical Review B 80 (2009).
5. 데이코산업연구소 편집부, 그래핀 나노소재 관련 시장과 기술개발 동향, 데이코산업연구소 발행 (2014).
6. 하연 편집부, 차세대 신소재 그래핀의 기술현황 및 연구개발 동향, 하연출판사 (2011).
7. 윤창주, 정해상, 미래를 열어가는 탄소재료의 힘, 일진사(2011).

(2016. 9. 8, 과학이야기, 칼럼)

제4장

노벨상, 인공지능, 산소건강

노벨상Nobel Prize 이야기 I

영국의 세계적인 과학논문집 네이처Nature지가 지난 6월 1일 "한국은 세계 최고의 연구개발 투자국인데도 왜 노벨과학상 수상자가 나오지 않은가?"라는 제목의 글을 게재했다.

2014년 기준 한국은 국내총생산 대비 연구개발R&D 투자 비중에서 세계 1위임에도 불구하고 아직까지 과학 분야에서 노벨상Nobel Prize 수상자를 단 한 명도 배출하지 못했다.

이에 대해 네이처지는 "한국은 노벨상 수상에 큰 희망을 걸고 막대한 돈을 쏟아 붓고 있지만 노벨상은 돈만으로 안 된다는 것을 깨달을 필요가 있다"라며 한국 과학계의 현실을 꼬집었다.

네이처지는 '한국에서 노벨 과학상 수상자가 나올 수 없는 이유' 5가지를 다음과 같이 분석하고 지적하였다.

1. 상명하복식上命下服式의 연구실 분위기는 활발한 토론이 이루어지는데 있어 걸림돌로 작용하여 창의적인 아이디어가 나오기란 힘들다. 2. 연구개발R&D 투자 대부분이 삼성, LG, 현대 등 대기업을 중심으로 한 산업계에서 나온다. 2014년 R&D 투자의 75%는 기업에서 이루어졌고 이 투자는 응용 분야에 국한돼 있어 기초과학 발전에는 크게 도움이 되지 않는다. 3년 전 한국기초과학연구원IBS이 설립되기 전까지 정부는 그 동안 반도체, 통신, 의료 등 응용 분야에 집중 투자해왔다. 3. 지난 3월 구글 딥마인드의 인공지능AI '알파고'와 이세돌 프로와의 세기의 바둑 대결에서 알파고의 승리로 끝나자마자, 인공지능이 미래라며 2020년까지 1조 원을 투자하겠다는 계획을 밝혔다. 이러한 대응은 한국이 아직도 성공 사례를 따라가려는 시류 편성의 마인드를 버리지 못했음을 보여준다. 4. 시류에 편승해 연구투자 비중을 늘리고 줄이는 연구 환경 때문에 한국의 많은 인재들이 국외로 유출되고 있다. 투자 규모를 늘려도 연구 환경이 개선되지

않으면 인재 유출 문제를 막을 수 없다. 5. 한국은 R&D 투자 규모에 비해 논문 수가 절대적으로 부족하다. 한국은 GDP 대비 R&D 투자 비중은 1999년 2.07%에서 2014년 4.29%로 두 배 이상이 됐다. 그러나 2014년 기준 발표 논문 수는 7만 2269편으로 GDP 대비 R&D 투자 비중이 1.22%인 스페인보다 적었다. 스페인의 발표 논문 수는 7만 8817편으로 한국의 논문 수보다 많다 등을 지적하고 있다.

그렇다면 노벨은 누구이며, 노벨재단은 어떻게 조직되어 있고 어떻게 운영되는 있는가? 그리고 노벨상 구조는 어떤가? 상금은 어떻게 마련되고 어떻게 분배되는가? 노벨상에 얽힌 이야기를 박병소 교수는 저서 '노벨상 이야기' 등에서 이렇게 소개한다.

노벨상은 스웨덴의 화학자이자 산업가 알프레드 베르나르도 노벨이 남긴 유언에 따라 만들게 되었다. 그는 다이너마이트의 발명가이다. 그는 생전에 몇 번의 유언을 하였지만 마지막 유언은 그가 죽기 바로 전 해인 1895년 11월 27일 파리에 있는 스웨덴인-노르웨이인 클럽에서 쓰였다. 다이너마이트의 군사적 사용의 증가에 그는 심기가 불편했다. 그러던 중 그의 형 루드비히 노벨이 죽었을 때 프랑스의 한 신문에 실수로 알프레드 노벨의 부고기사가 실렸다. 그의 때 이른 부고기사에서 알프레드 노벨은 '죽음의 상인'이라고 불렸다. 이것이 노벨상을 만든 동기가 되었다고 한다. 그는 그의 유산의 94%인 3200만 스웨덴 크로나(340만 유로, 440만 달러)를 노벨상 설립에 남겼다.

노벨상은 물리학, 화학, 생리학·의학, 문학, 평화, 경제학 부문에서 '지난 해 인류에 가장 큰 공헌을 한 사람들'에게 해마다 상을 주도록 명시한 유언장에 따라 노벨의 사망 5주기인 1901년 12월 10일부터 상을 주기 시작했다.

경제학상은 1968년 스웨덴 리크스방크에 의해 추가 제정된 것으로 1969년부터 수여되었다. 알프레드 노벨은 유언장에서 스톡홀름에 있는 왕립과학

아카데미물리학과 화학, 카롤린스카 의학연구소생리학 또는 의학, 스웨덴 아카데미문학, 그리고 노르웨이 국회가 선임하는 오슬로의 노르웨이 노벨위원회평화를 노벨상 수여 기관으로 지목했다.

왕립과학 아카데미는 경제학상도 주관한다. 유언장에 따라 설립된 노벨재단은 기금의 법적 소유자이자 실무담당기관으로 상을 주는 기구들의 공동집행기관이다. 그러나 재단은 후보 심사나 수상자 결정에는 관여하지 않으며 그 업무는 4개 기구가 전담한다. 각 수상자는 금메달·상장·상금을 받게 되는데, 상금은 재단의 수입에 따라 액수가 달라지는 것으로 알려져 있다.

마크 에이브러햄스 지음, '이그 노벨상 이야기' 등에 의하면 수상자 선정은 시상이 있기 전 해 초가을에 시작되며 시상 기관들은 노벨 정관에 비추어 추천 자격이 있다고 보이는 사람들에게 후보자를 지명하도록 안내장을 보낸다고 한다. 선정기준은 전문적 능력과 국제 지명도이며 자기 자신을 추천하는 사람은 자동적으로 자격이 상실된다. 추천서는 수상 결정이 있는 해 2월 1일 이전에 서면으로 해당 위원회에 도착해야 한다. 2월 1일에 6개의 노벨 위원회는 접수한 추천서를 검토하기 시작한다. 필요시 위원회는 국적에 관계없이 전문가들을 초빙할 수도 있다. 9월과 10월 초 사이에 이들 위원회는 해당 상 수여기관에 추천장을 제출하게 되어 있다. 상을 주는 기관은 11월 15일까지 최종결정을 내려야 한다.

<참고문헌>

1. "The Nobel Prize Amounts". The Nobel Foundation. Retrieved 7 December 2015.
2. "All Nobel Peace Prize Laureates". Nobel Foundation. Retrieved 15 January 2010.
3. 박병소, 노벨상이야기, 범한서적 (1998).
4. 이은진 역, 마크 에이브러햄스 저, 이그 노벨상 이야기, 살림출판사 (2010).

(2016. 9. 29, 과학이야기, 칼럼)

노벨상Nobel Prize 이야기 II

앞에서는 영국의 세계적인 과학논문집 네이처Nature지가 게재한 '한국은 세계 최고의 연구개발 투자국인데도 왜 노벨과학상 수상자가 나오지 않은가'라는 제목의 글 내용과 노벨상에 얽힌 이야기가 소개되었다.

마크 에이브러햄스 저, '이그 노벨상 이야기' 등에서 노벨상은 반드시 그런 것은 아니지만 대개는 노벨상 위원회의 추천대로 수상이 결정된다고 한다. 심사와 표결의 모든 과정은 비밀에 부쳐진다. 상은 개인에게만 주지만 평화상은 단체에 줄 수도 있다. 죽은 사람은 수상 후보자로 지명될 수 없지만, 추천의 이유가 정당하면 상이 수여될 수 있다. 다그 함마르시욀드평화상, 1961와 에리크 A. 카를펠트문학상, 1931가 그런 예이다. 수상 결정에 대해서는 번복을 요청할 수 없다.

한 부문의 수상자가 2명 이상일 때에는 상금을 나누어 지급한다.

경우에 따라서는 다음 해까지 수상이 미뤄지는 경우도 있는데 그때까지도 수상자가 없으면 상금은 기금으로 환수된다. 수상자가 없고 예정자 역시 없을 때에도 같은 방식으로 처리된다. 따라서 같은 부문에서 2개의 상, 즉 지난해에 연기된 상과 그 해의 상을 수여하는 때도 있다. 지정된 날짜 전에 수상을 사양하거나 거부할 경우에 상금은 기금으로 환수된다. 그러나 일단 수상자로 결정된 사람은 '수상 거부'라는 언급과 함께 노벨 수상자 명단에 올라간다. 수상 거부의 동기는 여러 가지이나 외부의 압력 때문에 거부하는 경우가 많다.

예를 들어 1937년 히틀러는 포고령을 내려 독일인이 노벨상을 받지 못하도록 했다. 그 이유는 1935년 카를 폰 오시에츠키가 받은 평화상이 나치 정권에 대한 공공연한 모욕으로 받아들였기 때문이었다. 한때 수상을 거부했던 사람이라도 언제든 자신의 처지를 설명한 뒤 재수상을 신청하면 메달과 상장을 받을 수 있으나, 이 경우 상금은 이미 기금으로 환수된 뒤이므로 받지 못한다.

수상보류는 노벨의 정신에 적합한 후보자가 없을 경우나 제1·2차 세계대전 때처럼 세계정세 때문에 정상적인 수상결정에 필요한 정보를 수집할 수 없을 때이다.

노벨상은 국적, 인종, 이념, 종교에 관계없이 누구나 받을 수 있다. 한 사람이 1번 이상 받을 수도 있다. 물리학, 화학, 생리학, 의학문학, 경제학상 시상식은 스톡홀름에서, 평화상 시상식은 오슬로에서 노벨 사망일을 기념하여 12월 10일에 각각 치러진다. 대개는 수상자들이 시상식에 직접 참석하여 상을 받는다.

노벨상 수여의 일반 원칙은 이숙현 지음, '당신에게 노벨상을 수여합니다' 등에 의하면 노벨 자신이 유언장에 명시해 놓았다고 한다.

조문條文 해석과 행정절차에 관한 부칙은 1900년 시상 집행위원, 수상기관 대표단, 노벨 가족이 함께 모여 합의했고 스웨덴 왕이 이를 승인했다. 이 원칙은 거의 달라지지 않았지만 적용과정에서 다소 수정되었다. 예를 들어, 유언장에서 문학상 수상 조건으로 들고 있는 '이상주의적 경향' 따위의 모호한 말투는 처음에는 엄격하게 해석이 되었지만, 수상자 명단에서 확인할 수 있듯이 차츰 융통성을 갖게 되었다고 한다.

경제학상은 정치적, 사회적 근거보다는 수학, 통계학적 근거에 의해 수상자가 결정되었다. 과학상과 의학상 부문은 별다른 논란이 없었으나 문학상과 평화상 부문은 그 성격상 첨예한 의견대립이 많았다. 특히 평화상은 가장 자주 수상이 보류된 부문이다.

매년 10월이 되면 스톡홀름에서 발표되는 노벨상 수상자 발표에 전세계 언론의 촉각이 집중된다. 노벨상의 권위가 잘 알려져 있고 국적에 따른 수상자의 수가 그 나라 발전척도와 관계되기 때문에 수상자가 발표될 때마다 관심을 가지고 귀를 기울이게 된다. 특히 자연과학 3개 부문에서의 노벨상과 수상자는 선도적이고 선구적인 위치에 있기 때문이다.

노벨상 수상과 관련하여 기초과학의 중요성에 관한 사례를 소개하기로 한다.

2007년 5월 국제전기전자공학회IEEE가 주관하여 스페인 마드리드에서 세계과학자 2000여 명이 참석하는 자성체국제회의InterMag가 열렸다. 그 회의에 필자도 참석하여 논문을 발표할 기회가 있었다. 그 국제회의의 하이라이트는 2006년 노벨물리학상 수상자인 독일 율리히 연구소의 페터 그륀베르크Peter Grunberg 박사와 프랑스는 남 파리 대학의 알베르 페르Arbert Fert 교수의 노벨상 수상기념 특별강연이었다.

이 두 사람은 자성체의 전기저항이 자성체 내에서 N극과 S극의 배열상태에 따라 크게 변하는 소위 거대자기저항Giant Magnetoresistance이라는 새로운 물리현상을 지난 1988년 발견한 공로로 노벨물리학상의 영광을 차지하게 된 것이다. 노벨상을 수상한 후 대규모 학술대회에서 하는 첫 강연이어서 전세계에서 온 많은 학자들이 그들의 강연을 경청하였다. 그런데 1997년 IBM은 이 거대자기저항효과현상을 컴퓨터 정보저장 장치인 하드디스크 드라이버HDD에 기록된 정보를 읽어내는 디지털 정보판독헤드reading head기술로 활용하여 지난 10년간 약 100배 이상의 정보저장밀도를 갖는 HDD 제작이 가능하게 하였다.

현재 우리가 수십 기가Giga의 동영상 파일을 쉽게 저장할 수 있는 것은 이러한 자기저항헤드 기술발전의 덕분이다. 그런데 거대자기저항헤드 상용화에 큰 기여를 한 과학자는 IBM 석학인 스튜어트 파킨Stuart Parkin 박사임에도 불구하고 그는 이 분야의 수상자 명단에 포함되지 않았다. 참으로 불행한 일이었다. 그 이유를 노벨상 수상 위원회는 그가 처음 기초적인 아이디어를 낸 학자가 아니라는 것 때문에 제외시켰다고 발표하였다. 이렇듯 노벨상은 처음 아이디어를 내는 과학자에게만 준다는 교훈을 남겨주게 된 것이다. 즉 노벨상에서의 기초과학基礎科學의 중요성을 일깨워 준 사례라 할 수 있다. 여기서 기초과학이란 수준이 초보적인 과학을 의미하는 것이 아니고 기본적이고 초석이 되고 바탕이 되는 과학이라는 뜻이다.

앞서 네이처지에서도 지적했듯이 제대로 된 노벨상 수상자가 될 수 있는 자질을 갖고 있더라도 연구현장, 연구환경, 그리고 학술풍토가 성숙되지 않는 한 노벨상 수상자를 배출하기는 어렵다.

그러면 한국인이 자연과학 부문에서 노벨상을 수상할 수 있을까? 어떻게 해야 하는가? 카이스트 신성철 교수가 저서 '선진국을 향한 과학터치' 등에서 제의한 바와 같이 우선 국제 경쟁력이 있는 과학자와 연구집단을 엄선하여 장기적으로 연구비를 안정적으로 지원하여야 한다. 그리고 도전적이고 창의적인 연구에 대한 실패를 인정해주는 분위기와 평가 시스템이 정립되어야 하고, 무엇보다 중요한 것은 학문적 열정을 갖고 시류에 흔들리지 아니하는 과학자의 학문적 태도가 중요하다.

오늘도 묵묵히 연구하는 노벨상 도전자들의 연구실에서 밤을 밝히는 과학자들이 많으면 많을수록 노벨상 수상자 명단에 한국인 과학자의 이름이 오를 날이 좀 더 빨리 다가올 것으로 믿는다.

<참고문헌>

1. Abrams, Irwin (2001). The Nobel Peace Prize and the Laureates. Watson Publishing International. ISBN 0-88135-388-4.
2. "Nobel Prize in Physics Honors "Masters of Light"". Scienceline, Retrieved 19 February2010.
3. 신성철, 물리학상의 교훈, 선진국을 향한 과학 터치 (2012).
4. 이은진 역, 마크 에이브러햄스 저, 이그 노벨상 이야기, 살림출판사 (2010).
5. 이숙현 외, 당신에게 노벨상을 수여합니다, 바다출판사 (2007).

(2016. 3. 16, 과학이야기, 칼럼)

인공지능 알파고AlphaGo와의 바둑대결

세계최고 이세돌 9단과 세계최고 인공지능 알파고AlphaGo와의 세기의 바둑대결 제4국에서 이세돌이 승리를 거둔 것은 인간승리로 축하할 일이었다.

이 바둑대결은 4승1패, 알파고의 최종승리로 막을 내렸다. 그러나 알파고와 인간이 다같이 공동 승리한 세기의 축제의 대결이라고 말하기도 하였다. 그 인공지능을 바로 우리 인간이 만들었으니 하는 말이었을 것이다.

이세돌은 제5국에서 패배한 후 "알파고의 집중력을 사람이 이기긴 어려웠습니다"라고 하였다. 그러나 인공지능 알파고는 기계로서의 한계, 프로그램을 설정하고 미세조정을 하는데 한계를 드러낸 반면, 단 한 번뿐인 승리였지만 이 승리를 통하여 인간의 무한한 가능성이 확인된 셈이다.

알파고의 아버지인 구글 딥마인드DeepMind 디미스 허사비스 최고경영자와 그 팀장은 "4번째 대국에서 패배한 것은 알파고가 단순한 실수 때문이 아니라 충격과 혼란에 빠진 결과였다"고 설명하였다. 그리고 그들은 "제4국에서의 승리는 인간의 창의력이 인공지능 알파고 신경망에 구멍을 뚫었다"고 하면서 그 패배를 인정하고 찬사를 아끼지 아니하였다.

그 당시 바둑이 학습에 도움이 된다고 하여 바둑 관련서적이 불티나게 팔렸을 뿐 아니라, 바둑에 대한 열풍으로 바둑의 전성시대를 예고하기도 하였다.

또한 "이세돌과 알파고의 바둑 대결에서 구글의 광고 효과가 극대화되어 결과적으로 구글만 엄청나게 부를 창출하게 된 결과만을 가져왔다"고 이야기하는 사람도 있었다.

또 어떤 사람은 "기계가 인간보다 바둑을 더 잘 하는 것은 마치 자동차가 인간보다 빨리 달릴 수 있고 전기밥솥이 인간보다 밥을 더 잘 짓는 것하고 뭐가 다르냐면서" 크게 놀라지 아니하기도 하였다.

한편으로는, 마쓰오 유타카 지음, '인공지능과 딥러닝' 등에 의하면 앞으로 인공지능이 발전할수록 제조업은 물론 금융, 상담 등 사무직과 의료, 교육, 법률과 같은 전문직까지도 인공지능 기계가 대신하여 일자리를 잃게 되고 인간이 인공지능에게 정복당할 날이 멀지 않을 것이라는 비관적인 목소리도 없지 않다. 영국 옥스퍼드대 연구팀에 따르면 향후 20년 내에 미국을 중심으로 전체 직업의 약 40%가 인공지능 자동화 로봇으로 대체될 수도 있다고 예측하며 이에 따라 사회 구조의 붕괴가 우려된다고 주장하고 있다.

그러나 이봉진 저, 'AI는 세상을 이렇게 바꾼다' 등에서 살펴보면 이번의 인간지능의 승리는 지금까지 인간이 자동차나 전기 밥솥문제를 해결한 것보다 훨씬 더 차원이 높은 문제를 해결한 것으로 보인다. 현재 존재하는 게임 중에서 가장 경우의 수가 많은 바둑 문제를 풀었다는 것은 변수가 굉장히 많은 복잡한 문제에 대하여 실시간으로 대응하여 최적화하는데 어느 정도 성공했다는 것이다. 즉 이 결과는 이와 비슷한 복잡한 문제 즉 교육, 의료, 법률, 교통, 환경, 자원 및 보안 등 여러 분야의 문제들을 현재보다는 훨씬 더 근본적이고 새롭게 잘 해결할 수 있다는 희망을 갖게 해준 계기가 되었다.

그러나 알파고의 바둑은 인간이 프로그래밍한 알고리즘에 따라 세상에 나온 모든 기보를 다 암기하고 두는 수에 불과하고 스스로 자유 의지와 창작력을 가지고 두는 수가 아니라는 것이다. 그 뿐만 아니라 알파고는 생물이 아니라 전기 코드를 뽑아 버리면 아무것도 할 수 없는 무기력한 하나의 기계에 불과하다.

따라서 최윤식 보고서 '미래학자의 인공지능 시나리오' 등에 따르면 지금의 알파고 정도의 인공지능은 아직은 두려워할 대상이 아니고 앞으로 인간의 삶에 잘 스며들어 인간의 일을 더 잘하게 도와주는 역할을 하게 될 것이라고 주장하기도 한다.

앞으로 두려워해야 할 일은 로봇에게 인간의 뇌기능과 인공지능을 갖는 소프트웨어를 결합하여 인공뇌를 만들어내거나, 뇌의 기억을 컴퓨터에 백업하게 함으로써 인간 정도의 자율적인 인간지능을 가질 때 생길 것이다.

그리하여 인간과 같은 지능을 가진 로봇이 출현하여 인간을 지배하고 인간에게 큰 피해와 불행을 안겨 줄 수 있을 것이라고 걱정들을 하기도 하였다. 인공지능이 인간지능 정도의 자율적인 지능을 가지려면 아직은 뇌과학 연구가 걸음마 단계이고, 이 분야에 대한 발전 속도로 추정할 때, 또 지난 50년간 반도체산업을 주도해온 무어의 법칙Moore's law(반도체 집적회로 내의 트랜지스터 수가 18개월마다 배로 증가한다는 법칙)이 반도체 집적도에 대한 기술적 한계에 부딪쳐 머지않아 종말 선언과 함께 용도폐기될 전망이어서, 앞으로도 상당한 시간이 더 소요될 것으로 보인다.

이번 바둑대결에서 인공지능 알파고의 승리로 인한 충격으로, 불확실한 미래에 대한 우려와 공포에 휩싸이게 되고 또 한편으로는 기대와 희망이 엇갈리고 있지만, 자율신경을 갖는 인공지능을 만들고 또 그것을 조종하고 통제하는 것은 결국은 인간이다.

아무튼 이 일을 계기로 하여 뇌과학과 인공지능관련 과학기술 연구개발에 대한 투자 확대와 함께 이 분야의 과학기술 연구인력 양성을 위한 과학기술교육을 강화하여야 할 것이다.

<참고문헌>

1. Rich, Elaine, Artificial Intelligence, McGraw-Hill, (1983).
2. Kumar, Gulshan; Kumar, Krishan, "The Use of Artificial-Intelligence-Based Ensembles for Intrusion Detection: A Review", Applied Computational Intelligence and Soft Computing, 1-2 (2012).
3. The Future of Employment-Oxford Martin School (2016).
4. Technology at Work-Oxford Martin School (2016).
5. 최윤식, 미래학자의 인공지능 시나리오 (AI 미래 보고서), 코리아 닷컴 (2016).

6. 이봉진, AI는 세상을 이렇게 바꾼다, 문운당 (2016).
7. 마쓰오 유타카, 인공지능과 딥러닝, 동아엠앤비 (2015).
8. 엘빈 토플러, 미래쇼크, 한국경제신문사 (1989).

(2016. 11. 24, 과학이야기, 칼럼)

산소酸素와 건강 I

얼마 전에 공기정화기 및 산소발생기 제작회사의 초빙 오리엔테이션에 임하면서 그 동안 파악하고 학계에서 보고한 내용 등을 근거로 하여, 산소가 우리 건강에 어떠한 영향을 미치는가에 대해 알아보기로 한다.

H. Noguchi노구찌히데오, 野口英世 박사는 인간의 모든 질병은 산소부족으로부터 온다고 하였다. 또 독일의 노벨 의학상 수상자인 옷도 바르부르크 Otto Warburg 박사는 암세포는 산소가 부족한 세포에 증식하므로 암은 산소부족으로 발생한다고 보고하였다.

산소건강에 관하여, 윤태호 지음 '고혈압 산소가 답이다' 등에서 산소는 우리가 숨 쉬고 있는 공기 중에 약 21%(나머지 78%는 질소, 기타 1%는 아르곤, 이산화탄소, 수증기 등)를 구성하는 무색, 무취, 무미의 기체로 조금만 부족해도 즉 산소 20.5% 이하 환경에서는 두통, 식욕부진, 호흡곤란, 구토 등이 유발되고, 더 나아가 저산소 환경 18% 이하에서 장시간 노출될 경우 인체의 뇌에 심각한 손상을 초래하여 생명에 심대한 영향을 미치게 한다고 한다.

환경오염과 생활환경의 변화로 실내의 산소가 부족해지고 있으며, 실내의 산소가 부족한 곳에서 장시간 생활하면 체내의 혈액 속에 헤모글로빈의 양이 줄어들기 때문에 에어컨이 켜진 사무실이나 자동차 안에 오래 머물러 있을 때 머리가 무거워지는 것은 산소가 부족하기 때문이라고 한다.

우리는 하루 중 많은 시간을 한정된 공간 혹은 밀폐된 공간에서 생활할 수밖에 없으므로 지속적으로 공기를 순환시켜 주지 않을 경우 공기 중의 산소농도가 낮아져 오염된 공기로 인하여 건강을 해칠 수밖에 없다는 것이다. 따라서 밀폐된 환경속의 오염된 공기를 정화시키고 공기 중 산소농도를 높이기 위해서는 고순도의 산소를 실내로 공급해주는 일이 필요하다.

그러면 이렇게 중요한 산소는 어떻게 만드는 것일까? 여기에서는 그 주요방식 몇 가지만을 소개하기로 한다. 현재까지 사용하고 있는 공정방식 중에서 저변확대가 되어 있는 첫째 방식은 ASUAir Separated Unit로서 공기 중에서 임계압력49.7atm: 기압 이상을 만들고 이 압력에서 분별액화한 다음 끓는점비등점이 산소-182℃와 질소-195℃가 다른 점을 이용하여 액체 산소를 기체 산소로 만들어 농도 99% 이상의 산소를 만들어 내는 방식이다. 둘째 방식은 MDFMembrane Divided Factory로서 기체상온에서 공기를 얇은 막을 통과시키는 필터링 방식으로 농도 25~30%의 산소를 토출해낼 수 있게 하는 방식이다. 셋째 방식은 PSAPressure Swing Adsorption 방식으로 콤프레셔와 규산염 계열의 천연 광물질인 제올라이트Zeolite(SiO_2+Al_2O_3) 흡착제를 사용하여 공기 중의 산소와 질소를 분리해내는 공정기술이다. 이 공정은 일반 대기 중에서 산소를 물리적으로 추출한다는 점과 24시간 산소를 공급할 수 있다는 점에서 앞에서의 방식들과 다르다고 할 수 있다. 즉 공기를 제올라이트가 채워진 흡착탑에 넣고 압력을 높이면 무수히 많은 구멍을 가진 결정체인 제올라이트가 흡착선택도가 높은 질소를 흡착하게 되고 이때 산소(건조하고, 차갑고, 무겁다)를 질소(습하고, 따스하고, 가볍다)로부터 선택적으로 분리한다. 이와 같이 흡착과 탈착에 의한 재생과정의 반복으로 연속적으로 산소를 생성하게 된다.

최근에 개발된 방식으로 위의 PSA 공정 중에서 세정단계를 최적화한 기술인 IRSIndependent Rinse & Storage 방식은 산소분리과정에서 질소세정과 산소세정을 독립적으로 실행하여 기존의 압력순환 흡착과정을 획기적으로 개선하였다. 이 방식은 높은 효율에 비해 그 구조가 간단하여 훨씬 저렴한 가격으로 뛰어난 성능을 발휘할 수 있고 제품의 고장 및 불량률을 대폭적으로 줄일 수 있다는 장점을 가지고 있다. 이 방식을 사용하면 산소 농도 90% 이상의 산소를 발생시킬 수 있다.

<참고문헌>

1. Sands, George, "Oxygen Therapy for Headaches", Retrieved 2007-11-26.
2. Kim, Victor etal., "Oxygen therapy in chronic obstructive pulmonary disease", Proceedings of the American Thoracic Society, 5 (4), 513 (2008).
3. "Oxygen Therapy", American Cancer Society, 26 December 2012, Retrieved 2013-09-20.
4. 이광묵, 산소 이야기, 아담북스 (2010).
5. 윤태호, 고혈압 산소가 답이다, 행복나무 출판 (2015).

(2016. 12. 22, 과학이야기, 칼럼)

산소酸素와 건강 II

산소는 우리가 숨 쉬고 있는 공기 중에 약 21%가 함유되어 있으나 조금만 부족해도 즉 산소 20.5% 이하 환경에서는 두통, 식욕부진, 호흡곤란, 구토 등이 유발되고, 저산소 환경 18% 이하에서 장시간 노출될 경우 인체의 뇌에 심각한 손상을 초래하여 생명에 심대한 영향을 미치게 한다고 한다.

앞에서는 산소가 우리의 건강에 미치는 영향에 대하여 알아 보았고 그리고 산소의 제작방법에 대하여 알아보았다.

여기에서는 지금까지 보고된 산소의 효능과 국내 산소시장의 현황에 대하여 알아보기로 한다. 산소발생기 및 공기정화기 제작업체들이 그 나름대로 체험과 임상을 통하여 홍보하는 산소가 우리 인체에 미치는 효능을 알아보면 1. 실내의 쾌적함, 냄새 제거에 효과, 2. 두뇌활동 증진(산소공급으로 집중력, 사고력, 기억력 향상에 도움), 3. 영양소 흡수촉진(비타민, 미네랄 등의 영양소 흡수에 도움), 4. 피부 미용효과(지친 피부에 건강하고 탄력 있는 피부를 유지), 5. 체력회복기능(운동 시 근육의 유산을 잘 분해하여 지구력 향상), 6. 신진대사기능(노폐물의 배출과 신진대사를 촉진), 7. 신체저항력 강화(각종세균과 바이러스에 대한 저항력을 길러줌), 8. 숙취해소효과(Acetaldehyde 분해를 촉진하여 피로 무기력증을 해소), 9. 임산부와 태아건강(건강한 출산과 태아의 지능발전을 촉진시킴), 10. 의욕증진(뇌를 활성화시키고, 마음을 안정시키며 성취욕을 증진시킴), 11. 두통졸음해소(산소부족증상으로 인한 두통과 졸음을 완화하여 활력제공), 12. 코골이 해소(수면 중 무호흡, 코골이, 스트레스 등의 해소), 13. 노화방지와 치매예방에 효과, 14. 천식, 피로회복에 효과 등이다.

산소의 국내시장에 관하여, 이광묵 지음 '산소 이야기' 등에 의하면 국내에서는 중소기업의 규모를 가진 업체들이 고정용, 이동용, 휴대용 등의 다양한 산소발생기 관련 제품들을 제작하고 있으며 외국의 제품들에 비해 성능이 우수한 것으로 확인되고 있는 실정이라고 한다. 지속적으로 출시되고 있는 국내제품으로는 산소살균청정기, 산소발생시스템, 산소방, 산소카페, 산소캡슐, 산소 PC방, 산소사우나, 산소정수기, 산소음료, 산소화장품, 산소소주, 산소캔, 산소알약, 산소수 등이 있다. 알려진 바에 의하면 국내시장 규모로서 2016년에 1조 원 이상을 이미 돌파하였고 향후 국내시장으로 30조 원 이상을 예상하고 있어 그 관심이 집중되고 있는 상황이다.

장수의 5대 요건을 물, 음식, 햇볕, 운동, 산소라고 할 때 산소가 100세 시대의 무병장수를 좌우하는 중요한 요건이라고 할 수 있다는 것이다. 특히 취침 시에는 산소농도가 평상시의 농도의 65% 정도로 떨어지므로 고순도 산소가 필요하며, 약으로 치료 불가능한 것으로 알려진 감기, 간염, 암 등의 세포내부증식 즉 바이러스 극복을 위해서도 고농도 산소가 필요하다는 것이다.

따라서 윤태호 지음 '고혈압 산소가 답이다' 등에 의하면 저산소 환경을 극복하고 고농도 산소환경을 구축하기 위하여 산소발생시스템을 설치하여 면역, 활력, 해독, 살균환경을 제공해야 한다는 것이다. 결론적으로 모든 질병은 산소결핍으로 온다고 할 때 최고의 건강보약은 산소라는 것이다. 즉 산소는 건강이라고 주장하고 있다.

참고사항으로 요즘 자주 거론되는 활성산소는 호흡과정에서 몸 속으로 들어간 산소의 일부가 산화과정에 이용되면서 여러 신진대사과정에서 생성된다. 다시 말하면 호흡한 산소가 에너지를 만들고 물로 환원되는 과정에서 발생하는 산소 찌꺼기이다.

이것은 우리가 호흡하는 산소와는 완전히 다르게 불안정한 상태에 있는 산소이다. 이것은 적당량이 있으면 우리 몸에 들어온 세균이나 이물질을 격퇴시키고 백혈구의 손에 든 무기역할을 하는 긍정적인 역할을 하는 이로운 물질이기도 하다.

그러나 화학물질, 자외선, 혈액순환장애, 스트레스 등으로 활성화 산소가 몸에 너무 많이 발생하면 우리의 정상세포마저도 무차별 공격하여 세포를 죽이거나 상하게 하므로 유해산소라고 한다. 젊었을 때는 심한 운동을 하거나 일광욕을 하더라도 체내에 이러한 활성산소를 제거하는 항산화효소 SODSuper Oxid Dismutase의 충분한 생성으로 활성산소의 정상세포공격을 방지해 준다. 그러나 40세가 넘으면 SOD생성능력이 갑자기 쇠퇴하게 되어 활성산소는 기다렸다는 듯이 이런저런 질병을 야기시킨다. 따라서 항산화성 식품을 섭취하고 규칙적인 일상생활과 더불어 적당한 유산소 운동을 하면 활성화산소를 줄일 수 있는 것으로 보고되고 있다.

<참고문헌>

1. "Oxygen Therapy", American Cancer Society, 26 December 2012, Retrieved 2013-09-20.
2. Noguchi H. Experimental research in syphilis with especial reference to Spirochaeta pallida (Treponema pallidum), JAMA, 58(16), 1163 (1912).
3. Sands, George, "Oxygen Therapy for Headaches", Retrieved 2007-11-26.
4. 윤태호, 고혈압 산소가 답이다, 행복나무 출판 (2015).
5. 이광묵, 산소 이야기, 아담북스 (2010).

(2017. 1. 19, 과학이야기, 칼럼)

제5장

로봇, 태양전지, 방사선

로봇Robot의 응용 I

최근 보도작년 11월에 의하면 국내연구진에 의하여 외과적 수술 없이 암종양 제거가 가능한 '초음파 원격제어 스마트 나노로봇'이 개발되어 암치료의 새로운 지평을 열었다고 한다. 이 연구에서는 금/티타늄 나노입자로 구성된 나노로봇이 초음파 자극에 활성화되어 과량의 활성산소종을 발생시켜, 외과적 수술이나 항암제 없이 인체에 무해한 초음파로 나노로봇을 원격제어하여 암을 치료하는 기술로, 기존의 암종양 치료가 가지는 한계를 극복해 암간암, 유방암, 신장암, 위암 등으로 인한 사망률 감소에 크게 기여할 것으로 보인다.

또한 이 연구는 로봇Robot의 동물실험에도 성공해 나노로봇의 체내 독성에 대한 후속연구가 이뤄진다면 임상에도 곧 적용될 수 있을 것이라고 한다. 로봇은 사람과 유사한 모습과 기능을 가진 기계, 또는 스스로 무엇인가를 작업하는 능력을 가진 기계를 말한다. 제조공장에서 조립, 핸들링, 용접 등을 수행하는 자동화된 로봇을 산업용 로봇이라 하고, 환경을 인식하고 스스로 판단하는 기능을 가진 로봇을 '지능형 로봇'이라 부른다. 사람과 닮은 모습을 한 로봇을 '안드로이드'라 부르기도 한다.

그러면 로봇의 어원, 로봇의 연혁 및 변천, 로봇의 이용, 각국의 현황, 로봇의 응용전망과 로봇산업의 전망 등에 대하여 알아보기로 한다.

로봇Robot이란 용어는 체코슬로바키아의 소설가 차페크Karel Capek가 1921년 발간한 'Rossum's Universal Robots, R.U.R'이라는 희곡에서 처음으로 사용되었으며 그 어원은 체코어의 노동을 의미하는 단어 '로보타robota'이다. 로봇의 역할은 인간의 노동을 대신 수행하는 데서 찾을 수 있다.

유명한 SF작가 아시모프Isaac Asimov는 1950년에 발간한 '아이 로봇I Robot'에서 로봇의 행동을 규제하는 세 가지 원칙을 제시했다. 첫째, 로봇은 인간에게 해를 끼쳐서는 안 되며, 위험에 처해 있는 인간을 방관해서도 안

된다. 둘째, 로봇은 인간의 명령에 반드시 복종해야 한다. 셋째, 로봇은 자기 자신을 보호해야만 한다는 것이다.

로봇개발의 역사를 김기홍 지음 '로보 스케이프(로봇, 인공지능, 미래사회)' 등에서 살펴보면, 1921년 체코의 극작가 카렐 차페크의 소설 'R.U.R'에서 처음 '로봇'이란 용어가 등장하여 1959년 Unimate사에서 Joseph Engelber 등에 의해 최초의 산업용 로봇이 개발되고, 1974년 신시내티사에서 최초의 컴퓨터로 제어되는 산업용 로봇 T3가 개발되었다고 한다. 1979년 일본의 Yamanashi 대학에서 SCARASelective Compliance Assembly Robot Arm로봇이 개발되었으며 1997년 일본의 혼다사에서 최초로 계단을 오르는 인간형 로봇 P2Asimo의 전신가 발표되었다. 1999년 일본 소니사에서 최초의 애완로봇 AIBOArtificial Intelligence Robot이 출시되고 2003년 미국 NASA에서 이동 로봇 '스피릿'이 화성에서 탐사활동을 하였으며 2004년 미국 수술용 로봇 다빈치시스템이 개발, FDA 인증 상용화되었고 2006년 미국 국방 로봇 보스톤 다이내믹스사의 Big Dog이 개발되었다고 한다. 그리고 한국은 2008년 '지능형 로봇 산업육성 특별법'이 제정되었다.

그러면 로봇은 어떻게 사용되는가? 그 동안 인간이 해 오던 많은 일들을 지금은 로봇이 대신하고 있다. 즉 산업용으로 주로 힘이나 정밀도를 요하는 작업을 담당하는 자동차 조립, 전자제품 조립, 자동 운반하는 로봇이 있고 수술 보조를 하는 의료용 로봇도 있다.

공장에서 제품을 생산할 때 컴퓨터를 이용하면, 제품의 생산 계획이나 설계, 제조, 보관, 출고에 이르기까지 거의 모든 일을 처리할 수 있다. 즉 기계공에게 가장 많이 사용하는 수치제어공작기계 즉 공작 로봇이다. 이것은 가공하는 작업의 순서와 내용을 수치 정보로 만들어 기계에 입력하면 기계가 자동적으로 가공 작업을 하는 것이다. 이 수치제어 공작기계와 자료의 입력 및 관리를 맡는 컴퓨터가 결합하여 만들어진 것이 컴퓨터 수치제어 공작기계이다. 이 수치제어 기계에서 더 발전하여 복잡한 가공을 할 수 있도록 만든 장치가 공작 로봇이다.

그리고 가정용으로 주로 인내심을 요하는 작업을 담당하는 로봇 청소기, 간병 로봇, 애완용 로봇 등이 있으며, 위험한 환경에서의 작업을 담당하는 우주탐사선, 무인 정찰기와 군사용으로 폭발물 제거 로봇 등이 있다.

한재권 지음 '로봇 정신' 등에서 소개하는 각국의 로봇의 발전 현황을 알아본다. 미국은 산업용 로봇의 창시국으로 인공지능 등 원천기술분야에서 세계 1위의 로봇 선도국이다. 로봇이 생활에 도움을 주는 기계라기보다 앞으로 인류를 위협할지도 모른다는 생각이 있어서 주로 터미네이터 등 영화에서는 로봇이 인류를 위협하는 존재로 나와 있다. 또 무인 조종 비행기 등 군사에서 쓰는 군사 로봇이 가장 잘 발달되어 있다.

2015년, 미국의 로봇 제조사인 한슨 로보틱스에서 일상을 위한 최신 인공지능 로봇, '한Han'을 공개하였다. 한은 사람과 대화를 할 수 있는 것은 물론, 사람의 표정, 나이, 성별 등을 구분할 수 있다. 한의 가장 놀라운 점은 인간 같은 표정을 지을 수 있다는 것이라고 한다.

일본은 에도 시대1603~1867에도 가라쿠리 인형 같은 로봇이 있었다. 일본은 아시모 등과 같은 휴머노이드형 로봇이나 소니의 AIBO와 같은 애완용 로봇 그리고 산업용 로봇 외에도 인간의 모습에 가까운 로봇 개발에 힘쓰고 있다. 아톰, 건담 같은 로봇 애니메이션이 대중적인 인기를 얻고 있다.

유럽은 전통적으로 낙농산업과 복지산업이 발달한 지역이어서 로봇도 농업용 로봇과 실버복지로봇에 대한 연구가 한창이다. 독일의 KUKA 로봇, 스웨덴의 ABB 등 산업용 로봇 강국이 있으며, 프랑스도 교육용 로봇과 같은 서비스 로봇에 대한 투자를 강화하고 있다. 독일의 DLR연구소의 스마트 로봇핸드 등 원천기술에 대한 연구도 활발하다. 일렉트로눅스사의 청소로봇 트릴로바이트 등 서비스 로봇에 대한 제품도 생산되고 있다고 한다.

중국에서는 로봇을 산업이나 가정에 도움을 주는 기계라보다는 사람이 조종하는 꼭두각시라고 생각한다. 2000년에 선행자先行者라는 이름의 직립 보행형 로봇을 개발하였다.

<참고문헌>

1. "This Month in Physics History: October 22, 2004: Discovery of Graphene". APS News Series II. 18(9), 2 (2009).
2. K. I. Bolotin et al., Solid State Commun. 146, 351 (2008).
3. S. V. Morozov et al., Phys. Rev. Lett. 100 (2008).
4. A. A. Balandin et al., Nano Lett. 8, 902 (2008).
5. 한재권 저, 로봇 정신, 월간로봇 펴냄 (2012). (2002).
6. 김기홍 외, 로보 스케이프(로봇, 인공지능, 미래사회), 케포이북스 (2016).
7. 마틴 포드, 로봇의 부상, 세종서적 (2016).

(2017. 2. 16, 과학이야기, 칼럼)

로봇Robot의 응용 II

앞에서는 외과적 수술 없이 암 종양 제거가 가능한 '초음파 원격제어 스마트 나노로봇'의 개발소식, 로봇의 어원, 로봇의 연혁 및 변천, 로봇의 이용, 그리고 각국의 현황에 대하여 알아보았다. 여기에서는 앞으로 로봇의 응용전망, 로봇산업의 전망, 그리고 국가경쟁력을 갖기 위한 제언 등에 대하여 알아보기로 한다.

한재권 지음 '로봇 정신' 등에서 소개하는 각 국의 로봇의 발전 현황에 의하면 한국의 로봇의 발전 현황을 알아보자. 조선시대에 물의 힘으로 여러 인형이 작동하는 물시계 자격루와 옥루를 제작한 것을 로봇의 효시로 보고 있다. 1980년대에 산업용 로봇이 개발되기 시작하여 1990년대에는 생산공정 자동화 및 부품소재 국산화를 매개로 자동차산업, 반도체산업, 가전산업, 조선산업 등에서 산업용 로봇이 널리 활용되었다.

2000년대에 들어서는 지능형 로봇에 대한 정부의 지원이 본격화되었고 특히 2004년에는 차세대 성장동력사업 10대 분야의 하나로 지능형 로봇이 선정되었다. 2008년에는 '지능형 로봇 개발 및 보급 촉진법'이 제정되어 2011년부터 경상남도에 마산 로봇랜드를 조성하는 사업이 추진되었고, 2013년에는 대구광역시에 한국로봇산업진흥원이 설립되었으며, 같은 해에 인천광역시에 로봇랜드를 조성하는 사업도 시작되었다.

사회적 관심을 촉발시킨 휴보Hubo는 일본의 아시모와 유사한 휴머노이드 로봇으로 2004년에 한국과학기술원에서 개발하였다. 2008년에는 휴보의 성능을 향상시킨 휴보2의 몸체가 완성되었고, 2012년에는 두발 로봇으로서는 세계에서 세 번째로 달리는 데 성공했다. 휴보의 등장으로 장난감 로봇과 교육용 로봇이 본격적으로 개발되었다. 휴보와 함께 로봇에 대한 관심을 집중시킨 것은 로봇 청소기였다. 로봇 청소기 사업에 삼성전자, LG전자, 유진로봇, 마미로봇 등이 진출하였고, 2007년 이후에 로봇 청소기 시장은 빠른 증가세를 보이고 있다.

그러면 로봇의 앞으로의 응용전망은 어떠한가? 마틴 포드 저, '로봇의 부상' 등에서 다음과 같이 제시하고 있다. 과거의 로봇은 주로 산업용으로 주로 사용되었으나, 정보기술과 인공지능, 센서 및 작동장치기술 등의 발달로, 그 범위는 가정, 복지, 교육, 오락, 의료, 국방, 사회안전, 해양, 환경 등 점차 그 범위가 더욱 확대될 것이다.

가사지원 로봇은 청소 로봇에서 심부름 로봇에 이르기까지 집안일을 도맡아 하는 로봇이다. 현재의 잘 정돈된 바닥만 청소하는 진공청소 로봇이 보다 진화하여, 3차원 센서를 가지고 바닥에 떨어진 옷의 종류를 구분해내고, 더 나아가 작동이 쉬운 로봇 팔이 장착되어 어지렵혀진 물건들을 정리하는 정리정돈 로봇이 개발될 예정이다. 보다 인지기능이 발달하면, 주인을 알아보고, 물컵 등을 배달하는 심부름 로봇에서, 설거지, 밥상차리기 등을 보조하는 가사지원 로봇이 일반 가정에 보급되게 되면, 가사지원 로봇은 가전사업의 유망주가 되어 커다란 산업으로 자리 잡을 것으로 내다보고 있다.

실버 로봇은 독거노인을 보조하는 로봇이다. 스스로 거동이 불편한 노인을 위해, 옷 갈아입히기, 배변보조, 부축하며 같이 움직이기 등 현재의 간병사들이 하는 환자보조 업무를 수행할 수 있다. 인간의 몸짓 인식이나, 얼굴표정 인식을 갖추어 주인의 의도와 상태를 인식할 수 있다. 인간의 몸과 같은 생체를 안전하게 다루게 하기 위해, 인공피부와 촉각센서 등을 갖추고 있다. 인간의 몸을 부축하기 위해, 부드러운 인공 팔기능이 구현되며, 인공근육과 같은 보다 효율적이고 강력한 힘을 내는 작동장치도 필요할 것으로 예상된다. 근력 증강 및 보행보조, 무거운 물건 들기 등을 가능하게 하는 입는 로봇wearable robot도 실버 로봇의 한 형태가 될 것으로 예견하고 있다.

그리고 교육 및 오락용 로봇의 경우를 살펴보면 로봇은 어린이들에게 인기 있는 장난감과 만화영화의 대상이 될 수 있다. 이를 활용한 교육효과는 어린이 두뇌형성에 매우 큰 것으로 알려지고 있다. 지금도 로봇 올림피아드 등 교육 로봇 경진대회에 해마다 2만 명 이상의 학생이 참가하는 등 교육용 로봇 시장은 이미 형성되어 있다. 보다 더 교육 컨텐츠와 연결되어, 지능형 로봇이 보급된다면, 지능형 로봇이 교육산업의 핵심으로 거대한 시장창출에 기여할 것으로 전망된다.

국방, 안전 로봇의 경우는 지금도 각종 테러나 범죄에서 군사용 로봇의 활약상은 매우 두드러진다. 이라크에 파병되어, 작전을 돕는 폭탄제거 로봇에서 재난현장에서 사람을 구출하는 안전 로봇, 현재의 감시카메라CCD가 진화하여, 범죄예방을 위해 순찰하는 감시순찰 로봇에 이르기까지, 로봇기술에 의해, 사회가 지켜지는 시대가 열릴 것이다. 인공지능을 기반으로 한 범죄 사전 예방, 정보기술 네트워크와 연동되는 범인 추적기능까지 갖게 되면, 안전 로봇은 국방산업 및 보안산업의 핵심으로 거대 산업이 이루어질 것으로 기대된다.

그리고 해양-환경 로봇은 극한 로봇의 일종이다. 현재의 화석에너지를 대체하는 해양에너지분야, 식량부족을 해결할 해양자원을 탐사하는 로봇이 새로운 해양산업으로 등장할 것이다. 인간이 갈 수 없는 심해를 탐사하며, 자원과 에너지를 개발하는 기술에서 해양 로봇을 활용한 기술이 꼭 필요할 것으로 기대된다. 또한 환경오염을 감시하고, 오염을 정화시키는 환경미화 로봇도 나타날 전망이다. 더불어 서두에 언급한 정확성을 요구하는 어려운 수술이나 암종양을 제거하는 미세한 크기를 가지는 나노로봇 등 지금보다 훨씬 고성능 가능을 갖는 의료용 로봇도 개발될 것으로 내다보고 있다.

또한, 아이작 아시모프 저, '세상에서 가장 뛰어난 로봇들의 이야기' 등에서 소개하는 로봇의 산업전망에 대해 살펴보기로 한다. 로봇 산업은 로봇 완성품이나 로봇 부품을 제조, 판매, 서비스하는 산업을 말한다. 로봇

산업의 특징은 지능형 로봇자체가 갖고 있는 기계전자공학의 속성상, 자동차산업과 같은 기계산업, PC나 반도체산업과 같은 정보기술산업의 특성을 모두 갖는다.

로봇은 단순하게 반도체와 같이 하나의 칩만으로 구성된 것도 아니며, PC처럼 정靜인 시스템도 아니다. 오히려 외부세계에서 작동한다는 측면에서 자동차와 가깝다. 그러나 단순하게 자동차산업의 외형의 특징을 갖추면서도, 분류는 정보기술산업으로 분류된다. 그 이유는 로봇의 3대 기능(지능, 정보, 제어) 중 2개(지능, 정보)가 정보기술이기 때문이다. 따라서 로봇산업은 정보기술을 주축으로 한 기계기술산업, 즉 정보기술과 기계기술이 융합된 산업이라 말할 수 있다.

해마다 유엔경제협회UNECE, 미쓰비시 경제연구소日 등에서 세계시장 규모 분석과 예측에 관한 보고서를 발간하고 있다. 이 보고서에 따르면, 로봇 산업은 신성장동력의 핵심산업으로 앞으로 20년 내에 모든 산업이 로봇화될 것으로 전망되며, 로봇 산업에서 우위를 점하는 국가만이 미래 기술경쟁시대에 살아남을 만큼 하나의 산업이 아닌 국가경쟁력의 핵심이 될 것이라고 한다.

그러면 로봇 산업이 국가경쟁력을 갖게 하기 위해서는 첫째, 의료 국방 등 글로벌 전문기업으로 육성 성장하기 위한 범국가적 지원의 필요성, 둘째, 로봇 소프트웨어 플랫폼 기술의 주도권 확보를 위하여 정부지원 연구과제에 유연성 및 개방성 제고 필요성, 셋째, 로봇 기술 실용화 제고를 위한 산, 학, 연, 관의 협력체계강화, 넷째, 로봇 분야의 석박사급 고급인력 양성의 필요성 등이 제시되고 있다.

<참고문헌>

1. C. Lee et al., Science 321, 385 (2008).
2. R. R. Nair et al., Science 320, 1308 (2008).
3. Hyosub An et al., Current Applied Physics 11, S81 (2011).

4. 마틴 포드, 로봇의 부상, 세종서적 (2016).
5. 한재권 저, 로봇 정신, 월간로봇 펴냄 (2012).
6. 김기홍 외, 로보 스케이프(로봇, 인공지능, 미래사회), 케포이북스 (2016).
7. 이기원 역, 아이작 아시모프 저, 세상에서 가장 뛰어난 로봇들의 이야기, 동쪽나라 (2002).

(2017. 3. 16, 과학이야기, 칼럼)

태양전지Solar Cell Ⅰ

태양의 크기는 지구의 109배나 되고 지구에서 1억 5천만km 떨어진 곳에 위치하고 있으며 수소 73%, 헬륨 24%로 이루어진 기체 덩어리이다. 이것은 1초 당 3.8×10^{23} kW의 에너지를 우주에 방출하는 거대한 화염이다. 지구는 태양으로부터 지표면 1제곱m 당 700W의 에너지를 받게 되는데, 이것은 다시 말해 지구 전체에 도달하는 태양에너지의 양이 태양자신이 방사하는 에너지량의 22억분의 1이다. 그 에너지량(1.2×10^{14} kW)은 전 인류의 소비 에너지량(1.2×10^{10} kW)의 약 1만 배에 해당한다고 한다. 즉 1시간 동안 지구로 입사하는 태양광 에너지는 인류가 1년 동안 사용하는 에너지와 같은 양으로 굉장히 큰 양이다. 이처럼 태양에너지는 무한하며 깨끗할 뿐만 아니라 어디에서나 이용 가능한 유일한 에너지원이다.

그동안 무분별한 화석원료의 사용으로 인한 심각한 환경오염, 그리고 에너지 자원 고갈을 우려하여 청정에너지에 대한 관심이 높아지고 있다. 청정에너지원으로 주목받고 있는 것으로는 태양광발전, 풍력발전, 수소전지 등이 있는데, 이들 모두가 아직까지 미래에 절대적인 대체 에너지의 대안이 되지는 못하고 있다.

태양광발전기술에 관한 송진수 지음 '태양광발전기술의 개발과 보급동향' 등에 따르면 그 중에서도 공해가 적고 자원이 무한하며 반영구적 수명을 가진 태양전지는 미래 에너지 문제를 해결하는 핵심 열쇠로 떠오르고 있다.

즉 태양전지는 태양광선을 받아 전기에너지로 바꾸는 장치이다. 즉 태양으로부터 생성된 빛 에너지를 전기 에너지로 바꾸는 반도체 소자이므로 햇빛만 있으면 무한 전기를 생산할 수 있기 때문에 주로 우주비행 물체나 통신 위성의 에너시원 등으로 사용되어 왔다. 그리고 태양전지는 부식성 화학 물질이 사용되지 않아 공해나 소멸 위험도가 적어 재생에너지원으로 각광받고 있다. 현재 생산량과 보급량이 꾸준히 증가하고 있으며, 유럽과 중국, 일본, 대만 등 아시아국가에서 전년대비 120% 이상의 효율을 보이고 있어 전 세계가 주목하는 대체 에너지원으로 자리 매김하고 있다.

태양전지의 연혁을 살펴보기로 한다. 신성철 교수는 '선진국을 향한 과학터치' 등에서 태양광을 이용하여 전기에너지를 만들겠다는 인류의 꿈은 지금으로부터 180여 년 전 프랑스 과학자 베퀘렐Becquerel이 전해질 속에 담겨진 금속전극에 빛을 비추면 전력이 발생하는 현상 즉 광기전력효과 Photovoltaic effect을 발견하면서 시작되었다고 한다. 1954년 미국의 벨Bell연구소에서 세계 최초로 발명한 태양전지는 4년 후 미국 뱅가드Vanguard우주선에 보조전원으로 사용되었다. 그리하여 1970년대에 2차에 걸친 석유파동을 겪으면서 태양전지에 대한 관심이 고조되는 계기가 되었다. 일본에서는 선샤인 프로젝트Sunshine Project라는 태양전지 개발연구가 시작되면서 태양전지에 대한 연구를 촉발시켰고 미국 최대의 정유회사인 엑손Exxon Mobil사는 유명과학자들을 유치하기 위하여 파격적인 연봉과 연구비를 제공하여 큰 화제가 되기도 하였다. 그러나 80년대 후반부터 타 전지에 비해서 경제성이 낮다는 이유로 이에 대한 연구가 식어가기 시작하였다.

그러나 21세기 초에 들어서면서 고유가, 친환경시대를 맞이하면서 태양전지 개발 붐이 20여년 만에 다시 화려하게 부활하게 된 것이다. 우리나라에서도 태양전지에 대한 연구를 그린에너지 개발사업의 하나로 선정하고 국가차원에서 지원해오고 있다.

그러면 태양전지의 원리를 살펴보자. 김종권 저 '태양전지 원리 및 제조방법' 등에 의하면 태양의 빛에너지를 전기에너지로 바꾸는 장치가 태양전지이므로 태양전지는 우리가 생활에서 흔히 사용하는 화학전지와는 다른 구조를 가진 것으로 물리전지라고도 한다. 즉 이것은 P형 반도체와 N형 반도체라고 하는 2종류의 반도체를 사용해 전기를 일으킨다. 태양전지에 빛을 비추면 내부에서 전자와 정공이 발생한다. 발생된 전하들은 각각 P극과 N극으로 이동하는데, 이 작용에 의해 P극과 N극 사이에 전위차(광기전력)가 발생하며, 이때 태양전지에 부하를 연결하면 전류가 흐르게 된다. 이것이 광기전력효과이다.

태양전지 모듈은 대형의 시스템에서는 여러 태양전지를 직·병렬로 연결하여 전력을 꺼낸다. 셀은 전기를 일으키는 최소 단위이며, 모듈은 전기를 꺼내는 최소 단위이고 현관문의 반만한 크기이다. 어레이는 직·병렬로 연결한 여러 개의 모듈을 정리한 단위이다.

태양전지가 변환효율 10% 내외로 태양에너지를 가장 유용한 에너지 형태인 전기에너지로 변환시킬 수 있어 가장 매력적이긴 하지만 에너지 생산 단가가 다른 방법으로 생산되는 것보다 높아 이를 낮추려는 노력이 필요하다.

따라서 태양전지 평가에 관련한 이준신의 저서, '태양전지 평가 및 분석론' 등에 의하면 태양전지에서는 에너지 변환 효율 10% 이상을 상용화 가능한 효율로 보는 경우가 일반적이라고 한다. 이 효율 값은 가솔린 엔진, 디젤엔진, 터빈 등의 카르노 기관 효율과 견주어 볼 때 턱없이 낮은 값이라 생각할 수 있지만, 카르노 기관에 원료로 사용하는 석유는 태양광에너지의 0.02%가 2억 년 동안 축적되어 형성된 것이고, 이것을 효율 30% 정도의 역학적인 에너지로 변환하는 것에 불과하다는 것을 감안하면, 효율 10%는 엄청나게 큰 에너지 변환 효율임을 알 수 있다.

태양전지의 종류에 대하여 최인환 교수 지음, '태양전지 기술동향, CIGS 박막형 태양전지 기술' 등에 따르면 태양전지의 종류를 실리콘 반도체를 재료로 사용하는 것과 화합물 반도체를 재료로 하는 것으로 크게 나누고 있으며 다시 실리콘 반도체에 의한 것은 결정계와 비결정계로 분류한다. 현재 태양광 발전 시스템으로 일반적으로 사용하고 있는 것은 실리콘 반도체가 대부분으로, 특히 결정계 실리콘 반도체의 단결정 및 다결정 태양전지는 변환 효율이 좋고 신뢰성이 높아 널리 사용해오고 있다.

그 동안 상용화되고 있는 태양전지의 대부분은 실리콘Si 결정을 이용한 것이다. 태양전지 시장의 급성장으로 인하여, 태양전지의 주원료인 실리콘 가격이 폭등하였다. 주재료인 실리콘을 생산하는 업체들은 증산투자에 매우 보수적인 입장을 취하고 있어 실리콘 가격이 급등하였다. 태양전지 생산업체에서는 실리콘 확보를 중요시하고 기업의 생존과 직결한다고 믿고 충분한 실리콘 확보를 위한 경쟁이 매우 치열하였다.

따라서 태양전지업체들은 실리콘 기판의 두께를 얇게 하여 실리콘의 소모량을 줄이려는 시도를 해오고 있다. 또한 실리콘의 부족을 박막Thin film형 태양전지 개발로 극복하려는 노력이 이루어지고 있었다. 박막형 태양전지는 실리콘 결정을 이용하는 태양전지에 비해 여러 가지 장점이 많다. 골드만 삭스는 2010년 이후에는 박막형 태양전지가 태양전지 시장을 주도할 것으로 예측하고 있고, 미국의 나노 마켓Nano Markets은 박막형 태양광발전 시장이 2016년 이후에는 72억 달러를 상회할 것으로 내다보고 있다.

<참고문헌>

1. Zyg, Lisa (4 June 2015). "Solar cell sets world record with a stabilized efficiency of 13.6%". Phys.org.
2. "Technology Roadmap: Solar Photovoltaic Energy" , 7 October 2014.
3. 송진수, 태양광발전기술의 개발과 보급동향, 대한전기협회 전기저널, 289, 32 (2001).
4. Hoppe, H., & Sariciftci, N. S., "Organic solar cells: An overview". J. Mater. Res. 19 (7): 1924 (2004).
5. 신성철, 경영계 2012년 3월호, 선진국을 향한 과학 터치 (2012).
6. 이준신 외, 태양전지 평가 및 분석론, 그린 펴냄, (2016).
7. 최인환, '태양전지 기술동향, CIGS 박막형 태양전지 기술', Technology Focus, (2008).
8. 한원석 외, '차세대 고효율 태양전지 기술 동향', 전자통신동향분석, 22(5)

(2007).
9. 김종권, '태양전지 원리 및 제조방법', 특허청 전기전자심사본부 전자소자심사팀 (2006).
10. 이종찬 외, '태양전지 제조기술', 문운당 (2012).

(2016. 4. 20, 과학이야기, 칼럼)

태양전지Solar Cell Ⅱ

앞에서는 태양전지의 연혁, 그 원리 등에 대하여 알아보았다. 여기서는 태양전지의 종류, 특히 유기 태양전지와 발전효율에 관하여 살펴보기로 한다.

태양전지의 기술동향에 대하여 최인환 교수의 보고서 '태양전지 기술동향 연구' 등에서 박막형 태양전지 중에서 카파 인디움 갈륨 다이셀레나이드CuInGaSe$_2$; CIGS 박막형 태양전지는 비 실리콘 계열 태양전지 중 에너지 변환 효율이 가장 높고(미국, NREL, 19.5%) 구성원소의 재료가격이 다른 종류의 태양전지에 비해 저렴하고 유연하게 제작할 수 있을 뿐만 아니라 오랜 시간 동안 현장실험에서 성능이 열화degradation되지 않는 등의 우수한 물성을 보였다고 보고하였다.

한편, 카드뮴 테러라이드CdTe 박막형 태양전지는 CIGS 태양전지보다 먼저 상용화가 이루어졌고, 에너지가 큰 우주선 또는 방사선 등에 장시간 노출되어도 열화현상이 작아 위성의 에너지원으로 한때는 연구되기도 했지만, 에너지 변환효율이 그다지 높지 않고, 박막형 태양전지의 장점인 유연한 태양전지로 제작할 수 없을 뿐만 아니라 카드뮴Cd 중금속 오염에 따른 환경파괴를 우려하여 현재는 거의 생산되지 않고 있다.

얼마 전까지 연구되고 있는 CIGS 태양전지의 흡수층 제작 방법 중 상용화를 위한 주요 제작방법에는 동시증착co-evaporation법과 스퍼터링sputtering법 등이 있다. 동시증착법은 진공챔버 내에 설치된 작은 전기로의 내부에 각 원소(구리Cu, 인디움In, 갈륨Ga, 셀레늄Se 등)를 넣고, 이를 저항가열하여 기판에 진공증착시켜 CIGS 박막을 제작하는 기술로서 구조가 간단하고, 저렴하게 구성할 수 있어 오래 전부터 실험실에서 폭넓게 사용해오던 방법이다. 이 방법은 큰 면적을 갖게 하는 것이 어렵고, 진공장치 내부의 오염이 심각하며, 양질의 박막 제작이 용이치 않은 단점이 있지만, 이 방법으로 미국의 국립재생에너지연구소NREL에서 19.5% 이상의 에너지 변환효율을 보였다.

다른 상용화 기술인 스퍼터링Sputtering법은 비교적 장치가 간단하고 손쉽게 금속 또는 절연체를 증착할 수 있어 연구용뿐만 아니라 생산용으로 폭넓게 활용되고 있는 기술이다. 특히, 스퍼터링은 아르곤Ar과 다른 혼합가스를 사용함으로써 반응을 수반한 화합물 증착이 가능한 이 방법은 대면적화가 용이하다는 장점은 있으나, 양질의 박막제작이 어려워 실제 얻어지는 에너지 변환 효율은 동시증착법에 미치지 못하고 있다.

유기태양전지에 관한 최효성 교수 지음, '유기태양전지 개념/원리 및 계면공학' 등을 살펴보면 최근 활발한 연구가 진행되고 있는 유기태양전지Organic solar cell는 저가의 태양전지 개발을 위해 유기물질을 이용한 한 단계 업그레이드된 태양전지라고 한다.

현재 상용화된 다결정 실리콘 태양전지는 원료물질의 가격이 높으며, 복잡한 제작공정으로 대형화 및 대량 생산이 어렵고, 두꺼운 소자 두께가 요구되어 기술 발전에 한계에 도달했다.

한편, 유기태양전지는 1990년대 Heeger 그룹에 의해 발표된 이후 차세대 태양전지기술로 연구되어 왔다. 최근 10% 이상의 효율을 달성하여 상용화의 가능성을 보이고 있다. 유기태양전지는 수백 나노미터 수준의 매우 얇은 광활성층을 요구하며 이에 따라 플렉서블 태양전지, 저중량 태양전지, 반투명 태양전지와 같이 소자 구조의 한계로부터 자유롭다.

유기태양전지는 빛을 흡수해 전자를 발생시키는 광활성층 소재를 자유자재로 변형할 수 있다. 2003년 이후 7년간 발전효율을 3배 가까이 상승시키며 놀라운 개발속도를 보여왔다. 이 같은 속도는 기존의 무기계 태양전지에서는 전혀 볼 수 없던 것으로, 유기태양전지의 높은 가능성을 보여주었다. 유기태양전지는 가시광을 흡수하는 메로시아닌, 프탈로시아닌, 필리륨과 같은 유기색소를 주원료로 사용하고 있다. 또한 저가형 혹은 차세대 플렉시블 전자 소자의 전원 등으로 폭넓게 응용할 수 있어 더욱 큰 기대를 얻고 있다.

유기태양전지의 장점은 친환경 유기물을 사용하므로 기존에 주로 생산되었던 실리콘계 태양전지나 박막 태양전지에 비해 가공이 쉽고 재료가 다양하다는 것이다. 뿐만 아니라 제작비용이 저렴해 경제성이 좋고, 발전효율이 좋아 원하는 성능에 대한 실현 가능성이 높다고 한다.

유기태양전지는 수많은 장점을 가졌음에도 불구하고 효율이 낮고 수명이 짧다는 단점이 있어 아직까지는 소규모의 전력을 필요로 하는 MP3 플레이어, 휴대전화, 노트북 등 가볍게 휴대할 수 있는 전자기기에 적합하다. 계속해서 개발이 진행되고 있기 때문에 가까운 미래에는 유기태양전지가 고효율 에너지원으로 큰 역할을 할 것으로 기대하고 있다.

유기태양전지의 효율과 수명이 개선되면 건물 지붕이나 외벽, 텐트, 자동차 유리 등으로 응용범위를 넓힐 수 있고, 산소와 수분의 침투를 막아 외부환경으로 인한 수명단축 문제를 해결하면 그 활용 범위는 더욱 넓어질 것으로 보인다. 유기태양전지의 가장 기본적인 재료는 태양광을 직접 흡수해 전자를 발생시키는 광활성층 소재이다. 이 광활성층 소재를 자유자재로 변형할 수 있어 에너지 효율과 성능을 더욱 높일 수 있다. 실제로 기존 3%에 불과했던 효율을 7년 만에 3배 가까이 높였다는 사례도 있다. 따라서 유기태양전지의 고효율화를 위해선 반드시 우수한 성능의 광활성층 소재 개발이 필수적이다. 해마다 유기태양전지의 최고 효율을 갱신하고 있는 국내의 선도기업들은 이미 대학이나 연구소 등과 함께 광활성층 소재 개발에 주력하고 있다.

유기광태양전지의 기술동향을 알아본다. 이화여대 김봉수 교수의 '유기광태양전지 기술동향' 등의 보고에 의하면 2009년부터 유기태양전지용 도너 소재들이 개발되면서 2010년 8월엔 그 효율이 무려 8.13% 상승했다고 한다. 2016년, 고려대와 이화여대 공동연구팀은 기존 유기태양전지의 단점을 보완한 고효율 유기태양전지를 개발했다. 즉 기존 태양전지의 낮은 효율을 극복하기 위해 은 재질의 구조를 활용해 유기태양전지의 빛 흡수를 극대화했고 기존 전극과 비교해 전류밀도·광전변환 효율이 30% 이상 증가하였다.

2022년, 유기태양전지 시장의 시장규모는 5억 달러를 초과할 전망이고 최근 6년간 60%에 달하는 성장률을 보이고 있어 태양전지발전에 큰 활력을 불어 넣을 것으로 보인다.

아울러 유기태양전지의 기술 개발의 여지가 많으므로 고효율의 도너, 억셉터 물질의 개발 및 이에 맞는 계면층의 도입 기술의 발전이 이루어진다면 고효율 장수명 저비용의 유기태양전지의 상용화는 머지않은 미래에 이루어질 것으로 기대하고 있다.

마지막으로, 전반적인 태양전지의 발전효율의 성장에 대하여 알아보자. 한원석 저 '차세대 고효율 태양전지 기술 동향' 등에 의하면 미국의 벨 연구소에서 발명한 태양전지가 1958년 뱅가드 우주선에 사용할 당시 태양전지는 발전효율 4%에 불과하였다. 2008년에는 NASA, 유럽 우주국 등에 태양전지를 납품하고 있는 미국의 EMCORE사는, 최근 발전효율이 최고 37%에 달하는 지상용 고집광 태양전지 수신모듈Concentrating Photo Voltaic(CPV) System을 개발했다. 이것은 박막필름방식의 6~12% 효율보다 3배가 넘는 고효율의 태양광 발전기술로, 박막필름방식에 이어 제3세대 태양전지 기술로 인정받고 있다. 태양전지 연구로 잘 알려진 호주 뉴사우스 웨일스 대학교UNSW의 태양전지 연구소는 24%에 달하는 태양전지 발전효율 기술을 가지고 있어 세계 최고 권위를 인정받고 있다. 드디어 2016년 5월에는 이 대학 연구팀이 34.5%의 효율 달성을 발표하였으며 이 연구소의 마틴 그린 교수는 자국의 기술이 타국에 비해 수 년 앞서 있다고 하며 이론상 53%까지 가능하다고 하였다. 국내에서는 태양전지 제조사업에 진출한 신성이엔지와 LG 태안 태양광 발전소 등이 있고 알려진 발전효율은 대략 17~24%

라고 한다.

결과적으로 지난 10년간의 태양전지 시장성장 추세를 감안할 때 2030년에는 태양전지사용 비중이 10%이상 크게 증가할 것으로 예측하고 있다. 시장규모도 연간 3000억 달러를 상회할 것으로 전망된다. 이것은 반도체 시장규모에 버금가는 엄청난 규모이다. 겨우 우주선의 전원으로 활용하기 시작한 태양전지는 향후 전자제품, 주택, 자동차, 산업기기 등 다양한 분야에서 청정에너지로 활용될 것임에 틀림없을 것으로 전망하고 있다.

<참고문헌>

1. "Technology Roadmap: Solar Photovoltaic Energy", 7 October 2014.
2. 최인환, '태양전지 기술동향, CIGS 박막형 태양전지 기술', Technology Focus (2008).
3. Hoppe, H., & Sariciftci, N. S., "Organic solar cells: An overview". J. Mater. Res. 19 (7): 1924 (2004).
4. K. M. Coakley et al., “Conjugated Polymer Photovoltaic Cells”, Chemistry of Materials 16, 4533 (2004).
5. 최효성, 유기태양전지 개념/원리 및 계면공학, 물리학과 첨단기술, JULY/AUGUST, 6-10 (2017.
6. 한원석 외, '차세대 고효율 태양전지 기술 동향', 전자통신동향분석, 22(5) (2007).
7. 김봉수, 유기태양전지연구동향, 전자전자재료, 28(11) 11 (2015).
8. 이준신 외, 태양전지 평가 및 분석론, 그린 펴냄, (2016).
9. 송진수, 태양광발전기술의 개발과 보급동향, 대한전기협회 전기저널, 289, 32 (2001).
10. 이재덕, 태양광 발전시스템(마스터핸드북), 인포도북스 (2013).
11. 이재관 외, 유기태양전지의 전자이동현상에 관한 전기화학적 특성연구', 과학고 R&E 결과보고서, 한국과학창의재단 (2012).

(2017. 5. 2, 과학이야기, 칼럼)

방사선Radioactive Rays의 이해 I

1945년 8월 6일 일본 히로시마와 8월 9일 나가사키에 인류 최초로 원자폭탄투하로 인한 방사능누출, 그 후 1986년 구소련의 체르노빌에서 발생한 원자력 발전소 폭발, 그리고 2011년 일본 후쿠시마 원자력 발전소 폭발 사건으로 인한 방사능 오염이 아직까지도 확산 중이다.

지금까지 방사능 누출 사고는 미·유럽 지역에서 8건, 구소련에서 12건 등으로 모두 20여 건에 이른다. 이로 인한 방사능 또는 낙진이 인근 지역으로 퍼지게 되어 방사능에 노출된 주민들에게 사망을 비롯하여 갑상선암 등 각종 질환이 생기게 하고 있다.

특히 완벽한 원전기술을 자랑해오던 일본도 진도 9.0의 대지진에 후쿠시마 원전이 대부분 폭발하면서, 전 세계 각 국이 원전 확대 정책을 심각하게 재고하기 시작했다. 2011년 3월 14일, 스위스 연방 에너지청은 노후한 원자력 발전소를 새 원전으로 교체하려던 계획을 보류한다고 밝혔다. 미국, 독일, 중국, 인도, 오스트리아 등도 후쿠시마 사건에 크게 영향을 받아, 원전회의론이 급부상하고 있다. 독일 정부도 10년 안에 자국의 모든 원전을 단계적으로 폐쇄할 것이라고 발표한 바 있다.

결국은 이렇게 누출된 방사능물질에서 온 인류가 무서워하는 방사선이 나와 인간에게 치명적인 피해를 입힌다.

도대체 방사선이란 무엇인가? 일반적으로 방사선은 방사성 물질이 더 안정한 물질로 붕괴될 때 발생한다. 양성자proton와 중성자neutron가 결합하여 원자핵을 형성할 때는 그 것들의 비율에 의해 안정한 원자핵이 만들어지기도 하고 불안정한 원자핵이 만들어지기도 한다. 불안정한 원자핵은 양성자 두 개와 중성자 두 개로 이루어진 알파입자, 전자, 전자기파인 감마선, X선, 중성자 등을 내놓고 안정한 원자핵으로 바뀐다. 어떤 원자핵이 다른 원자핵으로 바뀔 때 내놓는 알파선, 전자, 감마선, X선, 중성자를 방사선이라고 한다.

방사선은 원자핵 주위를 돌고 있는 전자가 내놓는 전자기파보다 에너지가 크기 때문에 훨씬 더 위험하다. 원자번호 81인 탈륨Tl에서 92인 우라늄U까지는 모두 천연방사성원소다. 칼륨K, 루비듐Rb, 사마륨Sm, 루테튬Lu 등도 아주 미약한 방사능을 가지고 있다. 또한 대기 속에도 탄소1414C와 같은 방사성원소가 존재한다.

방사선동위원소협회의 저서 '방사선의 이론과 실제' 등에 의하면, 방사선이 가지는 강력한 투과력과 에너지는 여러 방면에 이용되고 있다고 한다. 기본적으로 방사선은 뛰어난 살균효과를 가지고 있어 각종 멸균소독에 이용되고 있으며 특히 밀봉 후 멸균 처리에 효과적이다. 특히 마리 퀴리Marie Curie가 실제로 체내의 암세포가 있는 부위만을 선택적으로 조사하여 암세포를 제거하는 데 사용 가능하다는 것을 발견하기도 했다. 척추동물이 방사선에 노출되면 가장 먼저 피해를 입는 것 중 하나가 바로 적색골수이다. 이를 응용하여 백혈병 혈액암의 경우, 골수 이식 전에 병든 골수를 제거하기 위하여 집중적으로 조사하는 방법을 쓰기도 한다. X선 방사선은 사람을 직접 해부하지 않고서도 뼈의 구조와 모양을 알아볼 수 있게 하여 의료 발전에 크게 기여하고 있다. 지금은 더욱 발전하여 컴퓨터단층촬영CT영상으로는 뼈 이외의 다른 장기까지 관찰할 수 있게 되었다. 핵의학 분야에서는 방사성 물질을 주사해서 몸 속에서 나오는 방사성 물질을 관찰해 정보를 얻기도 한다.

방사선은 위의 용도 외에 윤실 지음 '원자력과 방사선 이야기' 등에 따르면 산업 분야에서도 투과력을 이용해 재료 비파괴 검사를 수행한다든지 원자핵 구조를 분석하는 데에도 쓰이고 있다. 육종학에서는 돌연변이를 유발시켜 작물의 품종을 개량하는 데에도 이용하였다.

방사선 중에서 그것의 전리작용으로 인하여 세포나 분자를 파괴해서 인체에 해를 주는 전리 방사선의 특징을 들어보면, 첫째, 목표에 에너지를 전달한다. 둘째, 물리적 구조를 깨뜨린다. 셋째, 화학적 특성을 변화시킨다. 넷째, 생체의 기능을 저해한다 등이다.

방사선은 입자의 크기가 원자보다 작으며, 매질이 없는 공간에서도 전달될 수 있는 전자기파이다. 에너지가 전달되는 형태에 따라서 즉 에너지 전달이 입자의 운동에너지에 의해 이루어지느냐, 아니면 전자기파에 의해 이루어지느냐에 따라 구분한다. 전자에 속하는 것에는 알파선, 베타선, 중성자, 양성자, 핵분열 파편, 하전 파이온, 중이온 등이 있고, 후자에 속하는 것에는 감마선과 X선이 있다. 또한, 가지고 있는 에너지의 크기에 따라서 즉 방사선의 에너지가 타깃을 이온화시키기에 부족한가, 아니면 이온화시키기에 충분할 만큼 큰가에 따라서도 구분한다. 전자에는 레이저나 전파, 적외선, 가시광선, 자외선 등이 속하고, 후자에는 중성자선, 알파선, 베타선, 감마선, X선 등이 속한다. 다만 감마선은 보통 핵반응을 통해 만들어지는 파장이 짧은 강력한 전자기파이고, X선은 전자의 감속이나 궤도 전자의 에너지 준위 차이에 의해 발생하는 파장이 긴 상대적으로 약한 전자기파이다.

방사선의 세기를 측정할 때는 1초에 하나의 방사선 붕괴가 일어나는 방사능의 세기를 1베크렐Bq이라고 한다. 베크렐은 너무 작은 값이어서 실제로는 큐리Ci라는 단위를 많이 사용한다. 그러나 방사선의 개수보다는 방사선이 가지고 있는 에너지가 중요하여 그레이Gy라는 단위가 가장 많이 사용된다. 1Gy는 1kg의 물체가 방사선을 통해 1Jjoule의 에너지를 흡수했을 때의 흡수선량이다. 흡수선량을 나타내는 데는 라드rd라는 단위가 사용되기도 하는데 1rd는 0.01Gy이다. 또한 방사선의 위험도를 나타낼 때는 방사선이 물질을 전리시키는 정도 즉 단위 질량당 생성된 전하량C/kg으로 나타낸다. 전리 정도를 나타내는 또 다른 단위에는 뢴트겐R이라는 단위가 있다.

<참고문헌>

1. Weisstein, Eric W. "Radiation". Eric Weisstein's World of Physics. Wolfram Research. Retrieved 2014-01-11.
2. "Radiation". The free dictionary by Farlex. Farlex, Inc. Retrieved 2014-01-11.
3. 방사선동위원소협회 편집부, 방사선의 이론과 실제, 방사선동위원소협회 (2013).
4. 윤실, 원자력과 방사선 이야기, 전파과학사, (2010).
5. 찰스D. 퍼거슨, 원자력 재난을 막아라, 생각의 힘 편집부 (2014).

(2017. 5. 25, 과학이야기, 칼럼)

방사선Radioactive Rays의 이해 II

우리 주변에도 어느 정도 자연방사선이 존재하지만, 그 양은 무시할 수 있는 수준이다. 그러나 강력한 방사선에 노출되면 그 에너지에 의해 생체 조직이나 유전자가 파괴됨으로 주의해야한다.

방사선 방호에 대하여 윤실 지음 '원자력과 방사선 이야기' 등에서 소개하는 세 가지 기본 원칙을 소개하면, 첫째, 얻을 수 있는 이익이 충분히 크지 않은 이상, 방사선에 노출되어서는 안 된다, 둘째, 경제적, 사회적 여건이 허락하는 한 방사선에 노출되는 양을 최소화할 것, 셋째, 방사선에 노출되는 양은 기준치를 넘지 않도록 할 것 등이다. 즉 이 세 가지 기본이 방사선 방호에 관한 기본 철학으로 알려져 있다.

재료공학, 생명공학, 산업 각 분야에서 방사선은 무척 유용하고 강력한 도구로 사용되지만 방사선을 보다 안전하고 효율적으로 이용하기 위해서는 충분한 이해와 주의가 필요하다.

방사선과 관련된 현상 중엔 체렌코프 현상Cherenkov radiation이 있다. 에너지가 높은 하전입자가 물 같은 투명한 물질을 통과할 때 그 물질 중에서의 빛의 위상 속도(빛의 속도가 아니다)보다 빠른 속도를 가질 경우에 청백색의 빛을 발하는 현상을 말한다. 원자로 노심이 파랗게 보이는 까닭이다. 이 효과로 인해서 방사선 물질이 액체 속에서 푸르스름한 빛을 나타내기도 한다.

방사선으로 인한 피해에 대하여 찰스 D. 퍼거슨 지음 '원자력 재난을 막아라' 등에서 밝힌 내용을 알아보자. 방사선에 노출되어 생체조직에 피해가 미치는 방사선 피폭Radiation poisoning과 방사선에 의해 화상을 입는 방사선 화상Radiation burn 등이 있다.

고에너지 방사선의 경우 베타선의 관통력은 그리 대단하지 않아서 피부에 의해 차단되는 경우가 많지만, 에너지량 자체는 많기 때문에 그 힘이 피부 겉면에 모두 집중되어 그 만큼 화상을 일으키기 쉽다. 방사선 화상은 나중에 암이나 피부병을 유발하기 쉬우므로 주의해야하며, 화상이 심할 경우 높은 수준의 방사선에 노출되었다는 뜻이므로 그만큼 사망할 가능성도 높아진다. 또한 방사선에 노출된 시점에서 해당 환부의 유전자가 변이되거나 파괴되기도 하여 일반적인 화상과는 달리 피부 이식을 해도 이식이 안 되고 도로 벗겨지거나 심지어는 기존의 환부마저 붕괴하는 경우도 있어서 더 위험하다.

방사선을 표적에 닿기 전에 에너지를 빼앗아버리면 즉 차폐shield하여 방사선이 우리 몸에 닿지 못하게 가로막거나, 닿더라도 영향을 줄 수 없을 만큼 약화시키면 피해를 줄일 수 있다. 이러한 차폐역할을 담당하는 물질은 방사선의 종류에 따라 달라진다.

알파선은 투과력이 정말 약하므로 종이 한 장으로도 막을 수 있다. 그러나 방사성 물질이 인체 내부에 흡수되어 몸 안에서부터 알파선을 쬐이면 매우 위험하다. 투과력은 약해도 생체파괴력은 감마선보다 훨씬 강하다. 베타선은 비교적 투과력이 약하다. 베타선 자체는 대충 막아도 되지만, 제동 복사에 의해 베타선에 2차적 방사선이 튀어나오기 때문에, 고 에너지 베타선은 일단 플라스틱이나 알루미늄 같은 가벼운 물질로 막고, 다시 무거운 물질로 막아야 한다. 중성자선은 투과력이 강하다. 차폐 물질을 방사성 물질로 바꿔버리기 때문에 무거운 물질이라고 잘 막는 것도 아니다. 중성자가 차폐물질을 만났을 때, 탄성이 있는 분자가 차폐에 효율적이며, 그 중 하나가 물 분자이다. 물 자체, 즉 수조가 쓰이기도 하며, 파라핀, 폴리에틸렌, 콘크리트도 차폐물질로 쓰이는데, 화학적으로 물 분자를 함유하고 있기 때문이다. 감마선은 투과력이 강하다. 감마선을 잘 막는 것은 무거운 질량을 가진 원자핵으로 구성된 물질이다. 그래서 우라늄으로 막기도 한다. 실용적으로는 값 싸고 안 깨지는 납이 많이 쓰인다. 그러나 차폐 물질에 전달된 에너지는 열이 발생하여 녹을 수도 있으므로 두꺼운 콘크리트 등으로 차벽을 만들어 강력한 방사선을 막아낸다. 따라서 원자로의 격납용기는 20cm 이상의 강철판으로 만들고 격납건물 회색돔의 벽 두께는 무려 2m나 된다.

그러면 갑작스런 원자탄 폭발, 방사선 누출 등의 사고가 발생하였을 경우에 어떻게 대처해야 하는가? 데이코 편집부 지음, '원자력, 핵융합, 방사선 관련사업 동향과 기술개발전략' 등에 따르면, 방사성 낙진이 들어오는 것을 막기 위하여 외부와 연결된 모든 통로를 막아야 한다. 따라서 모든 문과 창문을 닫고, 환풍기를 꺼야 한다. 옷을 입고 피부 노출은 최대로 줄인 상태에서 추가 피폭이나 낙진 흡입을 방지하기 위해 빨리 피하는 것이 좋다. 노출만 줄여도 알파선은 대부분 방어가 가능하므로 축적 피폭 선량을 상당히 감소시킬 수 있다. 피폭 반경 내에 있던 모든 음식은 먹으면 안 된다. 약한 방사선은 피부가 막아주지만, 그걸 섭취한 뒤 내부에서 피폭되면 피해가 더 커진다. 대부분의 지하 시설은 붕괴 위험 때문에 지상 건물보다 견고하게 설계되어 있다. 따라서 방공호, 지하 연구 시설, 그리고 지하철은 대피하기 좋은 장소이다.

갑상선은 방사능 동위원소 아이오딘-131이 인체에 들어오면 갑상선 암을 일으킨다. 미리 무해한 비방사성 요오드 약물을 복용하여 갑상선에 들어가면, 아이오딘-131이 들어갈 자리가 없어서 체내에 흡수되지 않고 소변으로 배출되어 갑상선암 피해를 막을 수 있다고 한다. 차량의 철제 골격도 콘크리트나 납만큼은 못하지만, 방사선을 감쇄시킬 수 있으므로 외부에 있을 때는 차량에 있는 것이 좋다. 당연히 창문은 닫고 환풍기는 꺼야 한다. 차량의 유리만으로도 폭발에서 발생하는 자외선을 차단할 수 있기 때문이다.

결과적으로 방사선은 인체에 여러 가지 손상을 준다. DNA 손상으로 유발된 돌연변이는 유전적인 결함을 불러오기도 하고, 암을 발생시키기도 한다. DNA 손상에 따라 세포가 죽게 되면 피부의 홍반이나 궤양, 백내장,

수정체 혼탁, 장기 기능부전 등 다양한 질병을 유발할 수 있다. 이 밖에도 방사선은 우리 몸에 많이 포함되어 있는 물 분자를 전리시켜 수소 이온과 수산 이온을 생성한다. 이것은 여러 가지 다른 분자들과 결합하여 건강에 해를 주는 물질을 생성할 수 있다.

중요한 것은 건강에 해를 끼칠 정도의 방사선에 노출되지 않도록 해야 한다는 것이다. 원자력 발전소를 비롯하여 방사선을 방출하는 시설에 대한 경각심과 그것에 대한 안전시설도 늘어나야 할 것이다.

<참고문헌>

1. "Radiation". The free dictionary by Farlex. Farlex, Inc. Retrieved 2014-01-11.
2. Weisstein, Eric W. "Radiation". Eric Weisstein's World of Physics. Wolfram Research. Retrieved 2014-01-11.
3. 윤실, 원자력과 방사선 이야기, 전파과학사, (2010).
4. 데이코, 원자력, 핵융합, 방사선 관련사업 동향과 기술개발전략, 데이코 편집부 (2014).
5. 찰스D. 퍼거슨, 원자력 재난을 막아라, 생각의 힘 편집부 (2014).

(2017. 6. 29, 과학이야기, 칼럼)

제6장

산업혁명, 자율주행차, 전자혁명

제4차 산업혁명第四次 産業革命, Fourth Industrial Revolution Ⅰ

지난 7월 8일 국회, 정부, 산업계가 참여하는 4차 산업혁명 법·제도 개선위원회를 국회에 설치하여, 국회가 선제적으로 걸림돌이 되는 규제를 개선하여 우리나라가 4차 산업혁명 주도국이 되는 기반을 마련하겠다고 발표하였다. 그리고 머지않아 대통령 직속 4차 산업혁명위원회의 출범을 앞두고 있다. 4차 산업혁명은 지난 대선 때 모든 대선후보들의 대선공약에서부터 최근 각종 매스컴에 자주 등장하는 용어이다.

그러면 4차 산업혁명이란 무엇인가? 제4차 산업혁명은 전 세계 기업인, 경제학자, 정치인 등 전문가 2천여 명이 모여 세계가 당면한 과제를 해결하고 논의하는 제46차 세계경제포럼World Economy Forum이 2016년 1월20일 스위스 다보스Davos-Klaster에서 열릴 때 처음으로 사용된 개념이다.

이 포럼에서 제4차 산업혁명은 '제4차 산업혁명 숙련하기Mastering the Fourth Industrial Revolution'라는 주제로 논의가 이루어진 다음에 전 세계적으로 가장 주목 받는 주제어가 되었다. 실제로는 이 주제어는 2010년 독일에서 먼저 사용되었다. 즉 새로운 산업경쟁력을 확보하기 위하여 제조업과 정보통신을 융합하여 이루어진 '인더스트리Industry, 산업 4.0'이 그 기원이라 할 수 있다.

리처드 서스킨드 저서 '4차 산업혁명 시대 전문직의 미래' 등에 의하면 독일에서는 4차 산업혁명 대신 '인더스트리 4.0'이라는 용어를 쓰고 있는데, 이것은 2003년부터 독일에서 독일의 산업 경쟁력을 높이기 위하여 고기술전략High Tech Strategy을 추진하면서부터 나온 것이라고 한다.

독일은 기계, 제조업 등 하드웨어HW 산업은 앞섰지만, 미국이 앞서 가는 인터넷, 디지털 등 소프트웨어SW 산업은 뒤처졌다. 그런데 주로 미국의 SW기업들이 부가가치를 더 많이 창출해내는 것을 보면서 독일의 강한 HW산업에 SW기술을 연계시켜서 경쟁력을 더욱 더 강화하고 확보하기 위한 방안을 찾으려고 하였다.

물리와 가상이 융합되는 가상물리계Cyber Physical System를 도입함으로써 보다 많은 부가가치창출을 해결하기 위한 방안으로 착안하고, 이를 발전시켜 2012년부터 '인더스트리 4.0'이라는 용어를 독자적으로 쓰면서 고기술전략을 세운 것이다.

그 이러한 고기술전략을 통하여 제조현장에서 공장 내 생산과정을 사물인터넷IoT 기술로 투명하게 들여다보고 생산과정의 정밀한 데이터를 수집 분석하고 제어하는 방법을 터득하였다. 또 고령화에 따르는 능률 저하와 노동력 감소는 로봇의 역할을 늘려나가면서 생산공장의 자동화를 극대화함으로써 해결하려고 했다. 그리고 이 전략으로 대량생산에 의한 대량소비보다는 고객 맞춤형 생산체제로 전환하고, 제품의 질보다는 서비스를 통하여 변화하는 고객의 요구에 부응하는 즉 '스마트 팩토리'로 전환하였다. 이러한 스마트 공장을 확장하고 발전시키는 노력을 거쳐 독일의 고기술전략을 조직화시킨 것이 바로 '인더스트리 4.0'이다.

어디까지나 이러한 고기술전략의 주체는 민간이 되어야 하지만, 정부의 조율과 조정역할도 필요하여 그동안 사용해 오던 '인더스트리 4.0'을 2015년에 '플랫폼 인더스트리 4.0'으로 업그레이드하게 되었다.

기존 '인더스트리 4.0'은 중소기업의 참여가 저조하고, 그리고 빅데이터 공개 범위, 디지털 인재 수급난 등의 여러 가지 문제점이 노출되기 시작하였다. 그래서 독일은 기업이 해결할 수 없는 교육 시스템을 개선하고 근로자 복지와 환경 분야까지를 기존의 전략에다 포함하여 '플랫폼 인더스트리 4.0' 형태로 진화하기에 이른 것이다.

현재의 세계경제포럼 회장인 클라우스 슈바프Klaus Martin Schwab박사는 그의 저서 '제4차 산업혁명'에서 4차 산업혁명은 3차 산업혁명의 연장선상에 있고 물리학 기술(무인 운송수단, 3D 프린팅, 로봇공학, 그래핀 신소재), 디지털기술(사물인터넷, 블록체인), 바이오기술(유전학, 합성생물학, 유전자 편집) 등의 경계를 융합하는 기술혁명으로 정의하고, 이 기술들을 4차 산업혁명을 이끌어가는 기술로 보고 있다.

일반적으로 산업혁명은 혁신적이고 파괴적인 새로운 기술이 나타남으로써 사회적, 경제적으로 큰 변화가 일어나는 현상으로 정의한다.

그러면 지금까지의 산업혁명의 역사를 살펴보기로 하자. 최초의 1차 산업 혁명은 1775년 제임스 와트James Watt의 증기기관 발명으로 인력, 수력, 축력, 풍력을 대체하는 새로운 에너지원이 나옴으로서 시작되었다. 유럽과 미국에서 1784년 수력 증기기관을 활용하여 철도, 면사방적기와 같은 기계적 혁명을 불러일으키면서 철강 산업이 핵심적인 역할을 하기에 이르렀다.

제2차 산업 혁명은 1879년 토머스 에디슨Thomas Alva Edison이 전구를 발명해 인공조명이 대중화되면서 야간에도 공장이 돌아가고, 전기동력 공급에 의한 대량생산으로 기존 산업의 성장기를 맞이하게 되는 계기가 되었다. 그리고 대량 생산을 위해 전력을 사용했으며 철강, 석유 및 전기 분야와 같은 신규 산업의 확장으로 인하여, 전구, 모터, 전화, 축음기, 및 내연 기관 등에 기술적 진보가 이루어졌다. 2차 산업혁명은 제1차 세계 대전 직전인 1870년에서 1914년 사이에 일어났다.

디지털 혁명이라고도 하는 제3차 산업 혁명은 1970년대 이후 컴퓨터, 정보통신기술ICT의 발전으로 인터넷이 전 세계를 동 시간대에 연결하게 되고 생산효율이 올라가면서 시작되었다. 1980년대에 시작되어 현재도 계속되고 있으며 아날로그 전자 및 기계 장치에서 현재 이용 가능한 디지털 기술의 발전으로 연결되고 있다. 즉 제3차 산업 혁명시대에서는 개인용 컴퓨터, 인터넷 및 정보 통신 기술의 발전이 이어지고 있다.

제4차 산업 혁명의 시작은 정보통신기술의 발달로 인하여 전 세계적으로 소통이 가능해지고, 개별적으로 발달한 각종 기술들의 원활한 융합이 가능해지면서 부터이다. 이 혁명은 컴퓨터 네트워크의 사이버 공간과 물리적 현실세계가 실시간으로 연결되고 사물들이 서로 소통하며 자동적, 지능적으로 제어되는 복합시스템을 통하여 시작되었다는 것이다.

4차 산업혁명에서는 연결과 융합을 통하여 부가가치를 창출해내는 새로운 기술 혁신이 로봇 공학, 인공 지능, 나노 기술, 생명 공학, 사물의 인터넷, 3D 인쇄 및 자율 차량을 포함한 여러 분야에서 이루어지고 있다. 이제부터 시작되는 4차 산업혁명시대에서는 고도의 자동화와 초연결을 통한 융·복합 산업의 발전으로 제 1, 2, 3차 산업혁명에 못지않게 인류 역사상 큰 변화가 일어날 것으로 내다보고 있다.

이와 같이 김대호 등은 그의 저서 '인간, 초연결 사회를 살다' 등에서 4차 산업 혁명의 특징은 초연결성, 초지능성, 예측 가능성이라고 보고 있다. 다시 설명하면 사람과 사물, 사물과 사물이 인터넷 통신망으로 연결되는 초연결성, 초연결성으로 얻어진 막대한 데이터를 분석하여 일정한 양식의 모형을 파악하는 초지능성, 그리고 그 분석 결과를 토대로 인간의 행동을 추정하는 예측 가능성, 이와 같은 일련의 과정과 단계를 통해 새로운 가치를 창출해내는 것을 4차 산업 혁명의 특징으로 내세우고 있다.

<참고문헌>

1. Schwab, Klaus (January 11, 2016), The Fourth Industrial Revolution, World Economic Forum.
2. 송경진 역, 클라우스 스바프 저, '클라우스 스바프의 제4차 산업혁명' ISBN 9788962805901, 새로운 현재 펴냄 (2017).
3. 리처드 서스킨드, 4차 산업혁명 시대 전문직의 미래, 와이즈베리, 2016.
4. 엘빈 토플러, 제3의 물결, 홍신 문화사 (2006).
5. 김대호 외, 인간, 초연결 사회를 살다, 커뮤니케이션북스 (2015).
6. 신승미 역, 타일러 코웬 저, 4차산업혁명, 강력한 인간의 시대 펴냄 (2016).

(2017. 8. 24, 과학이야기, 칼럼)

제4차 산업혁명第四次 産業革命, Fourth Industrial Revolution Ⅱ

지난 1월 미국 라스베가스에서 개최한 2017년 국제 소비자 가전전시회 CES 2017; Consumer Electronics Show에서 4차 산업혁명으로 이끌어가기 위한 기술들이 전시되었다. 이 전시회는 일상생활과 밀접한 전자제품을 소개하는 세계 최대의 가전제품박람회이다.

여기에서 소개된 기술들은 이명호 지음 '디지털사회' 등에 의하면 1. 인공지능; 장치가 더 똑똑해지고 스스로 알아서 동작하는 인공지능에서부터, 생태계 전체의 생활 및 환경으로부터 최적의 해법을 제시하는 인공지능까지를 이용하여 인간의 생산성을 올려주는 도구임. 2. 로봇공학; 인간을 도와주는 로봇에 의해 사회 전체의 생산성이 올라갈 것임. 3. 양자암호; 기존에 있던 대부분의 암호체계가 대부분 수학적 복잡성에 기초하는데 비해, 양자암호는 자연현상에 기초하고 있어 암호에 사용되는 원타임 패드(난수를 이용한 일회용 열쇠를 만들어 사용하는 기법)를 생성하는 이상적인 방법 중 하나이다. 중간에 도청자가 들어와 끼일 경우 그 존재가 드러나며, 신호가 왜곡되어 도청자도 정확한 정보를 얻을 수 없게 되는 보안성을 가지고 있다. 보안업계도 양자난수를 모든 IT 기기에 적용할 수 있다면 해킹 불가능한 암호 체계를 구현할 수 있을 것으로 예견하고 있음. 4. 사물인터넷; 사물에 센서나 컴퓨터를 부착하여 실생활에 해당하는 offline의 모든 정보를 online으로 넘기는 과정을 통해, 인공지능을 이용한 최적의 해법을 제시하고, 수행하게 하여 생산성을 최대한으로 올리는 도구임. 5. 무인 운송 수단; 인간이 운전을 직접 하지 아니하므로 그 사이에 다른 일을 더 할 수 있고, 안전하게 이동할 수 있어서 생산성이 향상될 것임. 6. 3D 프린터; 지금까지는 대부분 기성품을 구입하여 그것에 맞추어 생활해 왔으나, 이제부터는 개인 맞춤형 시대에 걸맞게 3차원 프린터를 이용하여 저렴한 가격으로 빠르게 본인에게 맞는, 본인만의 장치를 만들 수 있다. 즉 본인만의 음식, 본인만의 집, 본인에게 맞는 설비 설계 등을 통해 생산성이 향상될 수 있을 것임. 7. 나노 기술; 나노 기술은 의학, 전자 공학, 생체재료학, 에너지 생산 및 소비자 제품처럼 광대한 적용 범위를 가진 새로운 물질과 기계를 만들 수 있어, 생산성 향상에 지대한 공헌을 할 수 있을 것임. 8. 연결 및 표시 기술; 좀 더 빠르게 연결하여 수행하는 기술로 대표적인 것이 5G세대 LTE가 있다. 그리고 눈으로 보는 표시 기술은 고정형으로 보는 UHD-TV와 이동형으로 보는 가상현실VR, 증강현실AR 등을 통해 좀 더 빠르게, 편리하게, 많이 접속할 수 있게 하여 생산성을 향상시킬 수 있을 것임 등으로 나타나 있다.

한편 한국대학신문 보도에 따르면 한국고용정보원은 지난해 11월 4차 산업혁명시대에 등장할 미래 유망직업을 다음과 같이 소개했다고 한다. 첨단 과학·사업 분야에서 인공지능전문가, 빅데이터분석가, 가상현실 전문가, 사물인터넷전문가, 공유경제컨설턴트, 로봇윤리학자, 스마트의류개발자, 착용로봇개발자, 드론운항관리사, 스마트도로설계자, 개인간대출전문가, 의료정보분석사, 스마트팜구축가, 엑셀러레이터매니저 등 14가지 직종이 성장할 것으로 내다봤다. 또한 사이버포렌식전문가, 범죄예방환경전문가, 동물매개치료사, 도그워크, 크루즈승무원, 메이커스랩코디네이터, 감정노동상담사 등 삶의 질 향상과 공공안전, 복지 등 인간의 생활과 관련된 7가지 분야의 유망직종도 선정하여 발표했다.

작년 초 세계경제포럼WEF에서는 인공지능과 로봇 등 과학기술이 발전하면 200만 개 일자리가 생겨나는 대신 700만 개 일자리가 사라져 결국 500만 개 일자리가 사라질 전망이라고 발표한 바 있다. 이에 따라 전체적으로는 사회구조가 무너질 위기에 놓여있다고 걱정하기도 한다.

그러나 독일에서는, 이번 9월에 내한한 독일의 '인더스트리 4.0'을 처음으로 제안한 '헤닝 카거만' 박사의 소개에 따르면 올해 초 독일 연방 노동사회부에서 발표한 '노동 4.0Weissbuch Arbeiten 4.0' 보고서는 정부가 디지털

혁명에 속도를 내더라도 2030년에는 일자리가 감소하기는 커녕 오히려 늘어날 것이란 전망을 발표했다고 한다. 즉 자영업, 인쇄업, 공공행정 등 27개 분야에서 75만 개 일자리가 사라지겠지만, 기계설비, 정보기술IT, 연구개발R&D 등에서는 100만 개의 일자리가 더 늘어날 것이란 분석 결과를 발표한 것이다.

세계적으로 제4차 산업혁명이 급격히 확산되고 있고 선두기업들은 이를 활용하여 시장 지배력을 키우고, 각 국의 정부는 이러한 변화를 국가경쟁력 차원에서 활용하고 있다.

안건준 벤처기업협회 회장은 경제전망 '4차 산업혁명 운전대 민간에게 맡겨야'에서 "4차 산업혁명에서는 ICT기술을 포함한 다양한 첨단기술이 개방형 혁신Open Innovation을 기반으로 광범위한 융복합을 통해 확산되며, 기존엔 없었던 다양한 신산업과 비즈니스 기회가 생기는 것이 특징이다. 이를 위해 정부는 그 동안 개별 산업을 기획하고 선택된 일부 기업을 지원하는 틀에서 벗어나 혁신을 통해 민간이 주도해서 이끌어 갈 수 있도록 인프라와 생태계를 구축하여 정부 정책의 틀을 변화시켜야 한다. 아울러 산업 및 종류가 다른 업종사이의 융복합을 가로막고 있는 거미줄 같은 규제를 정비하고 실패에 대한 부담을 덜 수 있는 창업 안전망을 확충해야 한다. 그리고 기업가정신 확산과 더불어 공공데이터의 양적, 질적 확산에 주력해야 하며 개방형 혁신을 위한 공정한 시장을 조성해야 한다"고 주장한다.

그러면 인공지능과 로봇이 인간의 삶 전반을 지배하는 4차 산업혁명 시대에서는 교육혁신이 어떻게 이루어져야 할까?

독일의 물리학자 '헤닝 카거만' 박사가 주장하는 교육혁신에 대하여 살펴보자. 독일에서는 '인더스트리 4.0'을 그가 처음으로 제안하고 이것이 2015년부터는 기업이 해결할 수 없는 교육 시스템 개선과 근로자 복지, 환경 분야까지를 포함하는 '플랫폼 인더스트리 4.0' 형태로 진화하기에 이르렀다. 그는 이것을 위한 교육 분야에서의 미래형 인재는 천편일률적인 교육으로 복제인간을 찍어내는 방식이 아니라, 새로운 응용프로그램을 깔면 곧바로 작동하는 스마트폰과 같은 인재를 양성하는 데 정부가 역할을 해야 한다는 것이다. 또한 전문적 영역에만 치우쳐 시각이 좁은 인재를 길러내는 것이 아니라 폭 넓게 사회를 바라보며 새로운 개념을 빠르게 익힐 수 있는 인재를 길러야 한다고 주장하고 있다.

또한, 타일러 코웬은 그의 저서, '4차산업혁명' 등에서 암기형 교육이 아닌 창조형 교육으로의 교육혁신을 강조하고 있다.

알파고와 이세돌 9단의 세기적인 바둑 경기에서 알파고는 세상에 나온 모든 기보를 다 외우고 있었다. 이세돌 9단은 암기력으로는 도저히 알파고를 상대할 수가 없었는데도 단 한 번의 값진 승리를 하게 된다. 알파고는 이세돌 9단의 창의력에 구멍이 뚫려 패배한 것이다. 바둑 경기에서의 이 한 번의 승리는 우리에게 많은 교훈을 주었다. 이렇듯 제4차 산업혁명 시대에 필요한 인재는 암기형이 아닌 창의형이라야 한다는 점이다.

제4차 산업혁명 시대에 암기력 면에서 인간보다 훨씬 뛰어난 인공지능이 나타날 것이기 때문에 암기력은 더 이상 경쟁력이 될 수 없을 것이다.

이러한 변화에도 불구하고 우리나라 교육 시스템의 문제점은 여전히 암기형 인재를 육성하는데 초점이 맞추어져 있다고 볼 수 있다. 전문가들은 이제 새로운 교육 시스템은 기존 지식을 외우는 암기형 인재가 아니라 새로운 지식을 만들어내는 창의적 인재를 육성하는 방향으로 교육개혁이 이루어져야 한다고 강조하고 있다.

알파고의 모국인 영국은 이미 이러한 점을 고려해 무조건적인 암기 교육을 버리고 창의적 교육 시스템으로 바꿨다고 한다.

따라서 우리의 교육 시스템도 과거의 암기력이 아닌 현대의 창의력을 기르는 방향에 역점을 두는 방향으로 바뀌어야 할 때가 온 것이다.

<참고문헌>

1. Schwab, Klaus (January 11, 2016), The Fourth Industrial Revolution, World Economic Forum.
2. 리처드 서스킨드, 4차 산업혁명 시대 전문직의 미래, 와이즈베리, (2016).
3. 송경진 역, 클라우스 스바프 저, '클라우스 스바프의 제4차 산업혁명' ISBN 9788962805901, 새로운 현재 펴냄 (2017).
4. '디지털사회', 4차 산업혁명, 이명호
5. 한국대학신문, '4차 산업혁명과 함께 떠오르는 미래 유망직종은', 이한빛, 2017. 6. 11.
6. 엘빈 토플러, 제3의 물결, 홍신 문화사 (2006).
7. 신승미 역, 타일러 코웬 저, 4차산업혁명, 강력한 인간의 시대 펴냄 (2016).

(2017. 10. 20, 과학이야기, 칼럼)

자율주행차Autonomous Car의 현황 I

지난 6월 22일 오후 1시 서울 여의도 국회의사당 앞, 서울대 자율주행차 '스누버'가 국내에서 처음으로 일반도로에서 스스로 알아서 속도를 바꾸고 빨간 불이 되면 정지도 하면서, 자율주행으로 시속 50km/h의 속도로 약 4km을 12분 동안 달리는 데 성공했다고 발표하였다. 서울대학교 지능형자동차 IT연구센터가 2015년 11월 스누버 초기 모델을 발표한지 1년 반 만에 거둔 성과이다. 그 동안 관악 캠퍼스에서만 달리던 스누버가 처음으로 일반도로를 주행하면서, 국내 자율주행차 역사를 새로 바꾸게 되었다.

자율주행차self-driving car는 이제는 꿈이 아닌 현실로 다가오고 있다. 운전자 조종 없이, 즉 핸들, 가속페달, 브레이크 등을 조작하지 않아도 주변 환경을 인식하고, 주변 상황을 판단하여, 차량을 조종함으로써 스스로 주어진 목적지까지 주행하는 자동차이다. 이것은 교통사고를 줄이고 연료를 절감하며 교통 효율성을 높이고 운전을 대신해줌으로써, 편의를 증대시킬 수 있는 미래의 개인 교통수단으로 기대되어 차세대 자동차로 주목 받고 있다.

이렇듯 자율주행차는 센서를 이용하여 주변 상황을 파악하여 장애물을 피하고 목적지까지 최적의 주행 경로를 선택하여 자동으로 달린다. 자율주행차의 상용화를 위하여 갖추어야 기술로는, 공영일 지음 'google카 사업 동향과 전개 방향' 등에 의하면 고속도로 주행 시스템HDA, 차선유지 지원 시스템LKAS, 차선이탈 경보 시스템LDWS, 후 측방 경보 시스템BSD, 차량 간의 거리를 일정하게 유지하게 해주는 어드밴스트 스마트 크루즈 컨트롤ASCC(일정 속도까지 차량을 가속한 이후 가속 페달을 밟지 않아도 지정된 속도로 차를 주행할 수 있는 기능), 자동 긴급제동 시스템AEB 등이 필수적이라 한다.

Liden, Daniel 저 'What Is a Driverless Car?, Wise Geek' 등에 의하면 자율주행 기술 경쟁에서 가장 앞선 구글은 2014년 12월 "실제 제품에 가까운

자율주행 자동차"라고 일컫는 시제품을 공개하였다고 한다. 이것은 이전에 연구하던 자율주행 자동차와 비교해 자동차 위에 탑재한 센서 장비가 소형화되었고, 실제 도로에서 달릴 수 있도록 각종 편의 기능이 추가되었다.

이 무인 자동차에서는 비디오카메라, 방향표시기, 인공지능 소프트웨어, GPSGlobal Positioning System를 통해 정보를 얻은 후, 이것을 해석해 스스로 주행한다. 구글의 자율주행 자동차 지붕에 탑재된 센서 장비는 라이더LIDAR: 레이저 광을 이용하는 광선 레이더라고 하는데, 이것은 64개의 원격 레이더Radar: 전파 탐지기 시스템이 장착되어 있는 구글의 핵심기술이다. 그리고 음파 장비와 3D 카메라, 레이더 장비도 포함돼 있다. 라이더는 마치 사람처럼 사물과 사물의 거리를 측정하고, 위험을 감지할 수 있도록 도와준다.

각 센서의 역할은 모두 다르고 감지할 수 있는 거리도 차이가 난다. 레이더 장비는 전파가 사물과 충돌해 반사되어 되돌아오는 신호를 포착하여 거리를 측정한다. 이것은 초당 160만 번이나 정보를 읽을 수 있으며 360도 방향을 감지할 수 있도록 설계되었다고 한다.

또, 전방을 살피기 위해 장착된 3D 카메라는 차량이 도로 상황을 실시간으로 파악하기 위해 탑재된 것이다. 3D 카메라는 카메라 하나로 사물을 촬영할 때보다 거리 측정의 정확도를 높아진다. 사람의 눈으로 거리를 감지할 때 2개의 눈이 필요한 것과 같은 원리다. 3D 카메라는 30m 거리까지 탐지하도록 설계되었다. 이밖에도 GPS와 구글지도 등 다양한 장비와 기술이 장착되어 있다. 자동차가 감지할 수 없는 사각을 줄이기 위하여 각종 첨단 센서장비를 목적과 기능에 맞게 활용하는 것이 구글 자율주행 자동차 기술의 핵심이라고 한다.

또한 박종훈 저, '전세계 완성차 업체들의 무인 자동차 개발 경쟁' 등에 의하면 그래픽 처리 장치GPU 기술로 잘 알려진 미국 엔비디아가 자율주행자동차 기술연구에 적극적으로 참여하고 있다. 엔비디아는 독일의 자동차 제조업체 아우디와 협동하여 자동차에 적용할 자율주행 기술을 개발하고 있다.

차량에 12개의 카메라를 부착하여 자동차가 어떤 환경에 놓여 있는지 파악하게 하고, 자동차 내부에 초소형 이미지 프로세서를 탑재해 이미지를 분석함으로써 그래픽 처리기술을 적용한다. 엔비디아의 자율주행 자동차 기술에서 카메라는 눈 역할을, 프로세서는 두뇌처럼 작동한다는 것이다.

카메라는 사람이 갑자기 도로로 뛰어 들거나, 앞서가던 자동차가 갑자기 급정차하는 등 정보를 받아들이는 역할을 한다. 카메라가 확인한 자동차 주변 사물은 작은 단위로 나뉘어 컴퓨터가 분석하게 한다. 표지판의 모양을 보고 멈춤 표지판이라는 것을 알아내고, 앞에 있는 자동차의 특징을 분석해 경찰차라는 정보를 얻어내는 것이다. 분석에 어려움이 있는 새로운 사물과 마주치면, 네트워크로 연결된 서버에서 기계학습 원리에 의하여 새로운 정보를 추가로 내려 받도록 한다. 즉 도로에서 얻는 정보가 많을수록 부족한 정보가 추가되게 하는 원리이다.

앞으로 자율주행자동차가 상용화되면 전체 교통사고의 95% 가량을 차지하는 운전자 부주의에 의한 교통사고와 보복운전을 줄일 수 있을 것으로 기대하고 있다. 또한, 인간 운전자동차를 자율주행차로 완전히 대체하게 되면 교통정체를 막아주고 교통경찰과 자동차 보험이 필요 없게 될 것이란 전망이 나오기도 한다.

한편으로는, 크래킹cracking(프로그램에 접속하여 간섭함으로써 특정 목표에 피해를 주는 것을 목적으로 하고 있는 해킹)이나 버그bug(프로그램을 실행하는 과정에서 발생하는 오류이며, 벌레라는 영어단어를 의미) 등으로 인한 사고를 걱정하기도 한다. 그러나 2012년 발표된 IEEE 미국 전기전자공학회의 보고서에 의하면, 2040년에는 전 세계 차량의 약 75%가 자율주행 자동차로 전환될 것으로 예상하고 있다.

<참고문헌>

1. 'The Trick That Makes Google's Self-Driving Cars Work', The Atlantic, May 2014, Retrieved June 15, 2014.
2. DARPA Urban Challenge, http://en.wikipedia.org/wiki /DARPA_Grand_Challenge (2007).
3. 공영일, 'google카 사업 동향과 전개 방향,' 방송통신정책, 25(5), 57 (2013).
4. 박종훈 외, '전세계 완성차 업체들의 무인 자동차 개발 경쟁', 주간기술동향, 25 (2013).
5. Liden Daniel, 'What is a Driverless Car?, Wise Geek', Retrieved 11 October 2013.
6. Kelly, Heather (30 October 2012), 'Self-driving cars now legal in California'.

(2017. 11. 16, 과학이야기, 칼럼)

자율주행차Autonomous Car II

한편 자율주행 자동차의 기술적 발전 단계는 미국도로교통안전국NHTSA에 의하면, 다음의 4단계로 분류하고 있다. 1단계는 특정 기능만 자동화하는 선택적 능동제어 단계이다. 현재도 많은 자동차에서 지원하는 차선이탈경보장치나 크루즈 컨트롤 등의 기능이 이 단계에 속한다. 2단계는 테슬라의 오토파일럿autopilot(2014년, 완전한 자율주행시스템은 아니지만 2단계 자율주행-속도유지, 차로유지, 차로변경에 해당)처럼 기존의 자율주행 기술들이 통합되어 기능하는 통합적 능동제어 단계로, 운전자들의 시선은 전방을 유지시키지만 운전대와 페달을 이용하지 않아도 된다. 3단계는 차량이 교통신호와 도로흐름을 인식해 운전자가 독서 등 다른 활동을 할 수 있고 특정 상황에서만 운전자의 개입이 필요한 제한적 자율주행 단계로, 현재의 구글의 자율주행차가 이 단계에 속한다. 최고등급인 4단계는 모든 상황에서 운전자의 개입이 필요 없는 완전 자율주행 단계이다.

google카 사업과 관련하여 공영일 지음 'google카 사업 동향과 전개 방향' 등에서 제시하는 그동안 자율주행차의 개발상황을 살펴보자. 유명 자동차 업체뿐 아니라 구글, 애플 등 IT업계가 앞장서서 개발을 위해 열띤 경쟁 중이며, 2020년을 기점으로 상용화가 가능할 것으로 전망된다. 현재의 자율주행기술은 100퍼센트 무인차를 추구하는 구글이 가장 앞서 있으며, 2010년에 무인 주행 실험에 성공했다. 구글 무인 자동차는 2012년에 시각장애인을 태우고 20만 마일(32만 1,000km), 2014년까지 70만 마일(112만 6,000km)을 주행했다. 구글은 2018년을 1차 무인자동차 상용화 시점으로 잡았고, 벤츠, 아우디, BMW, 도요타, 렉서스, 포드, 현대-기아 등 자동차업체들도 무인자동차 개발에 집중하고 있다.

'현대기아 자율주행 자동차 경진대회'에서 소개하는 우리나라의 자율주행차 개발현황을 살펴보자. 현대-기아차를 중심으로 여러 대학에서 기술

개발이 진행 중이다. 현대-기아차의 경우 구글이나 테슬라 등 다른 대형 회사들보다 뒤쳐지긴 했지만, 최근 들어 활발하게 연구 중이며, 준대형차, 대형차나 고급차 브랜드인 제네시스의 차들을 시작으로 어댑티브 크루즈 컨트롤ACC, 차선이탈경보기능LDWS 등 준자율주행급 운전보조 기능을 적용해 소나타를 비롯해서 하위 차종에 적용 중이다. 특히 제네시스 차종에서 옵션으로 선택할 수 있는 고속도로 주행기술HDA은 고속도로 내에서 차선을 인식해 진행방향에 따라 핸들을 조향해주며, 차체를 차선 중앙에 유지하게 해준다. 2016년 12월, 아이오닉 EV에 독자개발한 자율주행 시스템을 적용하여 차가 없는 거리 4km를 운전자 조종없이 완전히 자율주행하는 시험주행을 하였다. 현대차는 2030년 완전 자율주행차 상용화를 목표로 하고 개발 중이다.

정부는 최근 자율주행차 사업을 적극 지원한다고 밝혔으며, 수년 내로 시험주행, 시범운행단지, 실험도시 구축 등 인프라를 조성한다는 계획이다. 경기도는 판교에 세계 첫 자율주행차 주행 도로를 만들어, 제2 판교 테크노밸리를 자율주행차 실증지구로 조성할 계획으로 있다.

그러면 안경환 등의, 'IT 융합기반 자동유도 기술개발 동향' 등에서 제시하는 자율주행차가 상용화되었을 때의 논란과 문제점을 살펴보기로 한다.

지금까지 새로운 기술적 발명품들에서의 경우와 마찬가지로, 자율주행 자동차 역시 자율주행차는 정말로 안전하며, 사고가 나면 누가 책임을 질 것인가에 대한 문제점이 주로 거론된다.

자율주행 개발이 가장 앞서 가는 구글의 입장에서 볼 때, 실제로 교통사고의 원인을 전방주시 태만, 안전수칙(차간 간격, 규정 속도, 교통신호) 준수위반, 발견지연, 판단오류, 음주-졸음운전 등 운전자의 과실이 태반이어서 자율주행보다 인간의 운전이 훨씬 위험하다고 보고 있다.

최근 우리나라의 도로교통안전 관리공단이 자동차 사고의 원인을 분석한 결과를 보면 전방주시 태만, 발견 지연, 판단오류 등의 운전자 부주의로 인한 사고가 절대적인 비율을 차지하고 있다. 이 자료에 따르면 67.6%가 운전 부주의로 인한 사고였다. 특히 모바일폰 사용과 내비게이션, 오디오, 공조장치 등 대시보드 제어과정에서 발생하는 전방 주시 태만이 62.7%나 되었다. 이것은 실제로 핸즈프리, 내비게이션 시스템, 각종 AV 플레이어 등 다양한 차량 정보, 엔터테인먼트, 운전자 보조시스템의 장착이 갈수록 늘어가고 있는 것과 연관되고 있다. 반면 자동차와 관련된 발생 사고는 불과 20~30%에 그쳤다.

그러나 자율주행자동차는 대부분이 전자장비로 이루어지고 있고 주변과 상호작용을 하는 특성상 자동차의 컴퓨터 시스템의 해킹에 대한 취약성도 존재하여 그 위험성은 더 커지며 악용될 경우도 항상 존재하고 있다.

그리고 또 다른 문제는 사고 발생 시 사고의 주체가 어디냐에 따른 논란이다. 무인자율주행 도중에 사고가 발생하였을 경우 사고의 주체가 운전자가 아닌 자율자동차가 되기 때문에, 보험사의 보험보장내용에 자동주행 인공지능AI으로 인한 사고도 포함해야 하냐는 논란이 생기게 된다. 결론적으로, 이러한 경우 인공지능 그 자체가 자동차 생산업체가 대량 생산하는 공산품이므로 이로 인해 발생한 사고가 제품의 하자에 의한 것인가 또는 객관적으로 예상하지 못한 사고로 판단되느냐에 따라 법적 판단이 달라지게 된다. 이런 부분이 해결되지 않고 상용화가 되었을 때 사고가 나면 운전자와 자동차 생산업체 간의 소송 및 분쟁이 많이 발생할 수밖에 없을 것이다. 따라서 이러한 점들은 자율운전 상용화 이전에 해결해야 할 커다란 걸림돌로 남게 될 것이다.

결과적으로, 무인 자동차의 상용화에 대해서는 아직 논란과 문제점들이 많이 존재하고 있다. 따라서 많은 자동차업체들은 완전 무인 자율주행차를 추구하는 구글과는 달리, 운전자의 최종 판단이 필요한 조건적 자율주행이 포함되는 "자율주행의 절충적 접근" 방식을 선택하기도 한다. 이것은 무인자율자동차에 나타나고 있는 기술적 논란과 문제점 즉 자동차의 컴퓨터 시스템이 해킹 당할 가능성이 있다는 점, 그리고 지도에 표시되어 있지 않은 도로가 나타나거나 교통신호와 경찰의 수신호가 다를 경우에 운전자가 자의적으로 판단해야 할 경우가 있다는 점 등을 우려하기 때문에 나타나는 선택이라고 보인다.

<참고문헌>

1. Kelly, Heather (30 October 2012), 'Self-driving cars now legal in California'.
2. DARPA Urban Challenge, http://en.wikipedia.org/wiki /DARPA_Grand_Challenge. (2007)
3. 현대기아 자율주행자동차 경진대회, http://avc.hyundai-ngv.com
4. 안경환 외, 'IT 융합기반 자동유도 기술개발 동향', 전자통신동향분석, 26(6), 47 (2011).
5. 박종훈 외, '전세계 완성차 업체들의 무인 자동차 개발 경쟁', 주간기술동향, 25 (2013).
6. SMART 64 Study Report, http://ec.europa.eu/informat ion_society/activities/esafety/doc/studies/automated/reportfinal.pdf
7. Liden, Daniel, 'What is a Driverless Car?, Wise Geek', Retrieved 11 October 2013.

(2017. 12. 28, 과학이야기, 칼럼)

새로운 전자기술 혁명 스핀트로닉스Spintronics I

작년 6월 초, 국내 연구진이 상온에서도 스핀 트랜지스터spin transistor 동작이 가능한 기술을 개발했다고 한다. 스핀 트랜지스터는 기존 반도체의 한계를 뛰어넘는 초고속·초저전력 전자 소자이다. 즉 이것은 메모리와 중앙처리장치Central Processing Unit, CPU를 1개의 칩에 집적할 수 있어 '부팅 없는 컴퓨터'를 가능하게 하는 차세대 소자이다. 그러나 지금까지는 저온에서만 동작이 가능하여 상용화하는데 큰 어려운 문제점으로 되어 왔었다. 그런데 한국과학기술연구원KIST 연구팀이 이와 같은 문제점을 해결할 수 있는 계기를 마련한 것이다. 이 연구는 스핀트로닉스spintronics 기술발전이 가져온 결과라고 할 수 있다.

스핀트로닉스는 무엇인가?

스핀트로닉스는 전자electron의 회전을 뜻하는 스핀spin과 전자공학electronics의 합성어이다. 이것의 기본 원리를 알아보자. 지구의 축을 중심으로 지구가 그 둘레를 회전하는 것과 마찬가지로 전자도 전자축을 중심으로 회전을 하는데, 이 회전운동이 바로 전자의 스핀이다. 스핀트로닉스는 전자가 가지고 있는 이러한 스핀 방향을 위와 아래로 하는, 업스핀 전자와 다운스핀 전자로 구분해서 전자의 이동을 제어함으로써 각종 정보를 처리하게 하는 새로운 개념의 전자공학이다.

전자는 1897년 영국 케임브리지 대학 물리학 교수인 노벨상 수상자 제이제이 톰슨J. J. Thomson이 최초로 발견하였다. 이것은 음전하를 가지는 입자이며 그 질량은 수소 원자보다 약 2000분의 1만큼 작다. 그 후 1947년 미국 벨연구소의 쇼클리W. B. Shockley, 브래튼W. H. Brattain, 바덴John Bardeen 박사는 전자의 흐름인 전류의 크기 조절이 가능한 혁신적 트랜지스터를 발명하였다.

즉 전자는 -에서 +로 이동하려고 하고, 양전자 또는 전류는 +에서 -로 이동하는 성질이 있다. 반도체의 기본 단위인 P-N 접합형 반도체에서는 음전하 운반자인 전자와 양전하 운반자인 정공의 농도 차이에 의해 전하가 왔다갔다하며 0 또는 1의 정보를 구분하게 하여 처리하거나 저장한다. 이것이 트랜지스터인데, 이러한 트랜지스터가 무수히 많이 모여서 CPU 또는 메모리반도체 등이 된다. 이러하듯 전자의 전하 이동에 대해서만을 다룬 것이 기존의 전자공학이다.

이러한 트랜지스터 반도체 전자 소자를 사용하여 제작한 스마트폰이나 컴퓨터 등 각종 디지털 정보기기의 제작으로 인하여 문명의 이기를 즐겨 쓰게 되었으며 우리가 오늘날의 정보화시대를 누리게 하고 있는 것이다.

전자공학의 발전이 인류에게 안긴 위대한 선물 중의 한 예를 들어보자. 카이스트 신성철 교수는 '선진국을 향한 과학 터치'에서, 1946년 미국 펜실베니아대학 모클리J. W. Mauchil와 에거트J. P. Eckert 교수 등이 인류 최초로 개발한 디지털 컴퓨터 에니악ENIAC은 그 무게가 30톤이나 되었고 집 한 채 정도의 크기였었으나 그동안 전자공학의 발전으로 지금은 이것에 비해 정보처리속도는 수억 배 빠르고, 정보저장용량은 수십억 배 크지만 무게는 만분의 1밖에 안 되는 현재의 노트북 컴퓨터를 가질 수 있게 되었다고 소개한다.

그리고 최근 모든 정보를 저장하고, 여러 가지 기능을 활용하기도 하며, 현대인의 통신기기로 필수품이 된 스마트폰도 전자공학의 발전이 가져온 전자기술 혁명의 덕분이라고 할 수 있다.

그러나 반도체의 고집적화의 발전이 계속되면서 연산 과정에 따른 발열, 처리속도를 증가시키고 저장공간을 늘려야 하는 새로운 과제가 생김에 따라, 반도체 기반 전자소자기술은, 나노 이하로 갈수록 양자역학적으로 불확정성이 증가되는 현상 등 기존의 전자공학의 한계가 나타나고 있었다.

따라서 이러한 한계를 극복하기 위한 새로운 차세대 전자소자기술이 나타나기를 바라고 있었다. 이러한 요구에 부응하여 나타난 것이 바로 스핀트로닉스 기술이다. 기존의 반도체 기반의 전자소자기술은 전하만을 전기장으로 제어하는 즉 기존의 전자공학이며, 스핀트로닉스 기술은 전자의 전하와 동시에 양자역학적인 스핀을 제어하는 기술이다. 이 기술을 이용한 스핀전자소자의 개발을 통해 기존전자소자의 기술적 한계를 극복할 수 있을 것으로 내다보고 있다.

한편 전자가 스핀이란 물리적 특성을 가지고 있다는 사실은 이미 1922년 독일 물리학자인 스테른O. Stern과 겔라흐W. Gerlach가 처음으로 발견되었으나 과학자들은 60여 년이 흘러갈 때까지 전자의 스핀 특성을 기술에 이용하겠다는 생각을 하지 못하고 있었다.

스핀은 전자가 자기장에 반응하여 회전운동을 한다. 스핀은 전하이동과는 다르게 제자리에서 회전운동을 한다. 즉 자기장에 반응하여 회전운동을 하며 일렬로 정렬하게 되는데, 이 원리는 것은 마치 자석이 N극과 S극으로 구분하여 정렬되는 것과 비슷한 이치이다. 전자의 이동만을 제어하는 메모리반도체와는 다르게 자석의 이동을 제어하는 하드디스크의 원리와도 유사하다. 전자의 스핀은 +1/2와 -1/2을 각각 가지고 있어 자기력을 걸어주면 +1/2 또는 -1/2의 스핀이 정렬된다. 즉, 전자의 회전력을 이용하여 0과 1의 정보를 구분하여 처리하거나 저장하게 된다. 이와 같이 스핀을 이용하여 차세대 메모리 등을 개발하는 것이 스핀전자공학 즉 스핀트로닉스인 것이다.

<참고문헌>

1. "Transistor". American Heritage Dictionary (3rd ed.). Boston: Houghton Mifflin. 1992.
2. Burks, Arthur, "Electronic Computing Circuits of the ENIAC", Proceedings of the I.R.E., 35 (8): 756, 1947.
3. Rainer Waser (Ed.), Nanoelectronics and Information Technology, p. 532, WILEY-VCH Verlag GmbH & Co., Weinheim (2003).

4. 신성철, 경영계 2012년 3월호, 80, 선진국을 향한 과학 터치.
5. 신경호, 물리학과 첨단기술, June 17 (2006).
6. S. Tehranii etal., Proceedings of the IEEE, 91,703 (2003).

(2018. 2. 8, 과학이야기, 칼럼)

새로운 전자기술 혁명 스핀트로닉스Spintronics II

그런데 1988년 불란서 물리학자 알베르 페르Albert Fert와 독일의 물리학자 페터 그륀베르크Peter Grünberg가 '거대자기저항Giant Magnetoresistance, GMR' 현상을 발견하였다. 이 현상은 철Fe과 크롬Cr을 교대로 적층한 쌓아 올린 다층증착박막에 외부에서 자기장을 걸어주면 그 전기저항이 수십 %까지 증가하거나 감소한다는 것이다. 이것은 스핀의 상태가 전기저항에 크게 영향을 준다는 것이다. 즉 전자스핀들이 반평행 상태로 정렬되어 있을 때가 서로 같은 방향으로 평행하게 정렬되어 있을 때보다 전기 저항이 훨씬 커진다는 것이다. 따라서 거대자기저항효과의 발견으로 인하여 스핀의 기술적 이용을 활발히 연구하게 하는 계기가 되었다.

드디어 IBM사는 1997년 이 새로운 현상을 하드디스크의 고밀도 디지털 정보를 판독하는 헤드 기술에 처음으로 응용하였다. 하드디스크에는 2진법의 디지털 정보가 전자스핀의 두 방향으로 저장되어 있다. 그러므로 저장된 전자스핀 방향이 판독헤드Reading head의 스핀 방향과 같은 경우에는 저항이 작아지고, 반대 방향의 경우에는 저항이 커지므로 그 저항의 차이로 디지털 정보를 읽어낼 수 있다는 것이다.

하드디스크는 오늘날 최고의 대용량 정보저장 장치로서 모든 컴퓨터에 내장되어 사용되고 있다. 이러한 거대자기저항 현상을 처음 발견한 공로를 인정받아 알베르 페르와 그륀베르크는 2007년 노벨 물리학상을 수상하게 되었다.

현재 우리가 사용하고 있는 하드디스크 드라이브HDD에는 자기 디스크에 기록된 자화 정보를 읽기 위한 자기센서 즉 판독 헤드Reading Head로서 GMR 및 자기터널저항Tunneling Magnetoresistance, TMR효과를 이용한 헤드가 사용되고 있다. HDD의 면기록 밀도는 연평균 약 100%의 비율로 계속 상승하고 있으며 이에 부응하여 1비트를 차지하는 디스크 상의 자화 영역은 매우 작아지고 있다. 현재의 기술수준은 KAIST 신성철 교수의 저서 '선진국을 향한 과학 터치'에서 백 원짜리 동전 크기 디스크에 약 100기가바이트 이상의 디지털 정보를 저장할 수 있는 기술수준에 이르렀다고 한다. 이 용량은 도서 1만권을 수록할 수 있는 엄청난 정보량이다. 앞으로 기록밀도는 머지않아 1평방인치 당 2테라바이트까지 달성할 것으로 예측하고 있다.

하드디스크 드라이브 면저장 밀도는 지수함수 곡선을 따라 급격하게 증가한다. 정보 저장의 면 밀도가 배로 증가하는 주기는 12개월로 무어 법칙 Moore's law보다 훨씬 짧다. 반도체에 적용되는 무어법칙은 집적 회로 내의 트랜지스터 수가 18개월마다 배로 증가한다는 법칙이다.

한편 스핀전자소자는 스핀의 고유특성인 전원이 끊겨도 저장된 정보가 유지되는 비휘발성Non-volatility 특성을 가지고 있기 때문에 차세대 전자소자로서의 가능성이 매우 높은 것으로 알려져 있다. 특히 스핀트로닉스 기술은 2000년 초부터 미국의 국가과학기술자문회의 기술위원회가 4차 산업혁명을 선도할 수 있는 나노기술개발의 가장 대표적인 소자의 응용 예로 더욱 주목을 받기 시작하였으며, 현재 하나의 학문분야로 발전되어 전 세계적으로 매우 활발한 연구가 이루어지고 있다.

KIST 신경호 박사는 '물리학과 첨단기술'에서 특히 자기램Magnetic Random Access Memory, MRAM은 비휘발성, 내구성, 정보 기록·재생 속도와 수명, 정보저장밀도 등 여러 면에서 월등하게 우수한 성능을 보이고 있다고 한다. 기존의 메모리가 서로의 단점을 보완하기 위하여 여러 종류의 메모리를 함께 써야 하는 점을 고려할 때, MRAM은 보조메모리 없이도 독자적으로 쓸 수 있어서 진정한 유니버설 메모리로서 자리잡을 가능성이 높은 것으로 평가하고 있다. MRAM은 두 개의 자성박막과 그 사이에 한 개의 절연막을 끼워놓은 구조의 자기터널접합Magnetic Tunnel Junction, MTJ 소자를 기존의 집적회로 구조인 금속산화물반도체Complementary Metal-Oxide-Semiconductor, CMOS 안에 넣어 만든다. 이때, MTJ는 디램Dynamic Random Acess Memory, DRAM의 캐

패시터capacitor와 같은 역할을 한다.

결과적으로 스핀트로닉스 기술은 각각 금속과 반도체를 기반으로 하는 기술로 구분할 수 있다. 금속을 기반으로 한 스핀트로닉스는 거대자기저항 및 자기터널Tunnel Magnetoresistance, TMR 현상을 이용하여 HDD의 재생헤드로 응용되고 있으며 차세대 비휘발성 메모리 소자인 MRAM의 개발에도 응용되고 있다. 최근에는 스핀이동회전력Spin Transfer Torque 기술을 이용한 스핀소자 기술에 대한 연구가 매우 활발히 진행되고 있으며, 전류구동형 자화스위칭Current Induced Magnetization Switching, CIMS 기술의 경우 자기셀의 크기가 작아질수록 정보기록이 용이해짐으로써 고밀도의 자기램이 가능할 것으로 전망하고 있다. 또한 스핀회전력Spin Torque 기술을 이용하여 미세진동자Nano oscillator 등 GHz 대역의 고주파 통신소자로서 응용하고자 하는 연구가 진행되고 있다. 또한 반도체를 기반으로 하는 스핀트로닉스는 자성체·반도체 하이브리드 스핀소자 기술과 자성반도체Magnetic Semiconductor 기술 분야로 나눌 수 있으며 이 기술들을 이용하여 스핀 전장효과 트랜지스터Spin Field Effect Transistor, Spin FET, 스핀 발광 다이오드Spin Light Emitting Diode, Spin LED, 스핀 공명터널링 다이오드Spin Resonant Tunneling Diode, Spin RTD 등과 같이 전하, 스핀 및 광기능을 통합한 새로운 스핀 양자 전자소자를 구현하고자 하는 연구가 활발히 이루어지고 있다.

현재 미국의 Freescale, IBM 및 일본의 NEC, Toshiba 등이 자기램을 실용화하기 위해 활발히 연구개발을 하고 있으며 국내에서도 KIST를 비롯한 연구소와 대학 등에서 이에 대한 연구가 매우 활발하게 이루어지고 있으며, 특히 KIST 신경호 박사는 스핀트로닉스 기술 분야가 KIST의 중점연구분야로 선정되어 현재 '신개념 스핀전자 소자 기술 개발'이라는 과제로 연구를 수행하고 있다고 한다.

앞으로 스핀트로닉스 기술의 계속적 발전은 또 다른 새로운 전자의 기술혁명을 일으키게 될 것이다. 앞에서 언급한 완벽한 스핀트랜지스터가 개발되어 부팅시간 기다림 없이 순간적으로 동작할 수 있는 새로운 컴퓨터가 만들어질 것이다.

그리고 가까운 장래에, 기억장치인 DRAM이나 전원이 공급되어야 그 내용이 보존되는 에스램Static Random Acess Memory, SRAM 같은 반도체 메모리의 근원적 한계를 극복하여 대체할 수 있는 고밀도 용량을 갖는 비휘발성 메모리개발이 가능해질 것이다.

또한 전문가들은 그동안 이론에 머물렀던 양자Quantum 기술이 빠른 속도로 발전하고 있어 양자의 특성을 이용하여 기존의 불완전한 암호 보안체계를 안전하게 만들 수 있을 것으로 기대하고 있다.

뿐만 아니라 스핀의 두 양자역학적 상태를 양자의 정보단위인 양자 Q비트로 이용한 양자컴퓨터의 상용화가 이루어질 것으로 기대하여, 현재의 슈퍼컴퓨터로도 수천 년이 걸리는 어려운 수학문제를 양자 고유 특성인 중첩과 얽힘을 이용하여 초고속 병렬연산이 가능하게 되어 문제를 단 몇 시간 이내에 풀 수 있는 초고속 양자컴퓨터가 만들어질 것이라고 전망하고 있다.

<참고문헌>

1. Jon Slaugter, TND Technical Forum, 6 October, 2005.
2. Spintronics: A Spin-Based Electronics Vision for the Future Sciencemag.org, 21 October 2013.
3. Abert Fert, Peter Grünberg, Physical Review B39, 4828, (1989).
4. "Transistor". American Heritage Dictionary (3rd ed.). Boston: Houghton Mifflin. 1992.
5. 신성철, 경영계 2012년 3월호, 80, 선진국을 향한 과학 터치.
6. 신경호외, 물리학과 첨단기술, June 17 (2006).
7. S. Tehranii etal., Proceedings of the IEEE, 91, 703 (2003).

(2018. 5. 2, 과학이야기, 칼럼)

제7장

자기학, 방사선치료, 이차전지, 가상물리계

방사선 치료Radiation Therapy I

현재 알려져 있는 암의 3대 치료방법은 일반적으로 수술, 방사선치료, 항암요법 등이다. 방사선치료는 X선, 감마선과 같은 파동 형태의 방사선을 이용하거나, 또는 전자선, 양성자선과 같은 입자형태의 방사선을 이용하여 암과 같은 악성 질병의 성장을 지연시키거나 멈추게 하고 더 나아가서는 파괴시키기도 한다. 또한 방사선치료는 양성종양이나, 내과적인 질병, 일부 피부질환 치료에도 이용된다.

Faiz M Khan의 저서 '방사선치료 물리학' 등에 의하면 방사선치료가 가지는 장점으로 다음 몇 가지를 들고 있다. 즉 방사선 치료는 보통 마취나 입원 등이 필요하지 않으며, 환자의 전신상태에 비교적 덜 구애 받을 뿐 아니라 수술적으로 접근하기 어려운 위치에 생긴 암에 대해서도 치료가 가능하고, 또한 치료 시 통증 없이 1일 10~20분 정도씩 짧은 시간에 치료 받으므로 전신적인 영향이 적다는 점이 있으며, 특정 부위의 암들은 외과적 수술과 비슷한 효과를 보이면서 훌륭한 기능적, 미용적 보존효과를 얻을 수 있다는 점 등이다.

의학과 물리학의 상호발전과 교류는 이미 2000년 이전 이집트에서부터 시작되었다. 1895년 엑스선을 발견한 뢴트겐Roentgen, 1845-1923이나, 1896년 우라늄 광에서 새로운 방사선이 방출되는 현상을 발견한 베크렐Becquerel, 1852-1908, 그리고 1898년에 라디움을 발견한 큐리부인Curie, 1867-1934 등은 순수한 물리학자로서 그들이 발견한 방사선은 의학의 발전은 물론, 방사선 의학 물리학이 새로운 영역으로 자리잡는 데 크게 공헌하였다. 특히, 뢴트겐은 그가 발견한 엑스선을 의학에 응용함으로써 인간의 질병을 퇴치시키고 인류의 건강을 향상시키는 데 크게 공헌하였다. 즉 엑스선은 물질의 근본인 원자, 분자의 실체를 규명하는데 사용된 물리학의 최대 발명의 하나이며, 의학 분야의 질병 진단, 치료의 응용에 필요 불가결한 도구로 사용되고 있다. 또한 퀴리부인은 그녀가 발견한 라듐을 피부암에 직접 조사시킴으로써 인류 최초로 방사성 동위원소를 방사선치료 분야에 적용시키는 계기를 마련하였다고 할 수 있다.

방사선치료는 방사선의 에너지를 높여서 체내 깊숙이 위치한 악성종양 등을 치료하기 때문에 초창기의 낮은 에너지를 갖는 엑스선과 피부 근처에 접촉하여 조사시키는 방사성 동위원소로서는 효율적인 치료가 불가능하였다고 한다. 또한 방사선으로부터 발생되는 인체 장해에 대한 충분한 자료가 없어 치료의 효과를 얻기가 어려웠다. 그러나 초창기의 새로운 방사선 발견 이후, 방사성 동위원소를 체내 깊숙이 집어넣어 치료할 수 있는 근접치료Brachytherapy의 발전은 방사선의 생물학적 영향에 대한 연구와 함께 방사선치료 학문을 정립하는 직접적인 계기가 되었다. 방사선치료에 응용되는 방사선의 종류도 다양해져, 피부치료에 효과가 좋은 전자선, 암세포 살상의 효과가 큰 중입자선(양성자, 중성자 등)이 치료에 응용하게 되었다.

연세대 김용배 교수 등은 대한의사협회 논문 '방사선치료의 진화; 고정밀 방사선치료'에서 치료 목적에 따라 방사선 치료의 종류를 1. 근치적 방사선치료, 2. 보조적 방사선치료, 3. 고식적 방사선치료로 분류하고 있다. 근치적방사선치료는 종양이 비교적 국소부위에 제한되어 있으며 원격전이가 없을 때, 완치를 목적으로 하는 방사선치료를 말한다. 보조적 방사선치료는 외과적 수술 후 국소 재발 방지를 목적으로 시행하는 방사선치료이다. 방사선치료를 병용함으로써 단순히 재발을 줄일 뿐만 아니라 수술의 범위를 줄여 그 기능을 유지할 수도 있게 한다. 그리고 고식적 방사선치료는 암으로 인한 증상 완화를 목적으로 시행하는 방사선치료이다.

또 방사선치료는 그 전달 방법에 따라 크게 외부방사선치료와 근접방사선치료로 나눌 수 있고, 외부방사선치료는 다시 1. 동상적(2차원) 방사선치료, 2. 3차원 입체조형 방사선치료, 3. 정위적 방사선치료, 4. 세기조절 방사선치료, 5. 호흡연동 방사선치료, 6. 영상유도 방사선치료 등으로 나누고 있다. 최근에는 토모테라피tomotheraphy, 사이버나이프cyber knife 등과 같은 특수 치료기기를 이용한 방사선치료도 널리 소개되고 있다.

<참고문헌>

1. Faiz M Khan, 방사선치료물리학, 바이오 메디북(2013).
2. 김용배 외, 방사선치료의 진화: 고정밀 방사선치료, 대한의사협회지, 51(7), 604 (2008).
3. C.K. Bomford, I.H. Kunkler, J. Walter. Walter and Miller's Textbook of Radiation therapy (6th Ed), p311
4. "Radiation Therapy Side Effects and Ways to Manage them". National Cancer Institute. Retrieved 2012-05-02.

(2018. 00. 00, 과학이야기, 칼럼)

방사선 치료Radiation Therapy Ⅱ

김용배 교수 등은 논문 '방사선치료의 진화'에서 외부 방사선치료들에 대하여 다음과 같이 소개하고 있다. 3차원 입체조형 방사선치료는 CT 영상을 기반으로 하여 종양 및 주위의 정상 조직을 3차원 입체 영상으로 재구성한 후, 여러 방향에서 종양의 모양에 따라서 치료하는 방사선치료의 한 방법이다.

그리고 정위적 방사선치료는 1회 또는 수 회에 걸쳐 짧은 기간에 높은 정확도를 가진 고선량의 방사선을 환부에 조사하여 수술에 준하는 결과를 얻을 수 있는 치료법이다.

세기조절 방사선치료는 환부를 조금 더 작은 부위로 나누어 종양에는 많은 양의 방사선을 조사하고 종양주변 정상 조직에는 방사선량을 최소화하는 방사선치료 방법이다. 호흡연동 방사선치료는 폐암이나 간암과 같이 호흡 등의 이유로 종양이 움직이는 경우에는, 종양의 위치를 호흡에 따라 분석하여 종양이 특정한 위치에 도달할 때 방사선을 조사하면 그만큼 방사선치료 범위를 작게 할 수 있고 종양에는 충분한 양의 방사선을 조사하면서 주위 정상 조직을 보호할 수 있는 치료법이다. 영상유도 방사선치료는 방사선치료 직전 환자의 영상을 획득한 다음, 이를 치료계획 당시의 영상과 비교하여 그 차이를 교정함으로써 방사선치료의 정확도를 높이는 치료 방법이다. 토모테라피는 세기조절 방사선치료와 CT의 기술을 접목한 것으로, 매 치료 시 CT를 이용하여 종양의 위치와 모양을 확인함과 동시에 더욱 정밀해진 세기조절 방사선치료를 암부위에 조사하는 치료이다.

사이버나이프치료는 소형 선형가속기를 6개의 관절로 자유로이 움직이는 로봇팔에 장착하여 여러 방향에서 종양 부위에 방사선을 집중 조사하는, 정밀도가 매우 높은 정위적 방사선치료이다.

양성자 치료는 양성자가 체내의 특정 부위에서 에너지를 집중적으로 발산한 다음에는 더 이상 에너지를 발산하지 않게 되는 특성을 이용하여, 종양에는 고선량의 방사선을 조사하면서 주변 정상 조직에 도달하는 방사선량을 획기적으로 줄이는 치료방법으로 소개하고 있다.

그러면 방사선치료의 원리에 대하여 알아보자. Faiz M Khan 교수는 '방사선치료물리학' 등에서 방사선을 우리 몸에 조사하면 몸을 투과하면서 전리 현상을 일으키는데, 이 현상은 세포의 증식과 생존에 필수적인 물질인 핵산이나 세포막 등에 화학적인 변성을 가져오게 하여 종양 세포를 죽이게 된다고 설명한다. 방사선치료는 정상 세포와 암세포가 방사선에 대한 반응에 차이가 있는 것을 이용하게 된다. 즉 정상 세포는 방사선치료 후 시간이 경과함에 따라 손상으로부터 회복하는 반면, 암세포는 회복 정도가 불충분한 특성이 있다. 따라서 방사선을 여러 번에 걸쳐 분할 조사하면, 정상 세포의 손상은 줄이면서 암세포는 효과적으로 치료할 수 있게 된다.

방사선치료의 기본적인 개념은 병이 생긴 환부에 적당량 이상의 방사선을 조사하여 암세포를 죽이면서 주위 정상조직에는 적절한 방사선량으로 방사선조사를 최소화하여 방사선에 의한 부작용을 막는 것이다.

국립암정보센터Natonal Cancer Information Center의 발표에 의하면 방사선치료는 고에너지 방사선을 이용하기 때문에 치료에 따라 다음과 같은 부작용이 발생하기도 한다. 1. 피부변화, 2. 탈모, 3. 오심(메스꺼움), 4. 설사, 5. 구강 내의 식도점막염, 6. 구강건조증, 7. 생식기능의 변화, 홍조, 무월경, 성욕 감소 등이 생기고, 골다공증 남성의 경우, 고환 부위에 일정량 이상의 방사선이 조사되면 생식기능에 영향을 줄 수 있다.

따라서 방사선물리학은 방사선치료에 중요한 역할을 하고 있으며 의공학과 더불어 방사선치료의 수준을 현저히 발전시킴으로써 21세기 방사선치료의 방법을 새롭게 변모시키고, 인간의 삶의 질과 양을 전적으로 변화시키고 있다. 그리고 환자의 특별요구에 따라 치료가 시행되는 효율적 치료가 수행되고 있다.

결론적으로 지금부터 수십 년 동안 방사선치료방법 및 새로운 첨단기술이 개발되어 왔다. 그러나 그러한 기술이 암치료의 획기적인 결과를 가져오기 위해선 의사, 의학 물리학자, 방사선기사들의 전문적 지식이 조화롭게 협력되어야 한다. 또한 치료계획에서는, 치료과정은 물론, 질병의 세포적, 분자생물학적 특성 등의 깊은 지식이 필요하게 된다.

미래에는 전체 대중에 대한 통계적 치료효과보다는 환자 개개인을 위한 모든 방사선치료 기술과 노력이 동원되어야 한다. 앞으로도 영상을 이용한 진단과 방사선치료를 연계하여 효율적으로 치료효과를 높일 수 있는 새로운 형태의 방사선치료 분야가 기대된다. 이러한 역할의 선두에 서야 할 의학물리분야가 계속적으로 연구 개발되어, 물리학자들의 전문적 지식이 암을 정복하는 데 기여하도록 하여야 할 것이다.

<참고문헌>

1. 김용배 외, 방사선치료의 진화: 고정밀 방사선치료, 대한의사협회지, 51(7), 604 (2008).
2. Faiz M Khan, 방사선치료물리학, 바이오 메디북(2013).
3. "Radiation Therapy Side Effects and Ways to Manage Them". National Cancer Institute. Retrieved 2012-05-02.
4. C.K. Bomford, I.H. Kunkler, J. Walter. Walter and Miller's Textbook of Radiation therapy (6th Ed), p. 311.

(2018. 00. 00, 과학이야기, 칼럼)

사이버 물리시스템Cyber Physical System; 假想 物理系

다양한 지능형 장치 및 언제 어디서나 가능한 무선통신기기가 급증하고 컴퓨터 및 메모리성능의 발전이 계속되고 있다. 앞으로 컴퓨팅이 여러 응용분야에 미치는 영향이 증대될 것이라는 전망이 나오면서, 컴퓨터가 단순히 사이버시스템Cyber System이라는 개념을 넘어서게 되어, 그것이 물리시스템Physical System과 상호 교류하는 사이버 물리시스템Cyber Physical Systems, CPS이 새로운 개념으로 주목을 받기 시작하였다.

다양한 기계 및 전자장비에 삽입되어 우리가 원하는 조작과 작동을 효율적으로 가능하게 하여 인간의 삶의 질을 크게 향상시키는 전통적인 임베디드 시스템embedded systems과는 달리, CPS는 컴퓨팅시스템과 물리세계와의 밀접한 상호관계를 가능하게 한다. 사이버 시스템과 물리시스템의 통합적 시스템으로서의 CPS 과학기술이 21세기 정보통신융합 신기술로 떠오르고 있다.

일상생활에서 주로 사용되고 있는 각종 전자기기, 가전제품을 비롯하여 통신기기, 자동차 등에는 이들을 운용 및 제어할 수 있는 컴퓨터가 장착되어 있다. 제어가 필요한 기기의 두뇌 역할을 하도록 내장된 시스템을 임베디드 시스템이라고 한다. 스마트폰, MP3 플레이어, 카메라, 내비게이션, 애완용 강아지 로봇, 화재 감지기 등의 임베디드 시스템은 우리 생활에서 손쉽게 만날 수 있다. 이런 시스템들은 실시간 처리, 소형화, 저전력 운용, 저비용을 특징으로 하며 다른 시스템과의 상호작용 없이 특정 목적을 달성하기 위해 독자적으로 동작한다. 임베디드 시스템이 내장된 전자기기는 사용자 요구에 따라 동작하기 때문에 단방향이고 폐쇄적인 물리시스템이라 볼 수 있다.

DGIST 손상혁 교수는 논문 '융합의 또 다른 이름, 사이버 물리시스템'에서 물리시스템은 환경, 시간 및 인간과의 상호작용에 따라 시스템의 상태가 변화하게 되는데 임베디드 시스템은 이런 요인들에 따른 결과에 대해 종합적인 고려 없이 주어진 기능만을 수행한다고 보고 있다. 그러나 센싱sensing(신호감지장치), 엑츄에이팅actuating(작동장치) 기술과 더불어 분산 네트워킹distributed networking(여러 대의 컴퓨터나 데이터 뱅크가 연결된 시스템의 확장)기술이 발전하고, 제어 및 시스템 이론의 발전에 따라 임베디드 시스템은 인간과의 양방향 작용이 강조되는 형태로 진화하기 시작하였다고 설명하고 있다.

다시 말하면 우리가 살고 있는 물리 세계에 존재하는 인간, 교통 시스템, 빌딩, 전자제품, 집, 전력망 및 인터넷 같은 사회기반시설, 로봇 등 물리공간의 개체들을 포괄하는 물리시스템을 제어하기 위해, 데이터를 수집하고 연산이 이루지는 소프트웨어가 존재하는 가상의 컴퓨팅 공간을 총칭하여 사이버 세계라고 할 때, CPS는 사이버 세계와 스마트 사물, 인간, 운영환경을 포함하는 물리시스템과 긴밀한 상호작용을 위한 통합적 실시간 자율제어 시스템이라고 할 수 있다.

손상혁 교수는 그의 논문에서 CPS는 기능적으로는 연산Computation, 통신Communication, 제어Control가 융합된 복합 시스템으로 실시간성, 지능화, 적응성 및 예측성, 연결성 등 주요 특징을 가지고 있으며, 또한 CPS는 물리세계에서 발생하는 변화를 감지할 수 있는 다양한 센서를 통해 환경인지 기능을 수행하고. 사이버 세계에서는 센서로부터 수집된 정보와 물리세계를 재현 및 투영하는 고도화된 시스템 모델들을 기반으로 물리세계를 인지, 분석, 예측하는 것으로 보고 있다. 그 결과로 생성된 제어정보는 물리시스템에 입력되어 물리시스템을 우리가 원하는 방향으로 변화시킨다.

사이버 시스템은 실시간으로 수집되는 대량의 데이터를 처리해야 하는 양적인 복잡함이 존재하고 물리 세계에서는 수많은 물리적 영역을 연결해야 하는 질적인 복잡함이 존재한다. 그러나 최근의 다양한 센서의 개발, 센서의 소형화, 빅데이터 기술 등을 통해 센서가 생성해내는 막대한 양의 데이터 중에서 특정 상황에 관련된 데이터를 실시간으로 처리 가능한 기술 단계에 접근하였고 머지않은 장래에 사이버 물리시스템의 복잡한 문제를 극복할 수 있을 것으로 보고 있다.

그러면 CPS를 통해 우리가 얻을 수 있는 것을 들어보면, 첫째, CPS를 통하여 물리세계에 관한 보다 많은 정보를 보다 적시에 제공받게 되며 이를 통해 물리세계에 대한 이해를 높일 수 있다. 둘째, CPS는 기존의 자동제어 시스템을 포괄하는 개념으로 여러 측면에서 시스템의 자율성autonomy을 가능하게 한다. 셋째, CPS를 통하여 안전성Safety이 대폭 향상될 것이다. 즉 물리세계와 밀접하게 융합된 시스템을 통하여 물리세계를 정확히 분석할 수 있을 뿐 아니라 빠르게 반응함으로써 안전성을 향상시킨다는 것 등이다.

각 국의 CPS 연구의 상황을 살펴보면 미국 등의 선진국들은 이미 이러한 CPS의 가능성에 주목하고 있다. 2010년에 보고된 미국의 대통령과학기술자문위원회의 보고서에 따르면, CPS가 국가경쟁력 강화를 위한 최우선 연구 과제로 선정되었으며 실제로 2009년부터 과학재단National Science Foundation을 통한 대규모 연구 지원을 시작하였다. 현재 CPS 분야를 선도하고 있는 미국은 CPS의 핵심적인 응용 분야로 스마트 팩토리, 스마트 교통 시스템, 스마트 그리드, 스마트 헬스케어 시스템, 스마트 홈-빌딩 시스템, 스마트 국방 시스템, 스마트 재해대응 시스템 등 7가지 분야를 제시하였다. 유럽의 경우도 연구 투자가 활발히 진행되고 있다. 일본은 연간 약 250만 달러 규모의 재난대응 및 헬스케어 분야 CPS 연구 지원을 하고 있는 실정이다. 그러나 우리나라의 경우 아직 CPS 관련 연구가 시작단계에 머무르고 있다. 특히 조직화된 대규모 기초 연구 및 그에 걸맞은 지원이 매우 부족한 상태이다.

CPS는 이미 우리 사회 전반에 스며들기 시작했고 그로 인한 변화가 시작되었다. CPS는 정밀농업, 빌딩제어, 위기대처, 국방, 에너지, 제조업과 산업, 사회기반과 같은 다양한 분야에서 효율성과 생산성을 획기적으로 향상시키리라 기대된다. 특히 예상하지 못한 위기 상황에도 유연하게 대처할 수 있도록 높은 신뢰성과 안전성을 보장할 수 있는 무결점zero-defect지능 시스템을 CPS 기술로 제공할 수 있을 것으로 기대하고 있다. 미래의 CPS는 상상을 현실 세계에서 구현할 수 있도록 하고 다양한 분야에 적용되어 안정성, 효율성, 신뢰성, 보안성에 혁신적인 변화를 가져와 새로운 부가가치를 창출하게 될 것으로 예견하고 있다.

결론적으로 CPS 연구가 앞으로 나아가야 할 방향에 대한 제안을 Suh, S.C. 교수 등의 논문 “Applied Cyber-Physical Systems. Springer, 2014.”에서 살펴본다. 첫째, 현재 CPS 연구 개발과 관련한 표준화가 시급히 해결되어야 할 것이다. 특히 CPS 구성 요소들 간의 통신, 데이터 타입 등에 관한 표준화가 이루어져야 한다. 표준화 없이는 시스템 구현의 어려움은 물론 대규모 시스템 설계, 다수의 CPS 간 연동 등 앞으로 일어날 변화에 어려움이 있을 것을 쉽게 예상할 수 있다. 둘째, CPS 기술은 다양한 환경에 적용 가능하도록 디자인되어야 한다. 셋째, 복잡한 CPS의 성능을 분석 및 평가하기 위한 시스템 개발이 시급하다. 넷째, 체계적인 시스템 개발방법이 이루어져야 한다 등을 들고 있다.

선진국에서는 CPS 기술이 21세기 사회 및 산업에 미치는 지대한 영향 때문에 과학기술분야의 새로운 도전적 연구 분야로 지정되어 국가적 차원에서 지원을 증대하고 있는 실정이다. 이제 초기 단계에 진입한 우리나라의 CPS 연구가 후발 주자로 주저앉아 있지 않기 위해서는 이론연구 및 원천기술 개발을 통한 시장 선점이 필요하며, 특정 환경에만 국한하지 않고 파급력이 큰 분야의 응용 기술 및 시범 적용을 통해 타 분야에까지도 확산되는 발판을 마련하도록 해야 할 것이다.

<참고문헌>

1. D. D. Gajski, S. Abdi, A. Gerstlauer, and G. Schirner, “Embedded System

Design - Modeling,
2. 손상혁, DGIST, 융합의 또 다른 이름, 사이버 물리 시스템, 지식의 지평 21, 2016.
3. B. Warneke, K.S.J. Pister, “MEMS for Distributed Wireless Sensor Networks,” in Proceedings of International Conference on Electronics, Circuits and Systems, 2002.
4. Suh, S.C., Carbone, J.N., Eroglu, A.E.: Applied Cyber-Physical Systems, Springer, 2014. Synthesis, and Verication”, Springer, 2009.
5. Anis Koubâa, Bjorn Andersson, 2009, “A vision of Cyber-Physical Internet”, In Proc. of the Workshop of Real-Time Networks (RTN 2009), Satellite Workshop to (ECRTS 2009).

(2018. 00. 00, 과학이야기, 칼럼)

자기학Magnetics의 발전과 역사 I

자기현상은 BC 800년에 이미 그리스 사람들에게 알려져 있었다. 그들에게 자철광magnetite(Fe_2O_3)이라고 하는 어떤 돌이 철조망을 끌어당기는 것을 발견하면서부터이다. 전설적으로 magnetite라는 이름은 양떼들에게 풀을 뜯기는 동안 그의 신발에 박힌 못과 지팡이 끝이 자기장에 의해 들어붙었던 것을 경험한 양치기소년 Magnes의 이름에서부터 기원하는 것으로 전해진다.

기원전 3세기에 중국에서는 지남성 자침을 만들어 풍수지리용으로 사용한 기록이 있으나 자기 현상을 이해하지 못하여 신비한 물질로만 생각되어 왔고 실생활에도 거의 사용되지 않았다. 11세기에 들어와서야 중국에서 철로 만든 자침을 이용하여 나침반을 만들고 이것을 항해에 이용하기 시작하였다. 유럽에서는 이것을 더욱 발전시켜 콜럼버스가 신대륙을 발견하는 데에도 사용하게 되었다.

그 이후 자성을 가장 체계적이고 과학적으로 접근한 영국의 물리학자 W. Gibert는 자철광으로 만든 공 모양의 표면에 자침들이 정렬하는 방향을 관찰한 후 지구 표면에서도 나침반이 일정한 방향으로 정렬하는 것을 보고 지구 그 자체가 자기력의 원천 즉 자석임을 밝혀내기에 이르렀다. 드디어 1600년에 'De Magnete'라는 그 자신의 논문에서 지구는 하나의 거대한 자석magnet이라고 발표하였다.

1746년 스위스의 D. Bernoulli는 말굽자석horseshoe magnet을 발명하였고 이것은 소형이면서 큰 힘을 가질 수 있으며 기본적으로 생기는 반자장demagnetizing field의 문제까지도 해결하여 지금도 많이 사용하고 있는 자석의 원조가 되었다.

19세기에 들어와서는 자성에 대한 학문적 발전이 급물살을 타게 되었다. 덴마크의 H. C. Oersted는 1820년에 전류가 흐르는 도선의 주위에 자침들이 원형으로 배열하는 것을 보고 도선 주위에 자기장자기력이 미치는 공간이 만들어지는 것을 관찰하였다. 이것으로 전기와 자기와의 상호관계가 처음으로 밝혀지게 되었다.

이어서 프랑스 물리학자 Ampere는 직선도선에 전류가 흐를 때 도선주위에 동심원 모양으로 생긴 자기장을 계산할 수 있는 Ampere 법칙을 발표하였다. 또 코일 모양의 도선solenoid에 전류가 흘러도 자석과 동일한 형태의 전자석이 만들어 진다는 것도 밝혀냈다. 더 나아가 직선도선에 전류가 흐를 때 어느 점에서나 자기장을 계산할 수 있는 Biot-Savart의 법칙까지 발표되었다. 이러한 전기와 자기의 상호연관성이 밝혀지고 전자기적 현상을 이용한 응용기술이 개발되면서 드디어 전자기혁명이 시작되었다.

1831년에는 영국의 과학자 Faraday가 자기선속자력선 다발을 변화시키면 기전력이 발생한다는 전자기유도현상을 발견하여 장field을 이용하여 전기력 및 자기력의 연관성을 설명할 수 있었다. 이 법칙은 나중에 Maxwell 전자기 방정식의 기본을 이루는 것 중 하나가 되었다. 그는 자석을 이용하여 초기의 전기 모터를 발명하였고 전기와 자기 및 빛과의 관계로 설명되는 자기광 Faraday효과, 반자성demagnetization 및 상자성paramagnetism현상을 발견하는 등 자기학과 관련된 수많은 업적을 이루었다.

Faraday효과는 나중에 발견된 자기광 Kerr효과와 비슷하게 편광된 빛이 자화된 물체를 투과하였을 때 빛의 편광면이 회전하여 변화가 생기는 효과로 자성체의 구조를 밝히는 편광현미경의 응용기술에 적용되었다.

드디어 1864년 J. C. Maxwell은 그 동안의 전기자기적 실험결과들로부터 전기와 자기의 관계를 수학적으로 연결시킨 맥스웰 방정식을 발표하였다. 이 방정식을 통해 전기장과 자기장과의 관계뿐만 아니라 빛도 전자기파의 일종이라는 것이 밝혀지고 전자기파도 빛의 속도와 동일한 속도를 갖고 진행하는 것을 확인하기에 이른다. 결과적으로 Maxwell 방정식은 전기와 자기 및 광 현상을 통일적으로 설명할 수 있는 위대한 업적이 되었다.

오늘날 각종 문명의 이기로 등장한 전자제품 등 실생활에 응용하고 있는 전자기 기술개발의 대부분은 19세기에 이루어졌다. 그 대표적인 것들이 전자석, 발전기, 전동기 및 자기 기록 기술 등이며 이러한 전자기 응용기술의 발달은 19세기 후반부터 20세기에 들어서면서 교통, 산업, 통신 및 정보 분야 등에서 전자기 혁명을 통해 세계를 크게 바꾸어 놓았다. 또한 이러한 응용기술의 발달과 함께 P. Curie, P. Langivin, P. Weiss 등은 자기학에 관한 많은 이론을 제시하였고 이를 통해 자기 현상에 관한 해석이 활발히 이루어졌다.

19세기까지는 자성의 본질에 관해서 완전히 이해하지 못하였으며 20세기에 들어와서 자성에 대한 근본적인 이해를 하기 위한 많은 연구가 활발하게 이루어졌다. 1910년대에 N. Bohr가 원자모형을 제시하고 A. Sommerfeld, P. Debye 등이 공간양자화 이론을 제시했지만 자성을 제대로 설명하기에는 아직은 부족하였다.

자성현상을 밝힐 수 있는 스핀 현상에 대해 한국자기학회 한석희 박사 등의 저서 '자성재료와 스핀트로닉스'에 의하면, 1922년 O. Stern과 W. Gelarlach 등은 은 원자 빔beam; 빛 다발에 자기장을 걸어주면 빔이 분리되는 현상을 발견하였고 이 현상으로 전자가 스핀spin이라는 물리적 특성을 가졌다고 밝히고 자성의 근본원인을 알아내려고 했다고 설명한다.

1925년 G. Uhlenbeg과 S. Goudsmit 등은 스핀에 대해 자기장 내에서 전자가 두 개의 고유 스핀방향으로 양자화되어 있는 것이라고 설명하였다. 1920년 대 중반 W. Heisenberg 행렬역학과 E. Schrodinger의 파동역학 등 새로운 양자역학 이론이 발표되었으나 이것으로는 스핀현상을 설명할 수 없었다.

1927년 W. Pauli는 Schrodinger 파동 방정식을 활용하여 스핀 1/2입자를 설명할 수 있는 Pauli 방정식 및 스핀행렬spin matrix을 제안하였으나 이 이론도 상대성 이론과 완전히 일치하지는 못했다.

드디어 1928년 P. Dirac은 Pauli방정식을 확장하여 Dirac방정식을 제안하였으며 이 방정식을 통하여 비로소 스핀을 제대로 설명할 수 있었다. 이 방정식은 상대성 이론과도 잘 일치하여 스핀의 존재를 확실히 설명할 수 있는 이론적 근거가 되었으며 나아가 상대성 양자역학의 초석이 되었다. 그리하여 1930년에 열린 솔베이solvay 6차 회의는 전자의 스핀현상을 상대성 양자역학의 개념으로 완전히 이해하고 확증하는 계기가 되었다.

<참고문헌>

1. 한석희 외, 자성재료와 스핀트로닉스, 한국 자기학회 자기학총서 (2014).
2. David Halliday and Robert Resnick, Physics, John Wiley & Sons, Inc., (1978).
3. Arthur Beiser, Concepts of Modern Physics, 3rd Ed., McGraw-Hill Book Co., (1982).
4. 이장로 외 역, F. W. Sears등 원저, '대학물리학', 광림사 (2003).

(2018. 0. 00, 과학이야기, 칼럼)

자기학Magnetics의 발전과 역사 II

오늘날 실생활에 적용하여 응용되는 주요한 자성재료의 개발 역사를 살펴보자. 역시 한석희 박사 등의 '자성재료와 스핀트로닉스'에 의하면 1910년대에 유용하게 쓰이는 대표적인 연자성재료인 퍼말로이permalloy; 철과 니켈 합금가 개발되었고 1930년대에는 알니코Alnico; 알루미늄, 니켈, 코발트 합금 자석 및 페라이트 등이 개발되었다. 이것들의 개발로 군사 분야에서의 응용기술의 발전 특히 고주파영역에서 자기 공명현상과 마이크로웨이브를 이용한 기술이 많이 발전하는 계기가 되었다. 1960년대 이후 1980년대까지 Sm-Co 및 Nd-Fe-B 등 희토류자석, 비정질 Fe계 및 Co계 연자성재료 등 자기특성이 크게 향상된 새로운 자성재료들이 많이 개발되었으며 이 재료들을 사용한 고성능 자기부품 및 시스템 운영기술이 발달되어 현재 우리 실생활에 많이 적용되고 있다. 특히 1898년 V. Poulsen에 의해 발명된 자기 기록기술은 자기 드럼, 자기 테이프, 플로피 디스크 드라이브FDD 등의 형태를 거쳐 컴퓨터의 핵심정보장치인 하드 디스크 드라이브HDD로 발전하여 왔으며 이 기술로 컴퓨터 기술이 발전되었고 오늘날의 정보화시대가 오게 된 것이다.

나노기술이 급진적으로 발달하면서 1990년대부터는 기존 반도체 소자에서 전자의 전하만을 제어하던 기존의 전자공학의 기술적 한계를 극복하고 전자의 전하와 스핀을 동시에 제어하여 전자 소자를 개발할 수 있는 스핀트로닉스spintronics 시대가 열리게 되었다.

1988년 A. Fert와 1989년 P. Grunberg에 의해 각각 거대자기저항GMR 효과를 발표하여 스핀의 기술적 이용을 활발하게 하였다. 이 현상은 철Fe과 크롬Cr이 교대로 적층한 다층증착박막에 외부자기장을 걸어주면 그 전기저항이 수십 %까지 변한다는 것이다.

즉 스핀상태가 전기저항에 크게 영향을 미치게 되어, 전자 스핀들이 서로 같은 방향으로 정렬되어 있을 때가 전자 스핀들이 반 평형 상태로 정렬되어 있을 때보다 전기저항이 훨씬 작아진다는 것이다.

IBM사는 1997년 이 새로운 거대자기저항현상을 하드디스크의 고밀도 디지털정보를 판독하는 헤드기술에 적용하여 HDD의 기록밀도 향상에 크게 기여하였다. 그 공로로 이 두 사람은 2007년에 노벨물리학상을 수상하였다.

1995년에는 T. Miyazaki와 J. S. Moodera에 의해 상온에서 자기터널저항TMR 현상이 발견되었으며 이것은 GMR 현상과 마찬가지로 HDD재생헤드뿐 아니라, 전원이 끊겨도 저장된 정보가 유지되는 비휘발성Non-volatility 특성을 가지고 있기 때문에 차세대 메모리로 유력한 자기메모리MRAM소자 개발에도 사용할 수 있게 되었다.

그러나 이 현상을 이용한 MRAM 개발에는 기술적 한계가 있었으므로 이 한계를 극복할 수 있게 하는 스핀전달토크STT 현상을 1996년에 L. Berger와 J. Slonczewski가 발표하였다.

이 현상은 2000년대에 들어와서 실험적으로 구현되었으며 현재 세계 메모리 반도체 선도기업들을 중심으로 차세대 메모리를 개발하기 위해 이 스핀 전달토크기술을 이용한 STT-MRAM소자의 실용화 연구가 활발히 이루어지고 있다.

또한 이 기술은 GHz대역의 통신용으로 활용할 수 있는 스핀 발전소자 및 나노선의 자구벽 이동을 이용한 메모리 소자기술로도 연구되고 있다. 이 외에도 스핀 홀spin hall, 스핀 궤도토크spin orbit torque, 스핀파spin wave, 스핀 칼로리트로닉스spin caloritronics 등 새로운 스핀 현상과 이를 이용한 소자에 대한 연구도 최근 많이 진행되고 있다.

필자도 그동안 MRAM 연구에서 NiFeSiB니켈 철 규소 붕소·CoFeSiB코발트 철 규소 붕소라는 비정질 합금 박막이 메모리를 구성하는 셀 사이의 자기저항을 최소화해 기존 소재 CoFe를 사용했을 때보다 전력사용량을 7분의 1 수준으로 크게 낮춰 M램 고집적화의 장벽을 극복한 신소재 개발연구 결과를 IEEE국제전기전자공학회 주관 국제자기학학술회의에서 발표한 바 있다.

최근 국내 KIST 연구진이 개발에 성공한 스핀 트랜지스터spin transistor는 메모리와 중앙처리장치Central Processing Unit, CPU를 1개 칩에 집적할 수 있어 '부팅 없는 컴퓨터'를 가능하게 하고 있다. 이것은 상온에서도 기존 반도체의 한계를 뛰어넘는 초고속·초저전력 차세대 전자소자이다. 그러나 지금까지는 저온에서만 동작되어 상용화에 큰 어려운 문제점으로 되어 왔었다.

이 연구 또한 스핀트로닉스spintronics 기술발전이 가져온 결과이다.

현재 스핀소자는 스핀-업과 스핀-다운의 두 가지 상태를 이용하여 기존의 반도체 소자와 마찬가지로 주로 디지털 소자로 이용되고 있다. 그러나 스핀은 원리상 두 상태의 중첩에 의해 양자 비트quantum bit, qubit의 기능을 나타낼 수 있다. 따라서 궁극적으로는 이런 스핀 특성을 활용하여 양자연산을 할 수 있는 양자컴퓨터가 가능할 것으로 기대되고 있다. 양자 컴퓨터가 실현이 되면 현재 컴퓨터로 300년이 걸리는 계산을 단 1분 만에 해결할 수 있는 그야말로 초고속 슈퍼컴퓨터가 만들어질 수 있게 된다.

앞에서와 같이 19세기에는 많은 자기적 현상이 발견되었고 이것을 설명하는 학문적 이론 및 활용하는 기술이 발표되었다. 20세기는 자성의 본질이 근본적으로 이해되었을 뿐만 아니라 물리화학 및 재료공학적 접근과 새로운 공정 기술을 통해 우수한 자성 재료들이 개발되어 실생활에 많은 편리함을 가져다주었다. 이제 21세기에 들어와서는 나노 영역에서 새로운 스핀현상을 이해하고 제어하는 신개념의 전자 소자를 연구하는 스핀트로닉스의 시대가 열리고 있다.

이처럼 자기학은 전기학과 더불어 바늘과 실의 관계를 유지하며 함께 발전하여 왔다. 자기학을 떠나 전기학을 생각할 수 없으며 전기학 없는 자기학도 마찬가지이다. 자기학은 인류에게 각종 전자제품인 문명의 이기를 즐겨 사용하게 하고, 오늘의 정보화 통신사회를 누리게 하는데 크게 기여하였음은 숨길 수 없는 사실이다.

또한 전기학이 제1의 전자기술혁명의 주역이었다면 자기학은 오늘날 21세기의 제2의 전자기술 혁명이라 불리는 스핀트로닉스spintronics; 스핀 전자공학를 탄생시키는 산파역이 되었을 뿐만 아니라, 또한 이것을 발전시키는 주역이 된 중요한 학문임에 틀림없다.

<참고문헌>

1. 한석희 외, 자성재료와 스핀트로닉스 , 한국 자기학회자기학 총서 (2014).
2. David Halliday and Robert Resnick, Physics, John Wiley & Sons, Inc., (1978).
3. 이장로 외 역, F. W. Sears등 원저, '대학물리학', 광림사 (2003).
4. Arthur Beiser, Concepts of Modern Physics, 3rd Ed., McGraw-Hill Book Co., (1982).

(2018. 0. 00, 과학이야기, 칼럼)

이차전지Rechargeable Battery, Secondary cell, 二次電池 Ⅰ

포스코는 지난 5월 보도를 통해 전남 광양시에 연산 6000톤 규모의 리튬Lithium이차전지 양극제 공장을 건설한다고 발표하였다. 포스코가 리튬 생산을 위해 만든 전남 광양 포스엘엑스PosLX 공장에서 국내 최초로 고성능 전기차 배터리에 주로 사용되는 이차전지의 필수소재인 수산화리튬 생산라인을 준공하고 생산한다는 것이다. 2022년까지 5만톤 생산체제로 확장하면 전기차 약 6만대분의 전지를 만들 수 있는 규모라고 강조하였다.

포스코는 앞으로 인증절차를 거친 뒤 LG화학이나 삼성SDI 등 국내외 배터리 제조사에 수산화리튬을 판매할 계획이라고 밝혔다. 수산화리튬은 현재까지 전량 수입에 의존하고 있다.

이차전지Rechargeable Battery, Secondary cell는 말 그대로 한번 쓰고 버리는 일차전지와 달리 사용 후에도 다시 충전 과정을 거쳐 수백회 이상 재사용이 가능한 전지를 말하며, 그 종류로는 납Pb축전지, 니켈-카드뮴Ni-Cd전지, 니켈-금속수소Ni-MH전지, 그리고 리튬Lithium이차전지 등이 있다. 한편 지금까지 사용하고 있는 일차전지로는 수은Hg전지(공해문제로 생산중단), 망간Mn전지, 알카라인Alkaline전지 등이 있다.

납축전지, 니켈-카드뮴전지, 니켈-금속수소전지는 용량이 다소 큰 분야인 무정전 전원장치Uninterrupted Power Supply, UPS, 하이브리드 전기차Hybrid Electric Vehicle, HEV, 전력저장 등에 이용되고 있다.

리튬이차전지는 현재 사용하고 있는 이차전지 가운데 가장 성능이 우수한 전지이며, 그 우수한 특성 때문에 핸드폰, 노트북, PC, 전동공구 등 부피가 작고 무게가 가벼운 제품, 즉 휴대용제품에 주로 사용되고 있다. 그러나 CO_2 배출에 대한 규제와 화석연료 고갈에 따른 우려가 높아짐에 따라서, 전기차에 대한 관심이 높아져, 전기자동차에 쓰이는 에너지원으로서 리튬이차전지가 주로 사용되고 있다. 친환경자동차는 화석연료 대신 전기에너지 사용량을 늘리는 쪽으로 개발 중이다. Toyota가 1997년에 하이브리드 전기차 시장을 처음으로 연 이후 전기차Electric Vehicle, EV의 주행거리, 충전 시간 등 기술적인 과제들의 해결을 위해서 이차전지의 성능 개선을 위한 연구가 집중되고 있다.

여기에서는 이차전지의 구조 및 기본원리, 이차전지의 종류를 살펴보고, 리튬이차전지의 특성에 대하여 알아보기로 한다. 먼저 정영만 지음 '리튬이차전지의 기술 동향과 미래' 등에서 소개하는 이차전지의 구성과 그것들의 역할에 대해 살펴보자. 이차전지의 일반적인 구조를 갖는 전지셀은 집전체인 극판 상에 양극활물질 또는 음극활물질이 도포된 양극과 음극 사이에 분리막이 삽입된 것이며, 이러한 전지셀에 전해액을 주입한 것이 이차전지이며 리튬이온 배터리를 구성하는 4대 소재는 양극, 음극, 전해액, 분리막 등이다. 리튬산화물로 양(+)극을 만들고 탄소화합물로 음(-)극을 만든다. 그리고 양극과 음극에서 리튬 이온이 이동할 수 있는 매개체 역할을 할 수 있도록 전해액을 넣으며 분리막은 양극과 음극이 직접 접촉하는 것을 막아준다.

그리고 양극은 얇은 알루미늄기재, 활물질, 도전제, 바인더 등으로 구성되어 있으며 활물질, 도전제, 바인더를 합쳐서 합제라고 하는데 이 합제에는 작은 입자의 파우더 가루들이 섞여있다. 이 중에 가장 많은 비율을 차지하는 리튬산화물로 구성된 활물질이 있고 여기에 소량의 전도를 촉진해주는 물질을 넣어 리튬산화물의 전도성을 높여주고 있다. 바인더는 이들이 잘 접착할 수 있게 풀과 같은 역할을 한다. 이렇게 섞인 합제를 얇은 알루미늄기재 양쪽에 바르면 양극이 만들어진다고 한다.

양극활물질은 전지의 전극반응에 관여하는 물질로서 리튬이온전지에서 용량과 전압을 결정하는 역할을 한다. 양극활물질에 있는 리튬은 전해질에 녹아 들어가서 리튬이온으로 바뀌고, 여기서 나온 전자들은 도선을 통해 음극으로 이동하게 되는데 이 움직임이 배터리의 충전 원리이다. 얼마나 많은 리튬이 리튬이온으로 바꾸어질 수 있는지는 활물질의 종류마다 차이가 있어서 리튬산화물의 종류에 따라 전지의 용량이 달라지고 전압도 결정된다.

음극의 경우에도 양극처럼 활물질 형태로 이루어져 있고 음극 활물질은 양극으로부터 나온 리튬이온을 흡수하고 방출하면서 외부회로를 통해 전류가 흐르게 하는 역할을 한다. 음극 활물질로 사용조건은 되기 위해서는 안정성, 낮은 전자 화학적 반응성, 가격 등이 있지만 리튬이온을 많이 저장할 수 있는 능력이 제일 중요한 조건으로 보고 있다.

전지내부의 양극과 음극 극판 사이에서 리튬이온이 이동할 수 있도록 매개체 역할을 하는 전해액은 염, 용매, 첨가제 등으로 구성된다. 전해액은 이온들만 이동시키고, 전자는 통과하지 못하게 해야 하므로 이것이 가져야 하는 조건으로는 리튬이온이 쉽게 이동할 수 있도록 점도가 낮아야 하며, 전지 구성성분과는 반응하면 안 되며, 전해액의 사용 온도 범위가 넓어야 한다.

그리고 양극과 음극이 직접 접촉하는 것을 잘 막아줘야 하는 분리막은 이온 전도 시 저항을 최소화하기 위해 전해액과의 친화력도 높아야 하며, 이온의 흐름이 원활히 이루어지게 하기 위해 미세한 구멍을 뚫어 다공성이 높아져야 하고 두께는 얇아야 한다. 그리고 안정성을 위해 일정 수준의 기계적 강도와 화학적 안정성, 그리고 전기 화학적 안정성도 유지해야 한다고 한다.

이차전지의 기본 원리는 전기 화학적 산화-환원 반응에 의해 발생하는 이온의 이동으로 전기를 발생시키고 그 반대 과정으로 충전된다. 이때 기전력인 전압차는 이온의 물질 상태가 양극과 음극에서 서로 달라 이때 발생되는 물질의 고유에너지 차이로 인하여 생기게 된다. 즉 리튬이온전지의 경우 양극에 있던 리튬이온이 빠져 나와 선해실을 통해 음극으로 가는 충전과 그 반대인 방전이 일어나게 된다.

이차전지는 300~500회 가량 충전이 가능하며 매일 1번 충·방전할 경우 1~1.5년의 배터리수명을 갖게 된다. 배터리는 어느 순간에 사용하지 못하는 것이 아니고 점차적으로 사용시간이 줄어들게 된다.

이차전지의 종류별 특성을 알아보면,

1. 납축전지Lead-Acid Accumulator는 1859년에 발명되어 군사용에서 무선 전화기용까지 여러 분야에서 사용되어 왔으나 무게가 크고 낮은 에너지 저장밀도, 2V 전압 때문에 자동차용 배터리로 가장 많이 사용된다. 자동차용 배터리는 2V 배터리가 직렬로 6개가 내부적으로 연결되어 12V로 되어 있다. 구형 AIWA 워크맨 배터리에 사용되었으며 소니 무선전화기에도 일부 사용되었다. 과방전시 배터리 수명이 급속히 단축되어 자동차의 경우 재충전이 안 되면 배터리를 새로 구입해야 하는 경우가 종종 생긴다.

2. 니켈카드뮴Ni-Cd 전지는 1899년 개발되어 전압은 1.2V이며 철도차량용, 비행기 엔진시동용 등 고출력이 요구되는 용도에 사용되었으며, 초기에는 무선전화기, 무선 자동차, 캠코더, 노트북 등에 많이 사용되었으나 낮은 에너지 저장밀도, 카드뮴의 유해성 및 메모리 효과(완전 방전이 안 된 상태에서 재 충전시 전지의 실질용량이 감소하는 현상) 등의 단점으로 점점 사용이 줄어들고 있는 추세이다. 그러나 충전 가능한 전지 중에서는 수명이 긴 편이며 외부의 충격, 열에 약하며 내부에 사용되고 있는 금속은 독성이 강하고 약품은 극약으로 알려져 있다.

3. 니켈수소Ni-MH 전지는 1990년대 초 일본에서 상용화되어 독성이 강한 중금속인 카드뮴을 없앴고 에너지 저장밀도가 향상된 전지로 하이브리드차에는 적용되었으나 메모리효과가 있고 에너지밀도가 낮은 단점이 있다. 전압은 1.2V이며 니켈카드뮴 전지와 혼용하여 사용하는 제품이 많고 니켈카드뮴 전지보다 약 2배의 용량을 갖는다. 이 전지는 특정 사이즈만 생산되고 있으며 Ni-Cd 전지와 Li-ion 전지 중간단계의 배터리라고 할 수 있다. 워크맨, 디지털 카메라, 캠코더, 노트북 등에 사용되며 앞으로 리튬

이온Li-ion전지가 더 안정화되면 니켈수소 배터리는 특수 제품 외에는 더 이상 사용이 안 될 것으로 예상되고 있다.

<참고문헌>

1. T. Nagura and K. Tazawa, Prog. Batteries Sol. Cells, 9 20-2 (1990).
2. K. J. Cho, “The Present Condition of Li-ion Battery Industry in Green Car (in Korean)”, pp. 59-82, Issue of Industry, KDB Research Institute, 2010.
3. 정영만, 조원일, 리튬이차전지의 기술 동향과 미래, KIST 이차전지 센터 (2010).
4. 김준학, 이차전지의 기술, 시장동향 및 특허동향, 신기술동향(반도체심사담당관실).

(2018. 9. 5, 과학이야기, 칼럼)

이차전지Rechargeable Battery, Secondary cell, 二次電池 II

이차전지의 한 종류로서 리튬 이차전지는 전해질을 무엇으로 사용하느냐에 따라서, 즉 액체형 전해질을 사용하는 리튬이온전지, 젤형 전해질을 사용하는 리튬이온폴리머전지, 고체고분자 전해질을 사용하는 리튬폴리머전지로 분류할 수 있다. 리튬이온전지는 기존전지에 비교하여 에너지 밀도가 3배가 높고 가벼워 그 사용량이 급증하고 있으나 가격과 안정성 측면에서 다소 불리하다.

그러나 리튬(이온)폴리머 전지는 액상형 전해질 대신 젤형이나 고체형 고분자 재료를 사용하여 전지의 안정성을 높이고 전지의 모양을 자유롭게 할 수 있는 장점이 있으나 타 전지에 비하여 가격이 높은 단점이 있다.

4. 리튬이온Li-ion 전지의 전압은 3.7V로 휴대폰, 캠코더, 디지털 카메라, 노트북 등에 사용되며 상용화되고 있는 전지 중 무게가 가볍고 성능이 가장 우수하다. 가장 먼저 양산을 시작한 일본 소니사가 앞선 기술을 보유하고 있다. 리튬이온전지는 양극, 분리막, 음극, 전해액으로 구성되어 있고 리튬이온의 이동이 전해액을 통해 이루어진다. 전해액이 누수되어 리튬 전이금속이 공기 중에 노출될 경우 전지가 폭발할 수 있고 또 과충전 시에도 화학반응으로 인해 전지 케이스내의 압력이 상승하여 폭발할 가능성이 있어 이를 차단하기 위해서는 반드시 보호회로가 필요하다. 그 위험성만 해결되면 리튬이온 전지는 무게가 가볍고 높은 전압을 갖고 있어 앞으로 가장 많이 사용될 유망한 전지이다.

5. 리튬(이온)폴리머Li-ion Polymer 전지의 전압은 역시 3.7V로 폭발 위험이 없고 전해질이 젤이나 고체타입이기 때문에 전지모양을 다양하게 만들 수 있는 장점이 있다. 일부 휴대폰에 사용되고 있으며 리튬이온 전지를 이을 차세대 전지로 내다보고 있다. 국내에서도 많은 기업이 연구 개발 중이나 양산하는 곳이 적다. 리튬(이온)폴리머전지의 구성은 양극, 전해질, 음극

등으로 되어 있고 양극과 음극 사이의 전해질이 양극과 음극을 분리하는 분리막과 리튬이온의 이동역할을 수행하고, 고분자 겔이나 고체형태의 전해질을 사용함으로써 과충전과 과방전으로 인한 화학적 반응에 견딜 수 있게 만들 수 있어 리튬이온전지에는 필수적인 보호회로가 없어도 되는 장점이 있다.

리튬이온전지의 양극활물질은 전자를 받아 양이온과 함께 자신은 환원되는 물질을 말하며 리튬이온이차전지 전체 재료비의 40%를 차지하는 소재이다. 현재 주로 사용되고 있는 양극활물질인 $LiCoO_2$, $LiNiO_2$, $LiMn_2O_4$, $LiNiCoMnO_2$ 등이 사용되고 있다. 음극활물질이란 산화 시 전자를 방출하는 소재로 리튬이온전지 재료의 10% 정도를 차지하며, 탄소계 재료가 널리 이용되고 있다.

이차전지 사용에 알려진 관리법을 소개하면, 니켈카드뮴 전지나 니켈수소전지는 메모리효과가 생기지 않도록 하기 위해 휴대폰이나 노트북 등의 배터리를 주기적으로 완전 충전-완전 방전해줘야 한다. 그러나 휴대폰이나 노트북에 사용되는 리튬이온전지와 리튬(이온)폴리머전지는 메모리효과가 없기 때문에 완전충전-완전방전을 해주지 않아도 된다. 오히려 완전방전 시 전극이 손상되어 전기용량이 매우 큰 폭으로 줄어들게 됨으로 그렇게 해서도 안 된다. 장기보관할 시에는 50~80% 정도만 충전해서 건냉한 곳에 보관하고 주기적으로 충전해주는 것이 좋다고 한다. 스마트폰, 태블릿, 배터리 일체형 노트북 등 신형 전자기기는 과방전 방지를 위해 그냥 충전선을 항상 연결해두고 틈틈이 자주 충전하는 것이 일반적인 관리방법이다. 전지가 완전히 충전되었을 경우 충전을 중단하고 자가 방전모드로 들어가기 때문이다.

이번에는 이차전지와 전기차의 시장동향에 대하여 알아본다.

김준하 지음 '이차전지의 기술, 시장동향 및 특허동향' 등에 따르면 현재는 휴대폰 노트북 등 소형기기에 이차전지가 상당부분을 차지하고 있지만 향후 리튬이차전지 산업은 친환경 자동차 개발과 전력저장과 연관되어 발전할 가능성이 매우 큰 것으로 보고 있다. 리튬이차전지 산업은 크게 셀제조업과 소재산업으로 분류할 수 있으며 셀제조업은 이차전지를 생산하는 것이며, 소재산업은 리튬이차전지를 구성하는 양극활물질, 음극활물질, 분리막, 전해질 등을 생산하는 것이다.

LCD와 반도체에 버금가는 잠재력을 가진 미래산업인 이차전지 시장을 선점하기 위하여 치열한 경쟁이 이루어지고 있다. 목표는 세계 이차전지 시장 점유율의 우위를 확보하는 것으로 현재 금액상으로 6억 달러 이상의 시장규모가 될 것으로 예상하고 있다.

우리나라의 경우 삼성SDI와 LG화학 등 한국 업체들이 이차전지 제조기술개발을 통한 자체생산을 시작하여 2000년 초반부터 이차전지 세계 시장 점유율에서 2위를 차지하기 시작하였다고 한다. 드디어 2010년 삼성SDI가 이차전지 세계시장 점유율 1위를 차지했고 2011년에는 한국기업들이 시장 점유율 40%를 차지하며 1위를 차지했다. 2012년 이후에 한국 기업의 점유율은 점점 상승하여 현재 점유율 상위기업으로 삼성SDI, 파나소닉, LG화학 등이 있으며 한국기업들이 약진하고 있는 상황이다.

리튬이온전지, 리튬(이온)폴리머전지 등 차세대 이차전지 사업 참여를 공식 선언한 국내기업만도 삼성SDI, LG화학, SKC, (주)새한, 한일베일런스 등 5개이다. 여기에다 자동차용 연료전지 사업추진을 모색하고 있는 현대자동차, 성우에너지, 한국타이어를 합치면 10여개의 업체들이 이차전지사업에 뛰어들고 있다.

정부는 2010년 이후 차세대 성장 동력 산업 중 하나인 이차전지를 세계 1위 생산국으로 집중 육성한다는 방침으로 초대용량 및 초소형 리튬 이차전지, 하이브리드 전기자동차용 고출력 리튬 이차전지 등을 6대 차세대 기술개발과제로 선정하고 본격적으로 추진하고 있다.

한편, 정영만 지음 '리튬이차전지의 기술 동향과 미래' 등에서 밝힌 전기차시장의 동향을 알아보면, 현재 판매중인 하이브리드 전기차시장은 도요다, 닛산, 혼다 등 일본계가 시장의 상당부분을 차지하고 있다. 10여 개의 전지 회사가 공급을 추진 중이고 상당수가 파나소닉, 산요 등 일본계이다. 자국 내 검증된 전지업체 확보가 어려운 GM, BMW, 폭스바겐 등은 타 국의 전지업체와 협력관계를 추진 중이고 특히 미국 및 유럽 자동차 기업들은 주로 한국계 이차전지 업체들과 협력을 추진하고 있다고 한다.

도요타의 하이브리드 전기차 선점으로 시작된 전기자동차 시대가 최근 순수 전기자동차의 도입으로 전기차시대가 생각보다 앞당겨질 수 있다는 전망을 하고 있다. 전기차 시장이 확대될 경우 2018년 이후 친환경자동차 시대가 본격적으로 시작되며, 리튬이온전지시장 규모는 2020년에 이르러 50억 달러를 웃도는 수준이 될 전망이다.

결론적으로 지구온난화를 줄이고 화석연료의 고갈에 대응하기 위해서는 신재생에너지, 자동차동력의 전기화와 에너지사용 효율 향상이 필수적이다. 이에 따라서 녹색에너지인 태양광발전 및 풍력발전확대, 전기자동차개발 및 보급을 서둘러야 한다. 전 세계적으로 차세대 에너지원을 우선적으로 확보하기 위한 경쟁상태에 돌입해 있고 그러한 에너지원으로 인해 국가 간 분쟁도 일어나고 있는 실정이다.

이러한 상황에서 여러 나라에서는 에너지 저장 장치로 각광 받고 있는 리튬이차전지에 대한 개발이 활발히 이루어지고 있는 실정이며 이를 어떻게 개발하느냐에 따라 국가의 경쟁력이 바뀔 수도 있는 현실이다. 향후 리튬이차전지가 전기자동차와 에너지 저장장치로서 각광을 받을 것이며, 리튬이차전지 산업의 발전과 더불어 그 원료가 되는 리튬, 니켈, 코발트 등에 대한 확보대책과 함께 소재분야에서의 획기적인 재료 개발이 절실히 필요하다고 한다.

정부도 국내 전지업체와 학교, 연구소간의 산학연 상호협력체계를 구축하여 이차전지 산업을 주도할 전문 인력을 양성하여야 하며, 그 동안 폐쇄적 협력체제였던 전지셀업체, 장비업체, 소재업체 등을 개방적 협력체제로 유도하여 개발된 소재와 공정장비가 조속히 양산될 수 있도록 지원하고, 국내 전지업체가 해외의 수요처를 대상으로 적극적인 마케팅을 전개할 수 있도록 각종 시책을 수립하여 협조해 나가도록 해야 할 것이다.

<참고문헌>

1. K. J. Cho, “The Present Condition of Li-ion Battery Industry in Green Car (in Korean)”, pp. 59-82, Issue of Industry, KDB Research Institute, 2010.
2. Y. M. Chung, “Organic Nano-coating of the Electrode for Energy Device and Synthesis of High Dimension.
3. T. Nagura and K. Tazawa, Prog. Batteries Sol. Cells, 9 20-2 (1990).
4. 김준학, 이차전지의 기술, 시장동향 및 특허동향, 신기술동향(반도체심사담당관실).
5. 정영만, 조원일, 리튬이차전지의 기술 동향과 미래, KIST 이차전지 센터 (2010).

(2018. 00. 00, 과학이야기, 칼럼)

제2부

삶

제2부 삶

제1장 밖에서 본 모습

천 년의 벗 / 인물 탐방기 / 매일경제신문 보도 / 인물탐구

제2장 나의 삶

떠난 분을 기리며 / 위대한 어머니의 표상 / 훈련중인 아들에게 / 손자 찬용에게 / 부끄러운 고백 / 2018 아시안게임 축구관전기

제3장 대학생 시절

수석졸업과 대학생활 / 졸업식 수상자 프로필 / 졸업식 거행

제4장 교수 시절

뜻 있는 곳에 길 있다 / 정년 송축사

제5장 대학장 시절

신입생 OT인사말씀 / 환경주제 설리제 인사말씀 / 추모사

제6장 학회 활동

학회장 취임사 / InterMag 국제학회 참관기 / 학회장 퇴임사

제7장 대외 활동

자화상 / 광양신문 창간1주년 축사 / 시집 발간 축사 / 해태 창립50주년 기념 축사

제8장 봉사 활동

재경 사범총동회장 취임사 / 고물동 안내장 / 우면산 산행 / 전주 이씨 대종회 총회참관기 / 재경 사범총동회장 퇴임사 / 서영수 시인 시평 / 재경 사범총동회 안내장

제1장

밖에서 본 모습

천년의 벗 이장로는 섬세纖細한 천재다

-우리는 1,000년을 살고 있다.

2017년 올해는 닭의 해다. 육갑六甲으로 치면 정유년丁酉年인데 조류독감과 항생제 달걀로 닭이 수난 당하기도 했지만, 우리가 처음 만났던 1957년 정유년에는 달걀이 소풍갈 때나 먹어 볼 수 있었던 귀중한 식품이었다.

이럴 때 나는 이장로李章魯를 전라남도 순천시 조례동에서 만났다. 순천사범학교에 입학했을 때 같은 반이 되어 키가 작은 나는 2번이 되고 키가 크지 않은 이장로도 내 근처 뒷줄에 앉아 공부하게 되었다.

당시 사범학교는 국립이었고 고등학교 과정이지만 졸업하면 국민학교 교사가 될 수 있어서 지금 보다도 더 취직이 안 되던 시절이라 입학경쟁률이 높았다.

순천사범학교에는 경상남도 하동군 남해군 친구들이 있어서 나는 시끄럽게 들리는 경상도 사투리를 처음으로 들어볼 수 있었다. 우리는 남자 두 반, 여자 한 반으로 150명이 입학했다. 남자 들 중 반은 병설중학교에서 올라왔고 반은 전남의 동부 6군 출신들이 중심이었다. 나는 보성 사람이고 이장로는 광양 출신이어서 모르는 사이였는데 처음 이장로를 보았을 때 이름부터 독특했다. 목사 밑에 있는 장로라니 헛웃음이 나왔다. 이목구비는 그런대로 괜찮은데 안색이 동굴 속에서 쑥만 먹고 사람이 된 곰能女처럼 희멀겋고 탄력이 없었다. 거기에다 어딘지 모르게 촌티가 나고 애어른 같아 시골처녀들이 좋아할 화상이었다.

입학 며칠 후 점심시간이었다. 어디서 맛있는 냄새가 풍겼다. 이장로가 점심반찬으로 달걀부침을 가져왔기 때문이다. 병설중학교에서 올라온 친구가 아니면 서로 생소한 때라 자기가 가져온 김치만 먹을 때였다.

예의를 숭상하는 양반 광산김씨光山金氏의 최종손인 나는 약간 망설이기도 했지만, 이장로의 달걀반찬을 염치불구하고 3분의 1 이상을 내가 퍼다

먹었다. 이렇게 만난 우리들의 교류가 이제 두 세기에 걸쳐 꼭 60년이 된다.

서양의 어느 석학은 20세기 후반부터 21세기 초까지 50년의 과학발전은 1,000년의 변화보다 더 커서 문명의 낙차가 1,000년을 뛰어넘는다고 했다. 상당히 무식한 내가 생각해도 그 말은 맞는 것 같다. 우리가 처음 만난 1957년부터 지금까지 물리적 시간은 60년이지만 역사의 부피는 1,000년이 넘고 세월의 중량과 가치도 1,000년을 훨씬 뛰어넘는다. 우리는 1,000년의 역사를 함께 살고 있는 것이다. 그러기에 우리들은 천년지기千年知己라 해도 과장이 아닌 것이다.

-드디어 지독한 인간을 만났다

원숭이가 열매를 따 먹기 위해 이 나무에서 옆 나무로 옮겨 타듯이 순천시 근처에 있는 시 군에서 취직하기 위해 모여든 특목고 학생들이지만, 사범학교 입학생들의 출신성분은 다양하고 특이했다. 가슴에 붙이고 다닌 이름표에 써진 이름들이 기묘했다. 김지자女, 박아지女, 이국자女, 이안자女, 곰곰이 생각해보자, 송기생男, 유남근男, 한자로 써보자, 김성男, 김광우男, 위광우男, 이장로男 등 웃기는 이름들이 수두룩했다.

여학생의 부모 중에는 현직 시장도 있고 현직 도의원2년 후 도지사, 현직 등기소장, 현직 면장, 현직 역장 등이 있었지만 남학생들의 집은 상대적으로 가난했다. 부모가 농사꾼이 대부분이지만, 현직 땔나무꾼, 현직 지게꾼, 현직 구멍가게주인, 현직 구루마꾼, 현직 노점상, 현직 실업자가 많았고 현직 과부들도 많았다.

입학한 지 1개월 정도 되었을 때다. 나는 이장로가 산보나 하자고 해서 교정에 있는 벤치로 함께 나갔다. 이장로는 나무 밑에 있는 벤치를 입으로 불어서 번지를 털었다. 그리고는 주머니에서 하얀 손수건을 꺼내 한 번 더 털어 내고서야 앉았다. 콧물이 나오면 손등으로 쓱 문질러버리던 나는 벤치가 깨끗해 보여 아무렇게나 앉았다.

이장로는 조용히 말했다. 자기가 광양중학교를 전체수석으로 졸업했으며 아버지는 현직 공무원으로 근무한다고. 사범졸업 후에는 바로 대학으로 진학해서 중등학교 교사가 되겠다고. 나는 정신이 몽롱해졌다. 아버지가 전직 머슴이었던 나는, 장로 아버지가 현직 공무원이라거나 사범에 입학한 것만으로도 대견해하는 딴 친구들과 달리 먼 앞날을 준비하고 있는 장로의 계획에 놀라는 것이 아니었다. 깨끗해 보이는 벤치를 입으로 불어서 먼지를 털고 또 한 번 손수건으로 털어 내고서야 앉는 장로의 결백성과 치밀함에 기절초풍했던 것이다. 교실에서도 이장로는 1/2을 쓸 때 2을 쓴 다음에 자尺를 대고서 - 을 반듯하게 그은 다음에야 1을 써서, 참 희한한 놈도 있구나 하고 놀라고 있었던 때라, 더욱 놀라 자빠졌던 것이다.

나는 감히 흉내낼 수 없는 이 픽션보다 더한 난픽션 앞에서 경악의 무게를 주체할 수 없었다. 나는 이런 경험을 두 번이나 더 겪었다. 한 번은 이장로가 고려대학교에서 강의하면서 송천동에서 자취하고 있을 때였다. 국민학교 1학년 때부터 6학년까지의 통신표를 전부 보관하고 있는 것을 보고 소스라치게 놀랐었다. 또 한 번은 장로의 방배동 집에서 함께 그의 차를 타고 강남 터미널 쪽으로 나오고 있을 때였다. 5분쯤 달렸는데 갑자기 그의 집으로 차를 되돌렸다. 미쳐 뽑지 않고 나왔던 오디오 시스템 전기코드를 뽑은 후에서야, 다시 가고자 했던 곳으로 차를 몰았다. 그럴 때마다 앙드레 말로를 만난 드골이 "드디어 인간을 만났구나"하고 경탄했듯이 나는 드디어 "지독한 인간을 만났구나"하고 마음속으로 경탄했었다.

-에덴의 남쪽

얼마 안 되지만 관비를 받고 사범학교를 다녔던 사람으로 2년도 교직생활을 못한 내가 순천 사범에 대해 이야기하는 것은 청개구리가 어머니 무덤을 걱정하는 것처럼 부자연스럽다. 그러나 동창회 행사로 순천 공고로 변해버린 모교의 옛터를 방문할 때마다 절규하듯 침묵하는, 순사교정에 잠겨있는 이야기를 꺼내지 않을 수 없다. 우리들 순사 13회는 순천사범의 아이돌이었기 때문이다.

국립학교였기 때문에 순사는 특정종교에 편향된 학교는 아니었다. 그러나 어쩐지 불교적 냄새가 물씬 했다. 일본 와세다대 독문과를 나와 선암사 주지를 했던 이동석 교장은 머리를 짧게 깎고 근무했으며, 송광사 사비寺費로 일본 대학에 유학했던 김해석 선생이 현직 교감이였기 때문이었는지도 모른다. 학교의 기본 하드웨어는 큰 사찰의 규범처럼 엄격했지만 학풍이나 학교생활의 소프트웨어는 부처님의 자비심처럼 유연하고 탄력적이었다.

순사는 순천시에 있다고 해도 재래 마을 옆에 있는 깡촌의 학교였기에 수도 시설이 없었다. 이동석 교장은 학교 뒤 봉화산에서 흘러내리는 물을 학교로 끌어왔다. 그 공사를 1학년인 우리들에게 맡겼다. 우리들은 삽, 곡괭이와 쇠스랑으로 마을의 논밭을 2m 정도 파서 파이프를 묻는 거창한 토목공사를 씩씩하게 해치웠다. 일 잘한다고 칭찬 받은 우리들은 강당 신축공사에도 중심 노무자가 되었다. 모래 시멘트 벽돌 등을 리어카로 실어 날랐다. 학교 옆에 사는 정동일 친구는 집에서 바지개를 지고 나와 벽돌과 모래를 져나르기도 했다. 실습지에서 보리 베는 것도 일 잘하기로 소문난 우리들 몫이었다. 우리는 일당만 받지 않았을 뿐 완전히 상머슴이었다.

그러나 이런 것만 있는 것은 아니었다. 교문 옆에 있는 1,000여 평의 유동숲은 우리들의 녹음 깔린 운동장이었고 휴식공간이었다. 유동림 그늘에서 해마다 음악제를 열었다. 한편에서는 똥과 오줌을 한꺼번에 싸대는 '얼룩백이 황소가 게으른 울움을 우는 곳'에서 여학생들은 '오솔레미오'를 불러 제꼈다.

물론 이런 것만 있는 것은 더욱 아니었다. 나이든 영어 선생님이 교실을 거닐면서 강의를 하고 있을 때 고규석이라는 맹랑한 친구는 교탁 위에 놓인 선생님의 교사 수첩을 훔쳐내서 시험 점수를 찾아보다가 들켜, 선생님과 쫓고 쫓기는 활극을 벌이기도 하였다.

남녀가 합반을 해서 무용 실기를 배울 때 이런 일도 있었다. 솔랑한 조병화라는 친구가 무용선생님에게 뜬금없이 '서숙 키우는 방법이 무엇입니까'하고 물었다. 전라도에서는 조를 서숙이라 불렀다. 알기 쉽게 말하면 조를 키우는 법, 노골적으로 말해버리면 좆을 키우는 방법이 무엇이냐고 무용선생님께 물었던 것이다. 남학생들은 박장대소拍掌大笑했고 여학생들은 못 알아듣는 척 의뭉을 떨었다. 온유한 무용선생님은 자비롭게 '가섭의 미소'를 보내면서 '엑끼놈'하고 가볍게 나무랬을 뿐이었다. 형식이 내용을 결정한다고 했던가. 졸업 후 이 친구들은 모범교사가 되었다.

이럴 때 이장로와 나는 주도적 인물이 아니었다. 허나 여드름 나는 데는 나와 이장로는 발군의 실력을 발휘했다. 이장로의 이마에는 밤하늘의 은하수처럼 깨알 같은 여드름이 뒤덮였다. 나는 왕 여드름이 온 얼굴을 시궁창으로 만들었는데 지저분하기는 해도 피카소의 추상화처럼 원색적이었다. 당시는 브라자가 없었다. 여자들은 본래의 몸매가 다 드러났다. 우리는 체격 좋고 삼삼한 여학생들을 훑어보며 별의별 상상력을 다 발휘할 때라 온 얼굴에 '여다렴女多念' 범벅이 된 것도 당연한 현상이었으리라.

교사를 양성하기 위한 특목고特目高라 해도 사범학교는 인문 고등학교의 교육과정을 다 배우고 있었다. 허나 교육 심리학을 가르친 변홍규(후에 전북대 교수), 물리를 가르친 이용호(후에 전북대 교수) 선생님을 제외하곤 어느 선생님도 학생들에게 공부하라고 독려하지 않았다. 체육선생 같은 분은 축구공, 배구공, 농구공을 가지고 와서 학생들에게 던져주고 취미 따라 놀라고 하면서 교무실로 들어가 버렸다. 우리들은 고삐 없는 양떼들이었다.

규제도 긴장도 경쟁도 없는 순사교정은 순천역의 기적처럼 자유自由가

울려 퍼지는 에덴의 남쪽이었다.

-질풍노도의 계절

우리가 사범에 입학하던 1957년 소련에서 인공위성 스푸트니크호를 발사하여 우주 시대가 열리기 시작하였다. 우리도 가정의 울타리를 벗어나서 창문 밖에 있는 세상을 바라보기 시작하였다.

우리는 사춘기의 예민한 감수성으로 낮이면 모든 생물이 성장하는 생명의 육성肉聲을 들었고, 밤이면 지구가 자전하는 신비로운 우주의 호흡을 느낄 수 있었다. 교문 옆에서 넓적한 잎사귀로 하늘의 소리를 듣고 있던 유동림은, 아무 걱정 말라고 우리들을 타이르는 무우수無憂樹였다.

그렇기에 우리 영혼의 피까지 푸르게 만들던 유동림은 지상에서 가장 성聖스런 신목神木이 되었다. 우리는 이곳에서 천상천하 순사독존天上天下順師獨尊을 울부짖었다. 우리 조상들이 흙과 불로 도자기를 굽듯이 우리는 촌놈의 꿈과 젊음으로 우리의 청춘시대를 구웠다.

46억 지구의 역사 중 태양이 가장 뜨겁게 용솟음쳤던 3년의 순사시절은 질풍노도Strum und Drang, 疾風怒濤의 계절이었다. 지금 우리가 어떻게 변했다 해도 순천사범은 운명運命의 생가生家이며 교육의 본적지이다.

-스스로 야곱의 사다리를 세웠다

만주군관학교를 수석졸업하고 일본육사에 편입했던 박정희 전 대통령이 대구사범은 꼴등으로 졸업했다. 중국의 모택동도 중학교는 수석 졸업했으나 호남제일사범에 가서는 학교 공부는 하지 않고 연애나 하고 사상운동에 열중했을 뿐이었다. 어느 시대 어떤 나라에서도 딴 생각을 품고 있는 사범학생은 교직과목과 예체능 과목의 비중이 큰 사범학교 교육에 체중을 싣지 않았다.

이장로도 사범학교 다닐 때 좋아하는 과목 이외에는 열의를 보이지 않았다. 그러나 얼었던 땅에서도 푸른 싹은 땅을 비집고 올라오듯이 순천사범 13회에서도 몇 사람은 자신의 손으로 야곱의 사다리를 세웠다. 그리고 자신의 미래가 못 박힌 고난의 십자가十字架를 스스로 짊어졌다. 이장로도 그 중의 한 사람이다.

이장로가 고려대학교를 전교 수석으로 졸업한다는 기사가 동아일보를 비롯한 일간지에 대문짝만하게 보도되었을 때 우리 동창들은, 아니 나는 충격과 선망, 치솟는 질투심으로 가슴을 쓸어내려야 했다. 그것은 순천의, 호남의, 이장로가 지역을 뛰어넘어 전국의 이장로가 되는 사건이었다.

그 후 교수가 되어 국내외에 수많은 논문을 발표하고 대한민국 과학기술상대통령상을 받고 영국 캠브리지 국제인명사전IBC에 '21세기 위대한 과학자' 그리고 '세계 100대 최고 과학자'로 선정된 것 등은 각종 매스컴에 보도된 바와 같다.

이장로는 그가 다녔던 각 급 학교와, 그가 근무하고 맡았던 직책보다 항상 더 높은 차원의 성과물을 내놓는 초수재超秀才였다. 그는 내수용 가전제품처럼 국내용 대학 선생으로 안주하지 않고 세계와 승부를 거는 통 큰 국가대표 과학자로 성장하였다.

사실대로 말하면 나는 사촌이 논을 사면 배가 아프다는 속물이다. 그래서 이장로가 국제적인 연구 성과와 특허 등을 내고 성취를 이룰 때마다 야코가 죽고 괜히 위축되는 것 같아 가슴이 쓰리다. 허나 이장로의 연구결과가 보태져서 인류문명이 조금씩 업그레이드되고 있다면, 똥구멍이 찢어지게 배가 아파도 참아내야 하는 것이 천년 친구로서의 불편한 숙명이 아닌가 싶다.

물리학이 모든 학문의 여왕벌처럼 보이지만 이장로가 전공한 물성물리학物性物理學에 대해 나는 전혀 모른다. 그런데 이장로는 물성 중에서도 특히 자신의 두뇌의 물성, 자신이 처한 환경의 물성을 잘 알고 있는 것이 확실하다.

-운명까지 설득하는 능변가

교수라고 하지만 이장로는 달변가는 아니다. 그러나 한국자기학회韓國磁氣學會 학회장으로 학회를 이끌고 어지간한 대학의 총장이 이끌어야 할 규모인, 100여 명의 이과대학 교수들을 통할統轄해야 했던 학장으로서의 과학적 리더십은 합리적 진술능력이 전제되어야 가능하다. 또한 불특정 다수인에게 실험 결과와 사유의 디자인을 분명하게 전달해야 하는 수백 편의 국내외 논문은, 정신적 동의를 확보해야 하는 초 과학의 웅변이었다.

특히 이장로는 7남매의 장남이다. 부모님은 국민학교 교사로 근무하면서 줄줄이 따라 올라오는 동생들의 학비 부담을 함께 나누어지기를 열망했다. 전통적 장남 역할을 감당해야 하는 존재적 운명存在的 運命에 구속拘束되었다. 이장로는 이런 운명까지도 설득해서 그림자로 따라오게 하는 능변가能辯家이다.

나는 장로가 빤스만 차고 큰 길을 뛰어 다니며 조깅을 한다거나 비싼 장비를 짊어지고 등산하는 것을 거의 본 일이 없다. 더구나 시원하게 골프를 쳤다고 자랑하는 것을 들은 일도 없다. 그러나 이장로는 비교적 건강하다. 집요하고 진지하게, 거기다가 강렬하게 머리로 뛰면서 두뇌운동을 하고 있기 때문이다.

그럼에도 이장로는 모르는 것이 너무 많다. 이야기를 하다 보면 "그것은 잘 모르겠어" 할 때가 많다. 그래서 이장로는 무식한 박사다. 그러나 '아는 것은 안다 하고 모르는 것은 모른다고 하는 것이 진짜 아는 것' 즉 지지위지지 부지위부지 시지야知之爲知之 不知爲不知 是知也, 論語 第二篇 爲政篇 17章라고 공자孔子는 말했다. 이렇게 아는 척하기 좋아하는 내게도 이장로는 가끔씩 물어본다. 고로 이장로는 공부하는데 소질이 있다. 연구하는데 취미가 있다. 실험하는데 특기가 있다. 이장로는 천상 학자다.

-이장로는 소심하다

오래 살다보면 돈 아니라도 서로 주고받는 게 있기 마련이다. 이장로는 종종 이장로 나름의 정 표시로 생색을 내며 밥과 술을 먹으러 가자고 한다. 그런데 나를 데리고 들어간 곳은 언제나 대중음식점이다. 솔직히 말하면, 영자, 순자 이름을 가진 립스틱 짙게 바른 젊은 여인들이 오빠하고 뛰어나오는 유흥음식점 이상을 기대했다가 실망할 때가 한 두 번이 아니다. 이장로는 이처럼 돈 쓰면서 폼을 잡지 않는다.

그 뿐이 아니다. 쓸 데 없는 이야기도 쓸 데 많게 만드는, 추억의 찜질방인 동창회 모임에서도 그렇다. 그가 큰 상을 수상할 때나 큰 연구비를 받았을 때에는 '오늘 밤은 내가 쏜다! 코가 삐뚫어지게 마시자!' 하늘의 구름까지 도망치도록 호탕하게 소리치면서 질편하게 한 턱 써야하는 것이 세속적 윤리 아닌가. 이장로는 그렇게 하지 않는다. 정말 유감스럽다.

어느 시대 어느 나라에서나 야들야들한 젊은 여자가 착착 감겨오면서 술을 따라 올리고 정력에 좋다는 안주를 입에 넣어 주면, 남자들은 입이 귀밑까지 찢어지는 것이 동서고금의 진리이다. 세상물정 어두운 이장로는 바로 그런 것을 잘 모르는 것 같다.

지금부터 꼭 500년 전, 1517년 마르틴 루터가 절대 권력의 로마 교황을 상대로 종교개혁의 깃발을 올려서 서양 역사를 뒤집어 버렸다. 그 루터는 고해성사를 마치고 나오다가 다시 뛰어 들어가 빠진 부분이 있다고 새로 고해성사를 자주 했던, 지극히 꼼꼼한 사람이라고 평가 받던 인물이었다. 5.16 쿠데타로 민주당 정부를 뒤엎어 버린 박정희 전 대통령도 헌 양말과 이불 찢어진 데를 꼼꼼하게 잘 꿰맸다고 한다. 나는 이장로와 접하면서 지나친 섬세함과 치밀함을 볼 때는 루터와 박정희를 상기할 때가 많았다. 극極과 극極은 상통한다는 말도 역시 진리인가. 어찌되었던 이장로 인격품성의 인프라에는 과학적 사회성科學的 社會性이 충만되어 있는 것이 확실하다.

-이장로는 천재다

조선 영조 때 신경준이 편찬한 산경표山經表에 의하면 한국 산山의 비조鼻祖는 백두산이다. 이 백두산에서 출발하는 산줄기가 백두대간白頭大幹을 타고 내려오다가 지리산에 와서 숨을 고른 다음, 호남정맥을 타고 해안을 일주한 후에 광양 백운산白雲山에 와서 마무리 짓게 되어 있다. 말하자면 백두산 정기가 산줄기를 타고 내려오다가 전남 광양에 와서 대단원을 내린다는 것이다.

또한 한국 남쪽 지방의 대표 수계水系인 섬진강도 굽이굽이 내륙을 돌다가 광양에 와서 태평양으로 빠져든다. 아무튼 풍수지리설에 의하면 햇볕이 빛나는光陽 땅인 광양에서 인재가 많이 배출된다고 옛날부터 구전되어 왔다. 실제로 경남 고성과 함께 전남 광양, 보성에서 근 현대의 큰 인물들이 많이 배출되었다.

이장로는 이런 전남 광양의 봉강면鳳岡面 태생이다. 백운산을 등지고 있는 봉강면은 조선왕조가 멸망했을 때 분연히 자결함으로써 민족혼民族魂의 횃불을 들었던 매천梅天 황현黃玹의 고향이다. 또 '무진기행霧津紀行', '서울 1964년 겨울'을 쓴 작가 김승옥의 고향도 봉강면이다.

일반적으로 매천야록梅泉野錄을 쓴 황현을 '지사적志士的 천재天才'라 하고, 불세출不世出의 작가 김승옥을 '선천적先天的 천재'라고 부른다.

감히 단언컨대, 광양출신 이장로는 천재다. 이장로는 땀과 눈물로 쌓아올린 '후천적後天的 천재天才'다. 일류대학 졸업생 1,200명 중에서 빼어난 실력으로 전교수석 졸업을 했으니 '검증된 1,000才천재'다.

이장로에겐 생각하는 힘이 있다. 선택하는 혜안慧眼이 있다. 집중集中하는 박력迫力이 있다. 이장로는 과학적 천재科學的 天才다.

이장로에게 정년퇴직은 인생의 여백이 아닌 황금어장으로 출항하는 또 하나의 시작이었다. 최선을 향한 갈증이 치열하고 자기 자신의 가치에 대한 긍정을 취소하지 않는 그는 재임 중 100편 이상의 SCI국제과학인용색인

논문을 포함하여 수백편의 국내외 학술발표 및 학술논문 업적을 쌓았으나 정년 후에도 15편의 SCI 논문을 발표했다. 학문적 심호흡을 계속할 수 있는 장거리 학자로서의 면모를 유감없이 보여준 것이다.

그러면서도 일반 대중을 향해 사이언스science 교향악交響樂을 연주해오고 있다. 이것은 엘리트 과학의 순례巡禮길이요 기초과학의 올레길이 되었다. 그 결과물이 발행예정인 "과학과 함께 걸어오다" 책이다. 이 책 속에는 원로 과학자가 국민에게 바치는 교육자의 진심이 서려있다. 이모작二毛作 인생의 첫 수확으로 일반 국민의 열렬한 커튼 콜curtain call을 받고 있는 이 장로는 다시 한 번 Hey Day전성기, 全盛期를 맞은 것이다.

옛날식으로 말해 희수喜壽를 맞은 우리들은 곧 산수傘壽가 되고 미수米壽를 즐기고 졸수卒壽와 백수白壽에 이를 것이다.

갈라파고스Galapagos 섬에 갇혀 있는 동물처럼 진화하지 못하고 세월의 덫에 갇혀 있는 사람도 있고, 역사를 끌고 가면서 문명의 발달에 기여한 사람도 있다. 사람에 따라 회한悔恨과 긍지矜持가 교차되는 80년이다.

그러나 장로야, 이장로야
우리 長老장로하자.
기쁜 날도 약간 슬픈 날도
사춘기의 마음을 그린 인생 예복人生禮服을 입고
노년의 초원을 달리는 기마병騎馬兵이 되자.
멀리 멀리 가는.

(2017. 9. 29, 순천사범 13회 동기동창, *김병기)

*김병기 씨는 신안군 하의초등학교 교사를 지내고 중앙일보 기자와 ㈜제일기획 및 ㈜연합광고의 카피라이터copywriter를 역임하였다.

물리학자 이장로 박사 탐방기探訪記

"한국 자성체 물리학의 대들보 李章魯 博士"

방학 중이지만 국제학술대회 준비, 세미나 개최, 논문 작성 등 바쁜 일정을 잠시 접고 학장실에서 자리를 함께 했다. 고향 사람의 만남이라 즐겁다는 소박한 웃음에 맛깔스러움이 배어있고, 교육자와 학자로서의 풍미가 몸에 묻어 있어 포근하게 대화를 할 수 있었다.

1974년에 이학박사 학위를 취득한 그는 한국 물리학 분야의 대들보로 성장해 있다.

이장로 박사는 봉강면 신룡리 71번지에서 아버지 이정우전 봉강면장 씨와 어머니 박복아옥곡 장동리 생 여사 사이에서 2남 5녀의 맏아들로 태어났다. 태胎 자리에서 오래 머물지 못하고 외가에서 한 해 정도 머문 후 광양읍 칠성리로 옮겨 자랐다. 부인 "신경자"씨는 춘천교육대학교 수학 교수로 재임 중이다. 슬하에 두 아들을 두고 있으며 장남은 연세대 생명공학부를 졸업하고 공학 박사취득 후 미국 샌디에이고 소재 "스크립스Scripps 연구소"에서 박사후과정 연수중이고, 둘째는 성심의료원 레지던트, 둘째 며느리는 서울대학교 의과대학 전임의로 근무 중이다. 동생 "숙로"씨는 매일경제신문 총무부장의 업무를 맡고 있다.

클 수 있는 나무는 뿌리부터 다른 모양이다. 광양서초등학교에 이은 광양중학교 졸업 때 전체 수석으로 전남도지사상을 수상했다. 순천사범학교를 졸업하고 돌산초등학교와 봉강초등학교에서 1년 넘게 교편을 잡았다. 사도의 길을 가더라도 더 넓은 곳을 향하고 싶어 고려대학교 이학부에 입학, 졸업할 때 대학교 전체 수석총장상으로 최우등생의 영광을 안았다. 이어서 학훈단장교육군중위로 군복무를 마치고 대학원을 거쳐 박사학위를 당시 최연소로 취득하고, 전북대학교에서 약 2년간 근무했다. 그 후 숙명여자대학교로 옮겨 현재 자연과학부 교수이과대학장로 재직 중이다.

각종 매스컴에 자주 등장되고 있지만 광양인으로 소개되지 못함이 아쉽다. "세계적 권위의 美·英 인명사전"에 잇따라 등재되고 신문에 기사화되었다. 李 教授는 최근 "영국 캠브리지 국제인명센터IBC"가 발간하는 2003년판 인명사전에 "21세기의 세계적인 과학자"로 선정, 등재되었다. 이에 앞서 세계적으로 권위를 자랑하는 미국 "마르퀴즈 후즈후Marquis Who's Who"사가 발행하는 인명사전 "후즈후 인 더 월드Who's Who in the world"에도 등재되었다. 특히 "후즈후 인 더 월드"는 100여 년의 역사를 갖는 세계적 권위의 인명사전으로 국제학회와 국제전문학술지 등에서 추천을 받은 인물 중 학문발전과 사회적 기여도가 있는 사람을 선정한다. 이들 인명사전은 미국인명정보기관ABI 인명사전과 더불어 세계 3대 인명사전으로 인정받고 있는 것이다.

그동안 각 국에서 개최된 ICM, MMM, SCM, IEEE미국전기전자공학회 InterMag 등 각종 자기학국제회의에 90회 이상 참가하여 학술연구논문을 발표하였다.

자성체 물리학 국제회의 ISPMM의 조직위원으로, 또한 1999년 미국 IEEE 주관으로 서울에서 세계 각 국 2500명 이상이 참가한 IEEE InterMag'99의 조직위원으로 이 회의를 성공적으로 마쳐 한국의 국제적 위상을 높이는데 기여하였다. 한편 1996년 학교 창학 90주년기념 숙명문화재단, 한국과학재단지원으로 개최한 ICPMM'96 자성체 물리학 국제회의 조직위원장으로 이 회의를 성공적으로 개최하였다.

따라서 IEEE회원 및 한국 자기학회 회장으로서 각종 해외 국제회의, 국제공동세미나 개최와 참석 등을 통한 국제 교류 및 협력 강화에 기여한 바를 인정받고 있다.

李 박사는 자성체 물리학컴퓨터 정보기록 저장장치 분야에 탁월한 연구실적을 인정받아 국내 국책연구소와 민간연구소 및 연구비 지원재단의 평가업무에 많이 참여하고 있다. 대내외 연구비재단의 연구비 총괄연구책임자

로서 폭넓은 연구를 수행하여 교내 교수업적평가를 통한 "올해의 최우수 교원수상자"로 연속적으로 선정되고 있다. 이과대학 학장으로서 대외적으로 지도력을 인정받은 것들 중에는 전국 자연과학대학 학장협의회 부회장 재임 시 교육부의 국내 기초과학연구비 중단 사태를 강력히 항의, 청와대 등을 방문, 결국 기초과학연구비 지원을 존속시킨 활동을 들 수 있다.

또 국내 12개 금속-재료관련 학회로 결성된 사단법인 한국재료관련학회 협의회 부회장을 맡고 있으며, 총무처 기술고등고시 2차 시험위원 및 5급 국가공무원, 주요 기업체 채용 시험위원을 역임하였다.

그동안 국제과학기술논문색인SCI 학술논문 100여 편, 국제 및 국내특허 6건 등을 포함하여 360여 건의 국내외 학술발표논문 및 학술논문, 논문지도 석-박사 65명, 저서 7편 등 큰 업적을 남겨 우뚝 서 있다.

그가 쓴 논문은 세계적으로 유명한 학술단체 및 연구기관에서 인정하는 우수한 논문들이라는 것에 값이 있고 빛나는 업적이다. 남은 재임 기간에 할 일과 하고자 하는 일이 너무 많아 자주 가지 못하는 고향, 만나지 못하는 향우들께 죄송하다는 말에 가슴이 뜨거워졌다. 세계적인 과학자로 선정된 재능과 지혜는 "백운산의 정기에 영향을 받지 않았을까 생각한다"는 말에는 소탈하게 웃는 모습이 너무 자랑스럽다.

(2003. 2. 19, 조동래 기자, 인물탐방기, 광양제일신문)

꿈의 메모리 MRAM 고집적화의 장벽을 극복한 신소재 개발

MRAMMagnetic Random Access Memory, 자기메모리 고집적화에의 장벽이었던 높은 전력사용량을 획기적으로 낮추는 기술이 국내 연구진에 의해 세계 최초로 개발되었다.

과학기술부 21세기 프론티어 연구개발사업의 일환으로 발족한 테라급 나노소자개발사업단(단장: 이조원李兆遠 박사)의 과제를 수행중인 고려대학교(총장: 어윤대) 김영근金永根 교수 연구팀은 숙명여대(총장: 이경숙) 이장로李章魯 교수팀과 공동으로 "세계 최초로 NiFeSiB/CoFeSiB 합성형 반강자성 자유층 구조로 추가 공정 및 자기저항비의 감소 없이 MRAM의 기록마진을 확보하였다"고 밝혔다.

MRAM이란 자기저항효과를 응용하는 메모리소자로서 Flash메모리의 비휘발성과 SRAM 수준의 고속 정보처리가 가능할 뿐만 아니라 DRAM과 같이 고집적화 할 수 있는 차세대 통합형 비휘발성 메모리이다. 이 기술은 기존의 반도체 메모리가 갖는 기술적 한계(휘발성, 속도, 전력소모 등)를 극복할 수 있는 새로운 메모리 기술로 제안되었으며, 이미 IBM-Infineon(미국-독일, 공동연구), Motorola(미국), Toshiba-NEC(일본, 공동연구), 삼성전자(한국) 등 세계 유명 반도체업체들을 중심으로 개발경쟁이 치열한 차세대 메모리기술 분야이다. 그러나 기존에 개발된 MRAM 소자들은 자유층으로 응용되는 강자성체의 스위칭 자기장의 거대화 및 불균일에 따른 스위칭 산포가 컸고, 기록마진을 확보할 수가 없었다.

이장로 교수와 김영근 교수 연구팀은 신재료인 NiFeSiB 및 CoFeSiB과 같은 비정질 강자성체를 이용한 합성형 반강자성 자유층 구조로 스위칭 자기장의 거대화 및 불균일을 획기적으로 감소시켜 MRAM의 기록마진을 확보하는 계기를 마련하였다. 이 방법은 추가공정과 복잡한 과정을 거치지 않으면서도 기록마진을 확보할 수 있어서, 자기터널접합을 활용한 비휘발성 MRAM 고집적화에 돌파구를 마련한 것으로 평가된다.

MRAM의 고집적화에 따른 안정된 재생마진을 확보하기 위해서는 자기터널접합에 응용되는 강자성 자유층의 포화자화 및 자왜가 작아져야 하는데 비정질재료는 결정립계가 없고 이방성이 작아 이러한 문제해결에 유리하다고 판단하였다. 최근 2년간 NiFeSiB과 CoFeSiB과 같은 차별화된 비정질재료를 집중적으로 연구하여 기존의 결정질 강자성체의 한계(자기저항, 이방성)를 뛰어넘는 재료를 개발할 수 있게 되었다. 이러한 비정질 강자성체에 합성형 반강자성체 구조를 접목하면 인접 자성체 간의 영향을 최소화시킬 수 있어 재생마진을 획기적으로 향상시킬 수 있었다.

또한 김영근 교수는 "신소재 재료기술 확보로 MRAM 개발뿐만 아니라 다양한 나노소재분야에 파급효과가 클 것"으로 전망하며 "MRAM의 소자 및 재료기술 분야에서 기술적 우위와 리더쉽을 확보하는 전기를 마련하였다"고 말했다.

한편, 이번에 개발한 비정질 강자성체를 이용한 합성형 반강자성체 구조 연구결과는 물리분야에서 세계 최고의 권위를 자랑하는 미국 응용물리학회지Applied Physics Letters 8월 22일자에 게재가 예정되어 기술의 우수성을 인정받았다. 현재 이 기술과 관련하여 국내뿐 아니라 미국, 유럽, 일본 등에 해외 특허를 출원 중이다.

(2005. 8. 15, 과학기술부 정책홍보 담당관실 권민재)

*위의 과학기술부 공표내용은 매일경제신문(차세대 통합 메모리 M램 고집적화의 장벽을 극복한 신소재 개발, 위정환 기자) 등에 보도되었다.

우리 학교 이장로 교수 신소재 개발
-세계 M램 시장 선점할 수 있는 발판 마련

우리 학교 물리학 전공 이장로 교수이과대학장 연구팀이 M램Magnetic Random Access Memory, 자기 메모리를 실생활에 적용할 수 있도록 한 신소재를 고려대학교 김영근 교수팀과 공동으로 개발했다.

그동안 M램은 차세대 메모리로 각광받으면서도 메모리를 구성하는 셀과 셀 사이의 자기저항으로 인한 높은 전력사용량이 문제로 지적됐다. 그러나 이번에 이 교수팀이 개발한 신소재는 M램의 전력사용량을 기존 소재 CoFe를 사용했을 때의 7분의 1 수준으로 크게 낮췄다. 이장로 교수팀의 신소재 개발은 차세대 메모리로 각광받는 M램 분야의 원천기술을 확보하고, 2012년경 16조원에 이를 것으로 전망되는 세계M램 시장을 선점할 수 있는 발판을 마련한 것에 그 의의가 있다.

이장로 교수는 신소재 개발에 대해 "그동안 진행해왔던 연구에서 좋은 성과를 얻을 수 있어 기뻤고, 앞으로 더 좋은 성능을 가진 소자를 개발하기 위해 최선을 다하겠다."라는 소감을 밝혔다.

(2006. 8. 23, 숙대 신보, 김혜란 기자)

인물 탐구: 이장로李章魯 재경총동창회 회장님

-정년 기념 논문집을 통해 본 이장로 회장의 진면목

이 회장 선친의 바람과 기원 때문이었을까…

장로章魯라는 이름은 '글에 노둔하거나, 글에 어둡고 미련하다'는 뜻인데… 연구논문으로 세계적인 학자로 우뚝 섰으니, 그 오묘한 신의 섭리를 헤아릴 길이 없다. 그러니 인물 탐구에 나설 수밖에 없겠다.

이장로 회장이 1966년 고려대학교를 졸업하고 1968년 강원대학교 강의를 시작, 고려대학교 강사 생활을 시작한 것이 고려대학교 대학원에서 물리학 석사학위를 받고 난 뒤니까 올해 정년을 하기까지 약 40년 간을 대학 강단에서 보낸 셈이다. 석사 학위를 받고 나서 3년 뒤 1974년 8월에 고려대학교에서 이학박사 학위를 받았으니, 박사경력으로 대학 강단을 지킨 기간은 만 35년이다.

그 오랜 세월에도 불구하고 이 회장의 행적은 깊은 물처럼 잔잔하고 조용하다. 1975년부터 3년간 전북대학교 사범대학에서 조교수로 근무한다. 어쩌면 모교 순천사범의 영어 선생님이시던 변홍규 선생님과 함께 전북대학교 사범대학에서 후진 양성을 하신 것은 아닐까…?

이 회장님은 1978년 3월부터는 숙명여자대학교로 자리를 옮긴다. 그리고 그 곳에서 부교수, 교수, 학장을 거치면서 올해 8월 정년을 맞는다. 그 기간이 대학의 양적, 질적 팽창과 대학생 수의 급증 기간이었음을 감안하면 이 회장님에게는 숱한 유혹과 권유가 있었을 것이고, 최고의 유치 대상이 되어 남모를 고민도 겪었을 법하다. 그런데 그 파도와 격랑에 아랑곳하지 않고 오직 연구와 연찬, 교수의 외길을 걸으면서 그 자리를 지켜냈다.

그런 지조와 의리, 실력이 이 회장님에게 장기간의 학장 보직으로 보상되었는지 모르겠다. 이 회장님은 1987년 12월부터 1990년 3월까지 숙명여자대학교 이과대학 학장으로 일하였고, 1993년 3월부터 1995년 말까지는 자연과학 연구소장, 그리고 1997년 1월부터 2001년 말까지는 다시 이과대학 학장으로 공동실험기기 실장, 교육개혁 자체평가위원회 위원장을 겸임하여 장기간 보직 교수 생활을 한다.

이 회장님은 1996년에는 숙명 창학 90주년 기념으로 숙명문화재단의 재정적 지원과 한국자기학회와 한국과학재단의 협찬을 받아, 미국 스탠포드대학의 R. White 교수를 포함하여 미국, 독일, 일본 등 5개국 석학들을 초청연사로 하는 자성체 물리학 국제학술회의 ICPMM '96조직위원장으로 활동하여 이 회의를 성공적으로 개최하여 국내외적으로 그 위상을 높였다.

또한, 2002년부터 학교의 연구실적 제고를 위하여 제정한 국제논문 포함 국내외 학술논문실적이 가장 우수한 교수에게 주는 '올해의 최우수 교수상'을 정년 때까지 놓치지 않고 매년 계속 수상하는 영예를 누렸다. 그 기간에 축적된 학교 당국의 신뢰와 대학 총장님의 전폭적인 믿음은 "교수님의 교육과 연구에 대한 높은 꿈과 비전이 <백년의 숙명(대학)을 천년의 빛으로> 아름답게 밝히기를 바란다."는 숙명여자대학교 이경숙 총장의 축하 글(정년기념 논문집) 속에 함축되어 있다.

그 동안 각 국에서 매년 개최하는 ICM, MMM, SCM, IEEE InterMag 등 각종 자기학 국제회의에 직접 참가하여 학술논문을 발표하고 있다. 한국, 미국, 일본, 중국, 대만, 호주 등이 참여하여 2년마다 각국에서 열리는 자성체 물리학 국제회의 ISPMM 조직위원으로 활동하였으며, 특히 1999년 한국자기학회가 한국 서울로 유치하여 개최한 IEEE 주관 자기학 국제회의인 IEEE InterMag'99의 조직위원으로 이 회의의 로고를 손수 제작하는 등 많은 활동을 하였다. 이 회의는 세계 각국에서 2500명 이상이 참가하는 가장 규모가 큰 자기학관련 국제회의이며 이것을 성공적으로 마쳐 한국의 국제적 위상을 높이는 계기를 마련하였다.

2001~2002년에는 한국 자기학회 회장을 역임하였으며 2002년에 동경에

서 개최하는 한국-일본 스핀트로닉스 국제회의에서 한국대표(공동의장), 그리고 폴란드 바르샤바에서 개최하는 제7차 한국-폴란드 자성체 물리학 국제세미나 공동의장 및 편집위원장(Journal of Materials Science)으로 활동하였다. 이어서 2004년에도 한국 서울 숙명여자대학교에서 개최된 제8차 한국-폴란드 자성체 물리학 국제심포지엄의 조직위원장 및 공동의장으로 활동하여 이 회의를 성공리에 마친 바 있다.

1999년부터 2001년까지는 전국 자연과학대학 학장협의회 부회장으로 중단이 통보된 국가 기초과학연구비 지원 존속을 위한 청와대 방문담판으로 이공계 대학의 기초과학연구지원 강화와 우수학생 확보 대책 마련에 큰 역할을 해낸다.

교육부, 과학기술부, 한국학술진흥재단, 한국과학기술기획평가원, 생산기술연구원 및 한국과학재단이 지원하는 각종 국책연구과제의 연구자 내지 총괄연구책임자로 폭 넓게 연구를 수행하였을 뿐 아니라, 국내 외 학회, KIST 기관고유사업 전문가 평가위원를 비롯한 국책연구소와 민간연구소 및 연구비 지원재단의 각종 평가 및 심사업무에 참여하여 전문 평가자와 평가위원장으로 봉사하기도 하였다.

한편 총무처 기술고등고시 2차 시험위원을 비롯하여 총무처 5급 국가공무원 시험위원, 국립과학수사연구소 연구원 및 한국증권전산원 채용 시험위원, 그리고 주요기업체 시험위원을 역임하기도 하였다.

이장로 회장님은 과연 어느 수준의 과학자인가? 이 회장님은 7권의 번역서와 저서를 펴냈다. <현대물리학(2002)>, <물리학(2002)>, <기초물리학(1999)>, <일반물리학 실험(1997)>, <기초물리학 실험(1993)>, <해석역학(1990)>, <力學(1982)> 등의 책이다.

이 회장님은 '강强 자성체 박막의 자기 및 자기광학적 특성연구'로 이학박사 학위를 받았으며, 국제 학술지에 발표하거나 국제학술회의에 발표한 논문이 178편이고, 국내 학술지에 발표하거나 국내 학술회의에 발표한 논문이 215편으로 모두 합쳐 400여 편에 달하는 학술논문을 연구, 발표하였다.

또한 '수직 자기 이방성을 가지는 코발트, 철, 실리콘, 보론/플래티늄 다층 박막' (2007, 한국) 등 6건의 특허를 한국, 일본, 미국, 유럽에서 얻었다. 물질의 특성을 연구하는 '물성 물리학'의 대가로 인정받는 이 회장님은 1995년 이후 미국의 IEEEInstitute of Electric and Electronic Engineering, 미국전기전자공학회 정회원으로 활동하고 있다.

이장로 회장은 그동안 한국물리학회와 한국자기학회의 학술논문상, 한국과학기술단체 총연합회 주관 우수논문 과기부장관상, 과학의 날 대한민국 과학기술 대통령상 등을 수상하였으며 이번 '강일구 상' 수상으로 자기학회 관련 최고상을 모두 수상하는 영예를 안게 되었다. 또한 최근 정부로부터 녹조근정훈장을 수여 받기도 하였다.

이 회장님은 그간 이룩한 연구 실적과 활동으로 2003년, 2008년 영국 캠브리지 국제인명센터IBC에 의해 <21세기 위대한 과학자>, <Top 100 Scientist in the World세계 100대 최고 과학자>로 선정, 등재되었고, 미국 마르퀴즈 후즈후 인명사전의 'Who's Who in the World'에도 선정, 등재되어 물성물리학 관련 세계적인 과학자 반열에 당당히 이름을 올리고 있다.

800페이지 분량의 '정년기념 논문집'에는 그 동안의 모든 논문이 수록되어 있는데, 순천사범 동기 서예가 현계弦桂 김정희金貞姬(대한민국 서예대전 초대작가, 심사위원) 동문은 "바른 이론을 구슬처럼 엮었습니다."라고 축하하며 <정론편주正論編珠>라는 휘호를 써준다.

이장로 회장님은 어떤 인생 경로를 걸었을까?

이 회장님은 1942년 6월 광양시 봉강면 신용리에서 이정우李楨宇, 1918~1997 선생과 박복아朴福阿, 1923~ 여사 사이에 태어난 2남5녀의 장남이다. 광양서초등학교와 광양중학교 수석졸업 후 순천사범학교에 진학하였으며, 사범 졸업 후 1년 반 동안 광양 봉강초등학교에서 교사 생활을 한다.

1962년 고려대학교 이공대학 물리학과에 입학하여 1966년 2월에 고려대학교 전교수석졸업으로 총장상 수상의 영예를 안게 된다. 1968년 8월까지 2년 반 동안 육군 통신교관(중위)으로 군 복무를 한다.

이 회장님은 부인 신경자申卿子(춘천교육대학교 수학과 교수) 여사와의 사이에 미국 유학을 마친 장남 이진규李珍珪(생명공학전공, 공학박사; 이화여자대학교 공과대학 교수)와 차남 이남규李南珪(정형외과 전문의, 의학박사; 마디랑 정형외과 병원장) 등 두 아들을 두고 있으며, 서울대학교 대학원약학과 캐나다 유학을 마친 맏며느리 조숙현趙淑賢은 미국 인벤티브 헬스 클리니컬 임상약학연구원, 둘째 며느리 박주옥朴珠玉은 서울대학교 의과대학 전임의 후 한림대학교 의과대학 교수로 손자손녀 5명을 둔 다복한 가정의 가장이기도 하다.

또한 퇴임 즉시 서초동에 마련한 연구실에 매일 출근하여, 퇴임 이후 지원받은 한국과학재단과 한국학술진흥재단 연구 과제를 수행하기 위하여 아직도 연구에 대한 집념과 의욕을 불태우고 있다.

*방대한 자료를 주마간산 격으로 살피면서 발췌한 내용이라 혹시 잘못된 부분이 있을는지 모르겠다. 이 회장님께서 혜량하여 주시기를 바랄 뿐이다.

(2007. 10. 28, 순천사범 총동창회 인터넷카페, *이홍기 게재)

*이홍기 씨는 KBS 파리특파원, 광주방송 총국장을 지냈으며, 현재 한국방송기자클럽 회장을 맡고 있다.

YOUNG

제2장

나의 삶

떠난 분을 기리며

나의 아버님 이정우李楨宇

글 李章魯

[서재 가득한 아버님 향기에 더위도 잊어]

'열대야熱帶夜' 현상으로 잠 못 드는 밤이다. '이열치열以熱治熱'이라 했던가.

따뜻한 녹차 한 잔을 들고 서재로 향했다. 책상에 앉으면 나를 내려다보시는 생전의 아버님 사진. '삼강오륜三綱五倫'을 집어 들었다. 낡아서 끝부분이 노릇노릇해진 종이 한 장이 툭 떨어졌다. '진규, 남규, 에게, 一切唯心造(모든 것은 오직 마음 하나에서 만들어진다)'. 내가 사회에서 조그마한 역할을 할 수 있도록 평소 채찍질 해주신 아버님의 말씀 '一切唯心造', 후에 흐뭇한 표정으로 손자들에게 전해주셨던 아버님의 친필이다.

지난 4월에 미국에서 국제학회가 있었다. 오랜 공직에서 퇴임하시고 최근에 무척 병약해지신 아버님을 간호해 드리고 간신히 한숨을 돌리고 난 후, 다소 내키진 않았지만, 불편한 마음으로 학회에 참석했다. 내 논문을 발표하기 전날 밤, 아버님이 운명하셨다는 국제전화가 서울에서 걸려왔다. 눈앞이 캄캄해졌다. 아니 '뉴올리언스'의 하늘이 무너져 내렸다.

서울에 돌아오는 비행기 안에서 줄곧 아버님만을 생각했다. '身外無物-건강에 유의하고 무리하지 말라'는 말씀을 언제나 편지 끝에 써 주셨던, 또 성적표를 보시고 흐뭇해하시며 응석동이 아들을 격려해주셨던 우리 아버님이 벌써 돌아가시다니...

이제 다정다감하시던 아버님의 목소리를 다시는 못 듣게 되었다. 너무나 편안하였던 아버님 자전거 뒷좌석, 그 자전거로 여기저기 날 태우고 다니시던 아버님을 다시는 업어드릴 수도 없게 되었다. 늘 사랑이 가득

찬, 그윽한 눈빛으로 손자들과 며느리를 대견스레 바라보시던 아버님을 곁에서 지켜보는 즐거움도 가질 수 없게 되었다.

내 손을 꼬옥 잡으시며 '나 걱정 말고 논문발표 잘하고 오라'고 병상에서 띄엄띄엄 말씀하시던 아버님의 마지막 모습이 불현듯 떠오른다. 그때 그 모습으로 지금 날 내려보고 계시는 아버님의 영정을 멍하게 바라보고 있다. 어느새 다 식어 씁쓸한 맛을 풍기는 녹차를 한 모금 마신다. 아버님과의 그 포근하던 어린 시절을 그리워하며, 아버님의 향기 그윽한 서재에서 더위도 잊은 채 스르르 잠이 든다.

이 글을 쓴 李章魯씨(56)는 지난 4월 2일 광양시에서 타계하신 전 봉강면장 李楨宇씨의 맏아들로 숙명여대 이과대학 학장으로 재직하고 있다.

(1997. 5, 떠난 분을 기리며, 서울신문)

위대한 어머니의 표상表象

-부덕婦德의 상징과 현모양처賢母良妻의 모범으로 존경받는...

오늘 팔순八旬을 맞으신 박복아朴福阿여사께서는 지난 1922년 광양시 옥곡면에서 박준휘朴準暉님의 3남6녀 중 장녀로 태어나, 아주 다복하긴 했지만 엄격한 유교 교육을 받으며 어린 시절을 보냈습니다.

당시 박 여사의 부친이신 박준휘 님께서는 경남 남해에서 제빙 공장 등 크고 작은 각종 사업체를 이끈 유능한 사업가이셨습니다. 또한 한학에 아주 밝은 대문장가로서도 명성을 날리시던 큰 선비이셨습니다.

박복아 여사께서는 19세 되던 지난 1940년, 당시 봉강면사무소 공무원 생활을 하시던 부군 이정우李楨宇님과 백년가약을 맺고, 이후 슬하에 2남 5녀와 17명의 손주를 두시며 늘 행복이 넘치는 가정을 꾸려 오셨습니다.

박 여사님은 지금 이 순간까지 57년이 넘는 결혼생활 동안 시부모님께는 훌륭한 며느리로서, 부군에게는 슬기로운 아내로서, 자식들에게는 어진 어머니로서 변함없이 한결같은 생활을 해 오셨습니다.

박 여사님은 부군 이정우 님께서 30년이 넘도록 봉강면의 면장직을 수행하시기까지 찾아보기 어려운 부덕婦德과 현모양처賢母良妻의 정신으로 훌륭한 내조를 다해 오셨습니다.

당시 우리들의 부모님 모두가 어려운 살림을 꾸리셨겠지만 박 여사께서는 7남매를 둔 어머니로서 어려운 가계를 이끄시면서도 7남매 모두를 중등교육 이상을 받게 하시고 엄격한 가정교육을 시키셨습니다. 그래서 자식들이 오늘날 제각기 비중 있는 사회 구성원으로서, 충실한 아내로서 생활할 수 있도록 훌륭하게 키워주셨습니다.

특히 장남 이장로李章魯씨는 고려대학교를 전체 수석졸업하고 32세의 젊은 나이에 물리학 박사학위를 취득, 숙명여자대학교 학장으로 재직하며 후학들을 이끌고 계십니다. 또한 한국자기학회 회장으로서 우리나라 물리학

발전에 크게 공헌하는 훌륭한 과학자로 활동하고 계십니다. 그리고 각종 매스컴에 보도된 바와 같이 그동안 수백편의 국내외 연구논문업적과 특허 등으로 영국 캠브리지 국제인명센터IBC에 세계 100대 과학자, 21세기 위대한 과학자로 선정, 등재된 바도 있습니다. 최근에는 개각 때마다 개각명단에 우리 모두가 촉각을 기울이게 되는 이유가 바로 여기에 있습니다.

팔순을 맞으신 박 여사님의 부군 이정우 님으로부터 언젠가 전해들은 여담 한 마디 소개하겠습니다. 박 여사님께서 한때 건강이 좋지 않아서 민간요법으로 산 약초를 달여 드셨는데 독성이 아주 심해 곧 돌아가실 위기에 처한 때가 있었습니다. 병상에 몸져누워 혀가 굳어 발음도 잘못하면서 어눌한 목소리로 '내가 없더라도 큰아들 장로는 반드시 대학 보내주세요'라는 말씀을 유언처럼 남기셨다고 합니다. 공부도 열심히 했지만 유달리 총명했던 큰아들 장로 씨가 어릴 때부터, 당시 장난감이 흔치 않던 시절이라, 베개로 쓰던 목침과 재봉틀 덮개상자를 자동차처럼 밀고 다니며 '나는 이 차 타고 서울 가서 대학 간다!'라고 곧잘 흥얼거리며 놀던 모습이 가슴에 사무쳐 목숨이 위태로운 순간에도 그 단 한 마디만 남기신 것입니다.

대학 가기 힘든 당시 환경에서도, 큰아들 장로 씨는 사범학교를 졸업하고 일 년 남짓 교직생활을 거친 후 어렵게 대학에 갔고 오늘의 큰 과학자로 성장할 수 있었던 것은, 이러한 박 여사님의 지순至純한 자식 사랑과 남다른 교육열 때문이라고 생각하지 않을 수 없습니다. '여자는 약하나 어머니는 강하다'는 세익스피어Shakespeare의 명언을 굳이 거론하지 않더라도, 자식에게 있어 어머니는 그 누구도 대신할 수 없는 절대적인 존재임을 부인할 사람은 아무도 없을 것입니다. 평소 자식들을 대하는 박복아 님의 모습을 보면서 우리는, 우리들 어머니들의 그 위대한 힘을 새삼 되돌아보는 계기로 삼을 수밖에 없었던 것입니다.

큰 며느리 신경자申卿子씨는 이화여대 대학원을 졸업한 재원으로서 지금은 춘천교육대학교 교수로 지내고 계십니다. 그리고 막내아들 이숙로李淑魯씨는 대기업체인 해태그룹 종합조정실과 매일경제 미디어그룹의 미디어 전략부장 역임 후 매일경제신문사의 총무부장으로, 막내 며느리 김혜영金惠英씨는 서울에서 초등학교 교사로 각각 활동하고 있습니다.

사위들 다섯 명도 모두들 교육자로서, 철도청과 국세청 고위 공무원으로서, 육군 대대장으로서, 대기업의 간부로서 자신들의 역할을 충실히 해내고 있는 우리 사회의 중추적中樞的 재원으로서 두드러지게 활동하고 있습니다.

손주들 역시 제각각 공학박사, 약학박사, 이학박사, 의학박사, 한의학박사 학위 및 정형외과 전문의, 피부과 전문의, 치과 전문의, 한의사, 약사 등 자격을 취득하고 제각기 대학 교수, 병원 개업, 고위직 공무원, 개인 기업 등 전문 직종에 근무하고 있습니다.

예로부터 하늘은 지아비, 대지는 지어미라 했습니다. 하늘은 만물에 없어서는 안 되는 비를 내리고, 이를 밑거름 삼아 많은 영양분을 지닌 대지는 만물을 기른다고 했습니다. 고인이 되신 부군 이정우 님과 팔순을 맞으신 박복아 님 두 분의 지고至高한 사랑과 정성이 결국, 남들이 부러워할 만한 오늘의 번창한 집안과 자손들을 이뤄낸 것이라 생각합니다.

아무쪼록 오늘 팔순을 맞이하시고, 존경하는 어머니상의 전형으로 길이 칭송稱頌받고 있는 박복아 여사님의 건강과 행운을 기원하기 위해 오늘 이 자리에 참석해주신 여러분들의 아낌없는 축하 박수를 부탁드리면서, 박복아 여사의 약력 소개를 마치겠습니다.

감사합니다.

(2001. 11. 22, 박복아 여사 팔순연八旬宴 약력소개, 조카 *이정주)

*이정주 씨는 경제학 박사로 ㈜부영건설 사장을 역임하였다.

연무대 훈련중인 아들에게

진규야!

너를 연무대 훈련소에 남겨두고 떠나온 지 20여 일이 다 되어가는구나.

그 동안 너의 서신을 통해 알고 있지만 훈련에 잘 적응하고 있다니 다행이구나. 박사학위과정博士學位課程학생들의 국가전문연구요원國家專門研究要員을 위한 기본 6주 훈련을 4주 단축으로 진행하기 위해서는 훈련소 본부 쪽도 어려움이 따르겠지만 강도 높은 이 훈련을 받는 훈련병들에게는 더 힘들 줄 안다.

오늘 아침은 남규가 의사자격시험을 경기고등학교에서 보는 날이라 엄마 아빠가 데려다주고 왔다. 그 동안 쌓아온 실력을 최대한 발휘할 것을 기원하면서, 그렇게 하리라 믿어 의심치 않는다.

그런데 그 곳에서의 편지 수신이 늦어지고 있는 것 같아 안타깝다. 너의 편지는 거의 매일 잘 도착하고 있다. 모든 집안의 관심사가 너의 소식이 담긴 편지에 온통 집중되어 있는 것이 사실이다. 너의 어머니는 한꺼번에 3통씩이나 되는 너의 편지들을 집안 식구들에게 신나게 낭독해주는 것은 물론이고 그것도 부족하여 외갓집 식구 등 다른 사람들에게까지도 스스럼없이 편지를 낭독하는 모습을 보면 자식사랑에는 부끄럼도 없는 것 같아 보인다.

"피할 수 없으면 즐겨야지요"

마치 철학적 경지에 도달하여, 체념을 통한 각오처럼 들리는 너의 이 한 마디는 훈련의 어려움을 극복할 수 있는 너의 마음가짐을 보여주는 것 같아 안심이 되었다.

할아버지께서 만들어주신 우리 집 가훈 "일체유심조一切唯心造"가 의미하듯 사실 모든 것은 마음먹기에 달려 있는 것이다. 어렵게 생각하면 한없이 어려운 것이고 쉽게 생각하면 그 만큼 쉬워지는 것이다.

사람의 일생에도 분명히 자연의 사계절처럼 춘하추동이 반복될 것이다. 항상 봄과 여름만이 계속될 수가 없는 것이다.

항상 인생의 봄만 있으면 봄날의 다른 계절과 차별화된 따사로움의 진정한 의미를 모르게 되는 것이다.

따라서 인생의 간난艱難에 해당하는 겨울의 어려움을 겪어보고, 고생을 경험해보지 않는 사람은 편안함에 대한 행복을 만끽하지 못하는 것이다. 마치 어둠이 있어야 빛이 더욱 빛나 보이고, 시련이 있어야 삶이 더욱 풍요로워지듯이 말이다.

길지 않은 이번의 훈련이 너에게는 소중하고 값진 경험일 뿐 아니라 앞으로의 너의 인생개척에서 간난을 극복하는 디딤돌로 활용할 수 있을 것이다.

현명하고 슬기롭게 잘 돌아가는 너의 머리가 차를 일부러 안 타고 먼 길을 걸어 다니면서 닦은 끈기와 저력을 발휘하면 못해낼 것이 없으리라 생각한다. 또 거기다가 언제나 그렇듯이 항상 행운이 너 곁을 그림자처럼 따라 다니고 있으니 말이다.

목표를 설정해놓고, 향하는 길이 어렵다고 중도에 포기하거나 마음 나약한 모습을 보이는 일은 너의 엄마 아빠에게는 이해하기도 어려울 뿐만 아니라 수용하기도 쉽지 아니할 것이다. 목표가 정해지면 그 목표달성을 위하여 혼신을 다하는 분골쇄신粉骨碎身의 노력이 뒤따라야 하고, 그렇게 하면 반드시 목표에 도달하기 마련인 것이다.

젊지 않는 너의 엄마 아빠의 최대 희망은 너희 두 형제들이 신사임당申師任堂을 인생의 roll model역할 모델로 삼고 그의 삶을 추구하는 너희 엄마를 꼭 닮은 현모양처賢母良妻를 만나 건강한 모습으로 보람된 일자리에서 성실하게 살아가는 것이라는 걸 늘 명심해주기 바란다.

너의 할아버지께서는 생전에 너의 아빠에게 편지 때마다 빠뜨리지 않고 늘 강조하셨던 "신외무물身外無物"을 대를 물려 너희들에게도 강조하고 싶다. 자기 자신의 몸 건강의 중요성은 아무리 강조해도 부족하다는 뜻이라 생각된다.

얼마 남지 않은 너의 훈련소 퇴소를 앞두고, 남은 기간 동안 훈련에 전력투구全力投球하길 바라며 건강한 모습으로 다시 만날 것을 기대해 본다.

2003년 1월 8일
서울에서 아빠가

(2003. 1. 8, 논산 연무대에서 훈련중인 큰 아들에게)

이찬용 찬가

"그립다 이찬용"

-태어나자마자 고개를 세우고 목을 가누는 건강한 아이
-요구가 이루어질 때까지 고집을 굽히지 않는 주관이 강한 사내다운 아이
-하고 싶지 않으면 보아 넘겨주는 법이 없는 욕심 많은 아이
-호통 치면서 젖 먹는 배짱이 두둑한 아이
-시작했다 하면 집착력과 끈기력으로 마감하는 아이
-때로는 주위의 요구를 수용하려고 노력하는 포용력까지 있어 보이는 아이
-장난감을 정교하게 다루는 관찰력과 파악력이 대단한 아이
-화면아 뚫어져라 집중력과 이해력이 넘치는 아이
-식탁아 부서져라 장난감아 부서져라 기운차고 활력이 넘치는 아이
-만족스러울 때 호탕한 웃음을 보이는 늠름하고 씩씩한 아이
-여러 가지 모습으로 보는 이를 행복하게 해주는 표정관리 마술사 같은 아이

아이 예뻐라가 저절로 나오게 하는 우리아가
더욱 더 건강하게 잘 자라다오.

(2010. 11. 19, 큰 손자 첫돌에 할아버지가)

부끄러운 고백告白
-전생에 빚을 많이 져서

칠남매七男妹 장남인 나는 초등학교 교사로 생활하면서 집안을 이끌어가기를 바라시는 부모님의 생각을 알면서도 대학에 진학했다. 부모님은 졸업할 때까지 어렵게 뒷바라지를 해주셨다. 공부가 끝나면 당연히 집안 살림을 전적으로 책임지는 걸로 생각하셨다. 박사학위를 받고 공부가 끝날 무렵 나의 결혼생활은 시작되었다.

부모님은 동생들이 고등학교를 졸업하면 차례로 서울로 올려 보내셨다. 결혼 전부터 내 뒷바라지를 하면서 MBC에 근무하던 여동생을 포함하여 세 명의 여동생과 막내 남동생이 우리 부부와 한집에서 살게 되었다. 여동생들은 각각 나름대로 적성適性(?)에 맞는 일자리를 갖게 해 주었다.

젊은 아내는 다섯 사람의 이씨 성을 가진 내 동기同氣들과 본인을 합해 여섯 사람이 생활하는 대가족의 안주인이 되었다.

그 당시에는 여자가 결혼하면 전업주부專業主婦가 되는 시대였지만, 아내는 공부하는 사람이었고 대학에서 학생을 가르치는 사람이어서 맞벌이 부부 생활이 시작되었다. 그러나 박봉으로 생활하기에는 너무 팍팍했다. 장남으로서 아버지를 대신해서 남동생의 대학 등록금登錄金을 마련할 때는 더욱 힘겨웠다. 4년 내내 1학기는 적금으로 2학기는 곗돈을 타서 등록금을 준비했다. 시골에 계신 부모님에게도 계속 생활비를 보내드려야 했다.

지금도 정신이 건강하게 생존해계신 백수白壽가 머지않은 97세 어머니와 연금을 나누어 생활하고 있다. "전생前生에 내가 이씨 집안에 빚을 많이 져서, 그 빚 갚으려고 시집 온 것 아닌가" 아내는 푸념을 하기도 했다. 그러나 아내는 힘겨운 기색을 친척들에게 나타내지 않았다.

돌아가신 아버님께서 "집안이 잘 되려는가 본다. 우리 집에 복덩이 며느리가 들어온 것 같구나" 내게만 귀띔해주신 것을 나는 지금도 마음 속

깊은 곳에 눌러 두고 있다.

여하튼 우리는 빈곤한 20세기에 만나 21세기까지 2인人 3각脚이 되어 비교적 무난하게 살고 있다. 나는 물리학을 가르치고 아내는 수학을 가르치는 교육자로서 사회적 시야視野가 비슷하기 때문에 정신적 동일감同一感을 느낄 수 있었다. 또 우리는 남녘에서 태어나서 고등학교까지 고향에서 공부했기 때문에 정서적 일체감을 느낄 수도 있었다.

-느닷없이 애처가愛妻家가 되다

작년 10월 초 아내가 정기적으로 해온 큰 아들 초등학교 어머니 모임에 참석하고 식사를 마친 후 일어서다 식탁의자에서 넘어졌다. 그 당시 보행이 약간 불편했으나 좋아지겠지 하면서 그대로 지냈는데 한 달이 지나도록 통증은 가라앉지 않고 계속되었다. 그제서야 대치동 소재 둘째 아들 마디랑 정형외과병원을 찾았다. X-선 사진촬영결과는 골절된 발등 뼈가 붙지 않은 상태로 굳어 있었다. 양쪽 골절면을 긁어내고 접착이 되도록 나사 두 개로 고정한 후 봉합하는 수술을 마쳤다.

둘째는 골절 당시라면 쉬운 처치로 해결할 수 있는 것을 치료시기를 놓쳐 복잡한 수술로 고생하게 된 엄마를 안타까워했다.

이후 목발로 걸어 다녀야 했다. 지금까지도 아무리 늦게 잠자리에 들어도 새벽 5시부터 일어나서 일을 시작해 오던 아내는 집안일을 포기하지 못했다. 뒷꿈치 보행으로 일을 하다가 결국 접합부위에 이격離隔이 생겨 재수술을 하게 되었다. 이어서 목발보조보행 금지가 내려지고 설상가상으로 휠체어 신세를 질 수밖에 없었다.

그 후 나는 휠체어를 뒤에서 밀고 다니는 일을 맡게 되었다. 일주일에 한 번씩 병원체크, 장보기, 동창회모임 등 모든 행보에 휠체어를 사용해야만 했다. 일생 동안 여러 면으로 나의 배후자背後者였던 배우자配偶者를 처음으로 등 뒤에서 보게 된 것이다.

휠체어 무게 때문에 승용차에 접어서 올리고 내려서 조립하는 일은 생각보다는 쉽지 않았으나 시간이 지나면서 상당히 숙련되었다. 휠체어를 운전하고 백화점에 갔을 때 백화점 점원 아가씨는 "휠체어를 밀고 있는 모습이 보기 좋습니다. 참 부럽습니다."라고 말하면서 미소를 보냈다. 마누라가 부상당해 휠체어를 밀고 있는 것을 부럽다고 하다니... 나는 칭찬인지 위로인지 구별이 안 됐으나 기분이 나쁘지는 않았다. 아내의 친구들, 내 동창친구들, 그리고 아파트 이웃 아줌마들까지도 아내를 극진하게 돌보는 자상한 남편으로 대해 주었다. 나는 아내가 발이 아픈 통에 느닷없이 애처가가 되어 버렸다.

집안에서는 아내가 홀로 보행이 어려우므로 해오던 집안일의 대부분을 이제부터는 내가 대신 맡아 할 수밖에 없었다. 서투른 주부 직무대행을 한 것이다. 익숙하지 아니한 일들이라 어설프기 짝이 없었다. 그 동안 아내가 하던 일들이 쉬운 일이 아니었음을 스스로의 체험을 통하여 알게 되었다. 또한 그동안 맡아 왔던 그 자리의 소중함도 비로소 깨닫게 되었다.

그 후 4개월이 지나서야 휠체어와 목발 신세에서 벗어나긴 했으나 원래의 정상적인 보행모습은 아니다. 좀 더 시간이 걸린다고 한다. 젊은 사람과 달리 접촉면 봉합도 더디고 정상보행까지의 시간도 많이 걸리므로 노인들은 넘어지지 않도록 해야 한다고 둘째 아들은 당부하고 있다.

이번 골절 전에도 아내는 아파트 수영장에서 수영을 마치고 나오다 지하주차장 스톱퍼stopper에 걸려 넘어져서 8주 동안 깁스gyps 생활을 이미 했었다. 건강관리를 위해서 하루 만 보 이상 걷기도하고 수영도 열심히 해 온 아내가 연속해서 두 번씩이나 병원신세를 지는 것을 보니 세월을 이겨내는 사람은 아무도 없구나 생각하면서 인생사의 덧없음을 절감하게 된다.

-아내는 4인분의 인생을 살았다

한국에서 마누라 자랑이나 자식 자랑을 하면 팔불출八不出이 된다는 것을 나는 잘 알고 있다. 그렇지만 나이 80이 다 된 지금 와서도 아내에 대한 이야기를 위선적으로 호도糊塗한다면 그것 자체가 나 자신을 모독하는 것이 될 것이다. 따라서 사실대로 말하는 것이 두 사람이 함께 살아온 45년 인생에 대한 예의가 될 줄 믿는다.

아내가 춘천교육대학교에서 40여 년 동안을 봉직하였다. 지금은 고속도로가 생겨서 한 시간 정도에 갈 수 있지만 아내가 재직할 때는 기차로 왕복 5~6시간 걸렸다. 아내는 재직기간 내내 통근했다. 춘천에 머물면서 주말에 올라오면 되련마는 진규, 남규 아들 둘을 내가 키우는 것이 미덥지 않아서였다. 어린 아이들에 대한 부모의 정성은 수학적 계량을 초월한 무한대의 가치라고 믿고 있었다.

아내는 두 아이의 어머니로서, 깐깐한 남자의 아내로서, 교수로서, 그리고 대가족의 맏며느리로서 어느 것 하나 소홀히 할 수 없는 4인분의 역할을 감당해냈었다.

그런데 아내는 4인분의 역할로 끝나지 않았다. 미국 USCUniversity of Southern California대학 스크립스Scripps연구소 나노 바이오 전공에서 박사후과정을 마친 큰 아들은 세 아들의 아버지가 되었다. 아직 귀국 준비가 덜 된 미국 임상약학연구원 큰 며느리에게 세 명의 아들은 너무 큰 부담이 되어서 말을 배우기 시작한 큰 손자 찬용이만 맡기기로 하고, 큰 아들은 대학교수가 되어 귀국하면서 쌍둥이 손자 선용, 지용이를 데리고 나왔다. 아내와 나는 쌍둥이 손자의 육아를 맡게 되었다. 어려움도 많았지만 거기에서 얻어진 기쁨은 이미 여러 사람이 경험한 것처럼 자식을 키울 때와 비교가 안 되게 크다. 아내는 자식을 키울 때보다 그 이상의 정성과 노력을 쏟고 있다.

의과대학 교수인 둘째 며느리 당직 날이면 예쁜 두 딸 보현, 서현이가 와서 사촌 네 명이 잘 어울려 우리집 거실은 놀이터가 된다. 요즈음처럼 저출산시대에 다섯 명의 손자 손녀들이 성장하면서 서로의 버팀목이 되어 줄 것에 대한 바램을 가져본다.

아내는 내 이야기뿐 아니라 남의 이야기도 귀담아 듣는 편이라 주위에 사람이 모여 든다. 직장 동료나 동창들은 물론 여러 인연으로 만난 친지들과도 긍정적인 소통이 오래 지속된다. 이렇게 사회적 구심력을 발휘할 수 있는 것은 역지사지易地思之의 마음으로 남을 배려하면서 화이부동和而不同하는 습관이 일상화되어 있기 때문일 것이다.

따라서 우리 집안의 실세는 아내이다. 나는 내각책임제의 대통령처럼 의례적이고 상징적인 가장이었다. 모든 골치 아프고 성가시고 피곤한 일들은 아내가 다 처리해주었다. 솔직히 말해 나는 바지가장일 뿐이었다.

그 대신 일정이 겹치지 않으면 아내 정기검진에는 언제나 병원을 함께 동행한다. 그 외의 경우에도 함께 자동차를 최대한 활용한다. 평생반려자平生伴侶者로서 내가 해야 할 몫을 하는 셈이다. 우리 부부가 오래오래 건강하여 나는 바지 가장家長 노릇을 더 오래 오래 하고 싶다.

-아내는 만파식적萬波息笛의 피리다

아내는 장모님의 솜씨를 전수받아서인지 대부분의 음식을 맛있게 조리하면서도 자기가 손수 만든 음식은 맛이 어때 하고 꼭 확인을 한다. 가끔은 맛이 별로여도, 심지어 맛을 보기 전에도 나는 좋아요 하고 응답을 하기도 한다.

이렇듯 조리한 음식의 맛까지도 꼭 타진하는 등 자상함을 보인다. 또한 네비게이션navigation이 없던 시절엔 운전 중이면 조수석에 앉아 인간 네비게이션으로 길 안내를 해주곤 했다.

내가 재직하는 동안에 회식이 없는 날은 아내는 도시락을 준비해 주었다. 연속성이 유지돼야 하는 연구실험을 하거나 시간절약을 하는 데에는 도시락이 안성맞춤이었다. 요즈음 서초동 연구실에 나갈 적에도 점심약속이 없는 날에는 재직 시와 마찬가지로 아내가 준비해 준 도시락을 가지고 간다. 아내는 귀찮은 일임에 틀림없지만 내가 도시락을 잘 활용하는 것에 보람을 느끼는 것 같아 보인다.

너무 융통성融通性없는 모습이 나를 피곤하게 할 때도 있다. 아내는 집안에 쓰레기가 생기면 하루에도 몇 번씩 쓰레기장에 내려간다. 모아두었다가 한꺼번에 버리자고 해도 소용없다. 그래야만 마음이 편하다고 한다. 분리수거도 분리수거 기준을 절대로 지키며 원칙을 소중히 여기는 것 같다.

결혼 이후 지금까지도 일 년에 두 번씩 두 분 지도교수님을 찾아뵙도록 명절선물을 준비해준다. 그래서 90을 훨씬 넘기신 나의 지도교수님과 이 나이 많은 제자가 옛날 일들을 회상하며 담소를 나누고 돌아온다. 노 교수님老 教授任은 이 시간이 많이 기다려진다고 말씀하신다. 아내는 도움을 받았거나 신세를 졌다고 생각하면 그 은혜를 잊지 아니한다.

아내는 때때로 어떤 일을 해달라고 부탁한다. 또한 심부름도 시키기도 한다. 나에 대한 신뢰信賴가 커서 그런지 몰라도 중간과정을 체크하는 일이 없다. 당연히 잘 해결되었을 걸로 믿어버린다. 주어진 어떤 상황도 긍정적으로 바라볼 수 있는 힘을 가졌다고나 할까.

한국 교수대표단 단장으로 그리고 한국측 의장자격으로 참석하는 경우를 제외하고는 해외에서 개최하는 국제회의에 아내와 동행할 때가 많다.

국제회의 주관기관이 학사일정에 차질 없도록 대학의 방학기간을 이용하고 개최지를 유명한 관광명소 주변국으로 배려한다. 학교나 연구비 지원재단에서 지원해주는 출장비에는 등록비, 왕복항공료와 호텔체제비가 포함된다. 따라서 아내 항공료만 부담하면 비용이 큰 체제비는 저절로 해결된다.

국제회의를 마친 후 개최국도시를 비롯하여 주변국을 관광하게 되어 그동안 수십 차례에 걸쳐 수많은 나라와 도시를 관광할 기회가 있었다. 아내는 회의에 참석한 교수와 연구원 그리고 대학원생들에게 현지 식자재食資材로 손수 만든 식사를 대접할 기회를 갖기도 하고 같이 관광을 할 경우에는 이들과도 잘 어울린다. 비용이 많이 드는 해외관광여행을 독자적

獨自的으로 하기는 쉬운 일이 아니므로 이렇게 한꺼번에 경제적으로 해결하곤 해도 아내는 마냥 즐거워한다. 나는 현지에서 아내의 도움을 받아서 연구논문 발표에만 신경을 쓰면 된다.

아내는 남편이 원하는 것은 어떤 방법으로라도 해결해 줄려고 한다. 나는 오디오와 각종 기계를 좋아한다.

노트북, 카메라, 앰프, 스피커, 자전거, 자동차 등을 구매하고 업그레이드 할 때는 아빠를 닮아 기계류를 좋아하는 큰 아들까지 동원하고 작당作黨(?)하여 당초구매예정인 모델이나 버전보다 훨씬 더 기능이 많고 스펙specification, 諸元이 높은 제품을 구매하기도 한다. 그러려면 당초 예산을 훨씬 초과하기 마련인데 못 이긴 체하고 적금을 깨어가면서까지 해결해 준 적도 있다. 무엇이든 남편이 원하면 거절을 하지 못한다.

아내는 나의 소망을 실현시켜주는 만파식적萬波息笛의 피리가 되었다. 그래서 나는 퇴임 후에 거의 완벽한? 오디오 시스템을 갖추게 되었다. 이 시스템으로 음악 감상을 하는 것이 요즈음의 가장 큰 즐거움이다.

-신사임당을 흠모欽慕하는 아내

아내는 신申씨氏이다. 내 혈관에 흐르고 있는 로얄패밀리royal family, 全州李氏 王族로서의 자존심에 결코 흠이 가지 않은 명문 씨족名門 氏族이다. 더구나 덕망 있는 교육자였던 장인을 비롯한 처가집안은 고흥高興에서는 명성이 자자한 토반土班이었다. 그런 가풍 때문인지 모르지만 아내는 보수적이면서도 진취적이다. 온유하면서도 적극적이다. 그렇지만 성인聖人 군자君子도 많은 흠결欠缺을 노출하고 있는 것이 인간의 한계인데 하물며 보통 여자인 아내가 결점과 부족한 점이 왜 없겠는가. 그럼에도 여러 단점과 아쉬움을 상쇄하고도 남는 장점이 많기 때문에 나는 아내와 부부싸움이 있을 때는 못 이기는 척 져주고 살아간다.

언감생심焉敢生心, 말을 하지 않지만 아내는 사임당 신씨師任堂 申氏를 인생의 롤모델roll model로 삼고 있는 것 같다. 내가 세상물정에 어두운 사람이라 해도 아내의 그런 기미機微마저 모를 만큼 아둔한 사람은 아닌 것이다.

특히 최고의 지폐인 5만원권에 신사임당申師任堂 초상이 나오고부터는 더욱 신사임당에 대한 관심이 두드러졌다. 율곡栗谷 이이李珥 선생은 5천원권에 이미 초상이 나와 있었기 때문에 두 모자母子가 중요 지폐의 초상으로 동시에 나오게 된 것은 세계적으로도 특수한 사례였다.

어머니 신사임당은 부덕婦德과 현모양처賢母良妻로 존경받는 한민족 여성상의 표상으로, 아들 이율곡은 가장 존경받는 학자의 상징으로, 한국 경제의 얼굴이 되어 500년 만에 다시 상봉相逢한 것이다.

이럴 때 이씨李氏 성姓을 가진 두 아들을 둔 신씨申氏 성의 어머니인 아내가 어찌 가슴 설레지 않겠는가.

교육자로 한평생을 보낸 아내의 생활방정식生活方程式은 청출어람青出於藍이다. 제자들이 자신보다 더 발전해야 하고 같은 길을 걷고 있는 자식과 며느리들이 부모보다 더 뛰어난 인재로 성장해야 교육자의 보람을 느낀다고 생각하고 있다. 이것이 신사임당을 흠모欽慕하는 신씨申氏 성姓을 지닌 아내의 소망이기도 하다. 나는 그런 아내의 삶의 철학을 존중하고 좋아한다.

요즈음 나에게 주의를 주면서 잘못을 지적하는 잔소리가 점점 늘어가고 있지만, 나에 대한 관심으로 간주하고 한쪽 귀로 흘려버린다.

아픈 곳이 점점 늘어나고, 자주 넘어져 다치기도 하는 걸 보면 인생이 늙으니 별 수 없나 보다.

하루 빨리 다치기 전의 건강한 걸음걸이로 회복하기를 기원해 본다.

이 나이가 되고 보니 인생이 참으로 무상無常하다고 생각된다. 앞으로도 두 아들과 두 며느리가 각자 보람 있는 삶을 펼쳐 나가고, 다섯 명의 손주들이 건강하게 성장하며 아내와 함께 큰 걱정 없이 남은 인생을 잘 마무리했으면 하는 바람이다.

오늘도 아내와 함께 반포아파트 올레길을 산책하면서 바라본 석양노을이 유난히 아름다워 보인다.

(2017. 9. 25, 아내의 건강을 기원하며)

물리학자가 본 2018 자카르타 아시안게임 축구 경기

한국 23세 이하U23 축구 대표팀은 지난 9월 1일 인도네시아 치비농에서 열린 2018 자카르타 팔렘방 아시안게임 결승전에서 일본을 상대로 전후반 90분간 0:0으로 마친 뒤 연장 끝에 결국 2:1로 승리했다.

한국이 지난 2014년에 이어 남자 축구, 아시안게임 2연패를 달성한 것이다. 특히, 결승전 연장전 끝에 타도숙적 일본팀을 꺾고 우승을 거머쥠으로써 기쁨이 더 컸다.

지금까지의 일본팀의 전력으로 봐서 한국팀이 큰 점수 차로 이길 것으로 예상했으나 실상은 그렇지 못했다. 경기 전후반 득점기회를 여러 번 놓쳐 안타까움을 더했다.

그러나 손흥민(토트넘)은 2어시스트assist, 도움를 만들어내면서 마침내 승리를 이끌어냈다. 손흥민은 0:0으로 팽팽히 맞서던 연장전 전반 3분 페널티 박스에서 드리블dribble을 치고 들어갔다. 교체선수로 들어간 이승우(베로나)가 골 포스트goal post 앞에서 기다렸다는 듯 이 볼을 재빠르게 슛하여 골 망을 흔들었다. 단신이지만 언제나 귀엽고 밝은 미소를 띠면서 전광석화電光石火와 같은 발 빠른 동작으로 상대수비를 휘저어 놓고 경기를 반전시켜주는 여러 차례의 결정적인 슛들은 일품一品이었다.

경기종료 후에 알게 된 일이지만, 사실 손흥민은 자신이 만든 절호의 기회에서 직접 슛해서 골을 결정지을 수도 있었다. 하지만, 바로 옆에 있던 동료 이승우의 순간적인 요청으로 슛을 양보했다고 한다.

또 손흥민은 연장 전반 11분 정확히 측정한 듯한 프리킥free kick,벌차기으로 황희찬(함부르크)이 절묘한 헤더header, 헤딩슛 추가골을 얻는데 크게 도움을 주었다.

이에 열 받은 일본팀은 연장 후반 9분 코너킥한 볼을 헤더로 1점 만회하였으나 결국엔, 한국팀의 승리로 경기는 종료되었다.

축구경기를 볼 때마다 물리학 법칙인 뉴턴의 법칙, 운동량, 마찰력, 충격력impulse, 회전력, 스핀spin, 포물선운동, 유체역학, 난류turbulence, 소용돌이 등이 축구의 세계에 어떻게 적용되고 있는가를 고려하면서 그 현상에 대하여 과학적 분석을 통해 관전하려고 애쓴다.

예를 들면, 공이 바나나처럼 옆으로 휘어지게 차는 킥인 '바나나킥Banana kick'은 회전하는 공이 유체속을 지나갈 때 공의 좌우 공기 흐름이 다르기 때문에 압력이 높은 쪽에서 낮은 쪽으로 휘어지는 현상이 발생하는데 이것은 독일 물리학자 구스타프 마그누스가 밝힌 '마그누스 효과Magunus effect'에 의한 현상으로 알려져 있다.

한편 맞춤전술을 써야하는 세트피스set piece상황에서 득점할 수 있는 절호의 기회인 벌차기 '프리킥'의 상대편 수비벽을 넘기는 프리킥의 우아한 곡선에는 유체역학의 비밀이 담겨 있다.

또한 손흥민이 선보인 바 있는 '무회전킥'의 위력은 대단하다. 헝가리 출신 미국항공학자 카르만의 '카르만 소용돌이Karman's vortex street'효과'라는 물리법칙이 숨어있는 무회전킥은 처음에는 정상적으로 날아가다가 갑자기 불규칙한 궤적을 그리며 휘거나 떨어지기 때문에 골키퍼들이 가장 싫어하는 슛이라고 한다.

이 효과로 인하여, 축구공과 같은 둥근 물체에 회전을 주지 않고 강하게 때렸을 때 마주 오던 공기가 공의 뒤로 흐르면서 공의 뒷면에 공기의 소용돌이가 생기고 이것의 크기가 달라지면서 기압차이가 발생하여 공의 움직임이 상당히 불규칙해지게 되는 현상이 발생하게 된다.

또한 매끈한 축구공 표면과 이음새 조각들이 연결되면서 그 표면에 형성된 공기흐름 차이가 불규칙한 떨림을 계속해서 예측 불가능한 공의 움직임을 만들어내는 경우에도 이 현상이 발생할 수 있다.

이렇듯 여러 축구 현상들에는 물리학 법칙이 숨겨져 흥미로움을 더해주기도 한다. 뿐만 아니라 실제로는 우리의 일상생활에서 두루 살펴보면 일어나는 많은 현상들에서도 축구에서의 경우처럼 물리학법칙이 숨겨져 널리 응용되고 적용되는 경우가 많음을 알 수 있다.

김학범 감독은 금메달이 확정된 후 '애써준 선수들이 너무 고맙다. 모든 것을 선수들이 스스로 만들었다. 선배들이 잘 이끌어 주었고, 후배들의 의지도 강했다. 경기를 치르면서 조직력이 좋아진 것이 큰 원동력이 되었다'고 소감을 발표하였다.

인성까지 갖추고 겸손하기로 유명한 손흥민은 이번 대회에 와일드카드 wild card, 24세 이상 선수로 출전해 주장을 맡았다. 한국은 조별리그에서 약팀인 말레이시아에 1:2로 패배를 당해 크게 충격을 받았다. 그러나 손흥민 선수의 '헌신적인 리더십'으로 다시 하나로 단결할 수 있었다.

지난 23일 이란과의 16강전 후반에 수비 김진야가 무릎 통증으로 힘들어하자 손흥민 주장은 '내가 수비로 내려갈게'라며 수비에도 적극적으로 참여했다고 한다. 일본과 결승전에 이르기까지 총 17일 동안 7경기째 치르는 무리한 행군이었다.

거기에다가 세 번의 경기를 연속해서 정규시간 외의 연장전을 치렀으니 체력은 말 그대로 완전히 소진된 상태였을 것이다. 그럼에도 불구하고, 손흥민은 이 날도 팀의 주장으로서 팀 동료들을 독려하며 온 그라운드를 누비고 다녔다. 그리하여 결승전 연장전에서 귀중한 2골을 얻는 데 크게 어시스트하며 빛나는 활약을 했다.

이번 아시안게임 축구경기에는 축구팬들이 즐기며 공감할만한 이야기도 많았다. 지난 러시아 월드컵 최종 엔트리 경쟁에서 밀려나고 이어서 아시안게임이 열리기 직전 설상가상으로 '인맥 축구' 논란에 연루되어 몹시 힘들어했던 공격수 황의조(감바 오사카)는 무려 9골을 넣는 기록으로 자신의 인생 전환점에서 크게 성공했다. 또한 유럽 최고의 유명한 공격수로 자리잡았으나 군 입대 문제로 그 도전을 중단해야 할 위기에 놓여 있던 손흥민은 이번 아시안게임 대회기간 내내 전 세계 축구 팬들의 상당한 관심거리가 되었다.

특히 이승우, 조현우(대구) 및 황희찬 선수 등은 이번 아시안게임에서 그들의 활약상이 높이 평가됨으로써 대표팀의 세대교체를 미리 알려주는 계기가 되게 하였다. 그들은 앞서 러시아 월드컵축구에서 이미 그 가능성을 보여준 바 있었다.

축구팬들은 한동안 한국 축구의 대들보로 평가받는 손흥민의 병역문제 때문에 크게 걱정하였다. 잉글랜드 프리미어리그 무대에서 활약하면서 유명세를 높여갔지만 이번 아시안게임에서 금메달을 목에 걸지 못하면 27세가 되는 내년엔 현역으로 군 입대를 할 수밖에 없었다. 이러한 상황 때문에, 실현불가능한 일이지만 '손흥민 대신 내가 군대를 가겠다'거나 '금메달이 유력한 다른 대표팀에 손흥민 선수를 보내면 어떨까'라는 팬들의 의견들도 많았다고 한다. 사실, 손흥민은 주급이 약 1억2200만원이나 되어 군복무기간 2년 동안을 계산하면 약 110억 원을 놓치게 된다. 특히 군복무로 인한 약 2년 간의 선수생활 공백이 경기력 향상의 저해요인으로 작용될까 봐 크게 걱정하기도 하였다.

전세계 언론들도 세계적인 축구스타 손흥민이 군대문제가 걸려 큰 화제거리가 된 상황을 매일 보도했다. 미국 CNN 방송은 '이번 경기는 토트넘 축구스타의 인생을 바꿀 결승전'이라고 보도하였으며, 영국의 더 선은 '손흥민이 군 면제까지 단 한 걸음 남겨놓고 있다'고 보도했고, 소속팀 잉글랜드 토트넘의 마우리시오 포체티노 감독 역시 시합 전 '손흥민이 아시안게임 결승전에서 골을 넣고 군 면제를 받길 바란다'고 격려하면서 승리를 기원했다.

이러한 덕담에 힘입은 탓일까. 마침내 손흥민은 그가 고대하고 목표했던 아시안게임 축구경기 우승의 금메달을 스스로 거머쥐게 되었다.

이번 대회 주장으로서 팀을 이끌었던 그는 '이 팀의 주장으로 내가 많이 부족했지만 어린 선수들이 정말 열심히 해줬다. 그래서 어떻게 하면 팀에 내가 도움이 될 수 있을까 하는 생각을 많이 했다. 그리고 다른 선수들이 그들의 역할을 잘 해줬다'며 후배들에게 겸손한 마음으로 고마움을 전했다.

한편 새로운 한류스타로 탄생한 박항서 감독이 이끄는 베트남팀은 메달을 목에 걸지는 못했지만, 아시안게임 역대 최고 성적 16강을 훨씬 뛰어넘어 4강까지 오르는 과정에서 베트남 온 나라가 2002 한-일 월드컵 당시 한국의 분위기를 연상시키듯 흥분과 열광의 도가니가 되었다.

벤치에서는 불같은 다혈질 성격이지만 경기장 밖에서는 아버지처럼 선수들을 대하며 진심으로 살펴주는 박 감독의 '파파 리더십'과 '스킨십 리더십'이 베트남 국민들에게 감동을 주었다고 한다. 결국 '쌀딩크' 박항서 감독이 이끌어 승승장구해 오던 베트남팀이 아랍에미리트팀과의 동메달 결정전에서 패하여 아깝게 메달을 놓친 것은 내내 아쉬움으로 남았다.

결과적으로, 한국팀이 전반적으로는 우승팀답게 잘 싸웠으나 골 결정력이 부족하고 선수 간 볼 패스가 부정확한 점 등은 앞으로 크게 보완해야 할 점이라 생각한다.

이번 경기들에서 보여준 일본팀이나 베트남팀의 잘 훈련된 볼 패스 능력은 본받을 점이라 생각하고 이점을 중점적으로 훈련해서 키워나가야 될 것이다. 축구에서 갖추어야 할 기본 중의 기본은 볼을 동료팀에게 전달해야 하는 볼 패스 능력이기 때문이다.

이번 아시안 게임 축구결승전 승리를 축하하면서 손흥민 선수의 병역문제도 함께 해결됨으로써 이것이 유럽 등 해외에서 활동하고 있는 선수들에게 개인적으로나 국익 차원에서도 큰 보탬이 되어 매우 다행스러운 일이 아닐 수 없다.

아무튼 약 보름 동안 우리를 흥분의 도가니로 몰아넣었던 이번 아시안게임 축구 관전은 매우 흥미로웠다.

(2018. 9. 5, 물리학자가 본 2018 자카르타 아시안게임 축구, 칼럼, 포커스 데일리)

제3장

대학생 시절

수석졸업首席卒業과 나의 대학생활

사범학교師範學校를 나와 국민학교 교사로 근무하면서 대학진학을 염두에 두고 진학공부를 시작했었다.

선배교사들과 천진난만天眞爛漫한 시골 어린이들의 틈바구니에서 교장 교감의 얄미운 감시와 눈총을 받아가며 생활했던 교직 1년 반 동안이 사회생활을 하는데 필요한 많은 체험을 하게 해주었다. 아마 이 기간이 험준險峻한 사회에 대한 인식과 적응의 눈을 뜨게 해준 좋은 계기契機가 되었다고 생각한다.

초등학교 교사로 근무하면서 가사家事를 도왔으면 하는 부모님의 간곡한 권유에도 불구하고 대학입시에 합격하고 입학 후 곧바로 청강을 하기 시작하였다. 대상이야 다르지만 교사로서의 교육자가 피교육자인 대학생으로의 갑작스런 전환은 적잖은 혼란과 어려움이 따를 수밖에 없었다.

대학에서는 전공의 특성상 많은 숙제, 리포트, 자주 보는 전공시험 등으로 인한 긴장상태가 연속되어 고등학교식 공부와 별로 다를 바 없었다. 비교적 시간적 여유를 가지고 대학생활을 하는 타 대학, 타 전공 학과 친구들이 부럽기만 하였다.

연속적으로 긴장한 학교생활 덕분에 1학년 2학기부터 혜택이 큰 5.16 장학금을 수혜受惠하게 되어 이제까지 크게 부담스러웠던 등록금에는 별다른 신경과 걱정을 하지 아니 하여도 되었다.

장학생으로 선발되어 갖추어야 할 서류가 시골로 우송되어 왔을 때 그 기쁨은 이루 말로 표현하기 어려울 정도였다. 나에게도 이런 영광이 찾아오나 싶었다.

전국적으로 일간지들에 각 대학별로 선정된 장학생 명단이 공개적으로 발표되어 친지들로부터 많은 격려激勵와 찬사의 전화를 받기도 하였다.

경제적으로 어려운 나에게 이 장학금 수혜는 학업을 계속할 수 있는 커다란 원동력原動力이 되었고, 보람찬 내일을 위하여 굳건한 각오를 다지게 하는 활력소活力素가 되었다.

1, 2학년 때에는 교내 어떤 다른 장학회 못지않게 장학생 상호간 친목을 도모하고 유대를 강화하기 위한 친교모임과 야유회 준비를 위한 총무 역할을 맡아 봉사할 기회도 가졌다.

교사까지 그만두고 대학에 뛰어 들어온 이상 대학진학 본래의 의의에 어긋나지 않도록 온갖 열성을 다하여 노력했으며 장학금의 계속적인 수혜를 위해서는 보다 학업에 열중하지 아니하면 안 되었다.

학생을 가르치는 아르바이트가 있는 날에는 육체적 피곤이 엄습함에도 전공시험 준비의 완벽과 철저를 위해서 뜬눈으로 날을 새는 일이 예사 일로 되어 있었다.

전공 학과목에 끼칠 영향을 고려해서 몇 번씩이나 망설이다 학군단ROTC을 지원하게 되었다. 학훈단學訓團후보생들이 이구동성으로 이야기하는 학군단 후보생으로서의 정신적인 부담은 비교적 컸었다.

후보생 군사 교육 때문에 제약 받는 졸업여행, 그리고 그것이 중등교사 자격취득을 위한 교생실습, 아르바이트 생활에 주는 제약과 어려움 등은 이루 말할 수 없었다. 그리고 매주 실시하는 군사학에 대한 진위형, 구성형, 선택형 그리고 서술형 등의 시험에 따른 상당한 부담이 뒤따르게 되었다. 일생일대의 황금 시기, 대학생활 그 중에서도 3, 4학년 여름방학은 혹독酷毒한 야영 훈련을 해야만 한다. 이 때 흘린 병영생활에서의 땀방울은 일생을 통하여 온갖 간난艱難과 고통을 극복하는 인내력忍耐力과 투지력鬪志力을 기르는데 좋은 보약이 되었다고 생각한다.

독서하는 것 못지않게 혼자 사색思索에 잠기는 것은 더 없는 낭만浪漫이라고 할 수 있다. 학교의 우등생이 사회의 열등생이 되기 싫다는 어느 선배님의 말씀에 따라 영화관이나 음악감상실에도 자주 나녀 정서감성情緒感情을 키우는데도 뒤지지 않도록 노력하였다.

이렇다 할 뚜렷한 이성교제는 없었지만 여가餘暇를 통한 건실한 이성교제는 대학생활을 보람 있고 알차게 하는데 바람직하다고 생각한다.

교내 어학 서클, 연극회, 신문사 등에 관심을 가졌지만 시간의 제약 때문에 충실히 참여하지 못해 아쉬움으로 남는다. 여가를 선용善用하여 이러한 활동에 적극 참여하는 것은 학부생활에서 값있는 일이라 생각되어 권장하고 싶다.

학과전공 교수님의 주선에 의한 학교 연구실 사용, 그리고 면학 분위기를 조성해주시면서 학구열에 대한 활력을 불어넣어 주시고 격려를 아끼지 아니하신 그 교수님을 잊을 수가 없다. 진심으로 감사드린다.

어느 때 어디에서나 떳떳하고 자랑스레 천거할 수 있는 친구를 사귐은 대학 4년을 통하여 더 없이 큰 영광스런 자산이라 아니할 수 없다. 내 자신의 독선적獨善的인 고집과 지나친 자존심을 마다하지 않고 학구적으로 정신적으로 결속되어 사귀어 온 그 친구에게 한없는 감사의 마음을 전하며 졸업의 영광을 함께 나눴으면 한다.

대학 졸업을 약 한 달쯤 남겨 두고 있을 무렵이었다. 시중 주요 일간지들에서 1965학년도 고려대학교 전교 수석졸업생과 각 단과 대학별 수석졸업생 명단보도를 보고 나서야, 비로서 전교수석으로 졸업하게 되는 것을 처음으로 알게 되었고 이틀 후 학교 교무처로부터 엽서로 이 사실을 통지받았다.

각 단과대학 수석은 이사장상을 수상하게 되며, 필자는 전교 수석졸업생全校首席卒業生으로서 총장상總長賞의 영예를 안게 되었으니 졸업식에서 학교와 재학생에게 드리는 졸업생 답사를 준비하라는 내용도 포함되어 있었다. 며칠 후에는 전교수석졸업생으로서 고대 신문사를 비롯하여 몇 개의 언론 신문매체와 인터뷰를 가지기도 하였다.

밟혀도 시들지 않고 꺾어도 굽힐 줄 모르는 배달민족과 직결되는 고대정신高大 精神을 배우며, 자유自由, 정의正義, 진리眞理의 용맹스런 호랑이로서 안암 골짜기에서 내 젊음의 중요한 기간을 물 마시고 호흡呼吸해 온 것을 끝없는 영광으로 여긴다.

석탑의 도서관에서 늦도록 책을 보다가 나오는 길에 문득 한번 올려다본 동편 홍릉洪陵 언덕의 달도 좋았고, 친구들과 함께 젊음을 다듬고 가꿀 수 있었던 인촌仁村선생 묘소 근처의 잔디는 부드럽기도 하였다. 고·연전高·延戰 때 덩실덩실 춤추던 기억도 좋은 추억이고, 쌓인 욕구를 풀길 없어 한 잔씩 기울이던 텁텁한 제기동 막걸리 등은 내 생애生涯를 통하여 영원히 잊혀지지 않을 것이다.

보다 더 많이 읽고 싶었고, 보다 더 많이 생각하고 또 많이 경험하고 싶었지만 지금 생각해보니 대학 4년 동안이 훌쩍 지나가고 말았다는 생각을 떨쳐 버릴 수가 없다.

대학생활에서 학문의 어떤 단계에 올라서는 것도 중요하지만, 앞으로 자기가 헤쳐 나아갈 방향을 확고히 하여 그 실행방법을 터득했으면 그 걸로 충분하다는 어느 교수님의 말씀에 그나마 안도감安堵感을 가져본다.

다만 그 무엇인가를 항상 추구하고 갈구하면서 그리고 항상 최선을 다하는 자세만은 대학생활이 나에게 안겨다 준 가장 큰 정신적인 자산이라고 자부自負하고 싶다.

(1966. 2. 25, *청오지, 65학년도 고려대 전교수석졸업 후기後記)

*청오지는 5.16장학회에서 발행하는 회지이다. 이 장학회는 정수장학회로 바뀌었다.

졸업식 거행-受賞者 프로필

<25일 卒業式 거행>

-새 학사 1,179명 탄생

-조익순 교수엔 경박학위

제59회 학사 및 석사 학위수여식이 25일(금) 하오 2시 대운동장에서 거행된다. 금년도 졸업식에는 1천1백79명에게 학사학위가, 72명에겐 석사학위가 수여된다. 이날 식전에는 조익순 상대학장에게 경제학 박사학위가 수여된다. 회계학 전공인 조교수의 학위논문은 작년 12월에 통과된 '정부기업의 예산 및 회계 제도에 관한 연구'이다.

首席卒業 이장로 군

한편 금년도 수석 졸업엔 이장로(물리) 군이 평균 90.98점으로 總長賞의 榮譽를 차지하게 되었으며, 자근반 회장으로 봉사활동에 정진한 K. K.S. (상) 군에겐 공로상이, L. J.K. (법) 군 등 6명에겐 재단 이사장 상이 각각 수여된다.

경영대학원 수료생 중에는 L. Y.M. (92점, 일반기업반) 씨가 총장상을 수여받게 된다. 수상자 명단은 다음과 같다.

총장상-이장로 (물, 전교수석)

법대-L .J.K. (법, 89.96)

상대-K. Y.S. (영, 90.68)

문과대-L. J.P. (철, 89.41)

농대-K. S.Y. (임, 90.88)

정경대-K. Y.U. (경, 89.77)

이공대-P. Y.J. (생, 87.47)
공로상-K. K.S. (상)
경영대학원 총장상-L. Y.M. (일반기업반, 92점)

受賞者 <프로필>

25일 졸업식에서 榮光의 표창을 받게 된 새로운 秀才들을 맞는다. 이장한 존재들은 4년간의 학창생활을 어떻게 보냈으며, 과연 무엇이 그들로 하여금 오늘의 영광을 가져오게 했는지 알아보자.

<螢雪의 보람 오늘의 榮光>

총장상에 이장로 (물리)군

-전교수석 이장로(물리학과)

1179명의 전 졸업생 중 全校首席의 榮光을 차지한 이 군은 순천사범학교를 60년도에 졸업하고 2년간의 교직생활을 거쳐 입학 후 줄곧 5.16 장학금의 혜택을 받았다.

한편 ROTC훈련에도 참석하였으며 방과후 시간을 이용 家庭敎師의 생활로 4년간을 계속하였다. 강의실, 군사훈련, 아르바이트로 點綴된 3중 생활의 틈바구니에서 별다른 사교활동을 가져보지 못해서 이번 임관식 때 계급장을 달아 줄 아가씨가 없다고 한숨짓는 이 孤獨한 영광-.

군복무를 마치는 대로 대학원에 진학 학계로 진출하리라고.

순천사범 출신. 1942년생. 졸업 성적 90.98.

-법대● L. J.K. (법학과)

지난해 9월 司法考試합격에 연이어 찾아 는 2중의 영광-.

예약된 학사의 그리 흔하지 않은 위치에 선 이 행운아는 '강의실에서 맨

앞좌석과 친했다는 것 외엔...' 학문에의 王道를 거듭 부인한다. 바둑(7급), 당구 등의 취미생활도 등한시 하지 않았다는 군은 3학년 때에는 '안암법우회'를 조직-활동하기도 했다. '모든 문제 해결은 자신을 가지고 임하는 심적 태도가 중요하다'고 후배들에게 뜻있는 일성을 남겼다.

휘문고 출신. 1943년생. 졸업 성적 89.96.

-상대• K. Y.S. (경영학과)

'후회해선 안 된다'를 信條로 2년 때 特待生, 4년 때 螢雪장학금, 2, 3학년 내리 상대교수 장학금을 수급 받아 온 後悔(?) 없이 지낸 노력파. 써클 활동 또한 꾸준히 해왔고 생활에서 뚜렷한 것을 남기고 싶다는 야심만만한 군은 졸업후 실업계 진출 예정. 학교측에 ROTC를 고려해주지 않아 곤란했었지만 그 성적은 교내 1위로 참모총장상을 탔다. 熱狂的인 스포츠맨이며 목포고교 출신의 전남생. 졸업성적 90.68.

-문과• L. J.P. (철학과)

'점수 버러지가 아니었는데'하면서 수석의 자리를 그리 탐탁하게 생각지 않는 이 노(?)학사(27세)는 古物商을 찾아 古書蒐集에 나서는 게 취미라면 유일한 취미. 고교 졸업 후 생각한 바 있어 입산하여 心身을 수도한 바 있는 군은 본교에 입학하면서 대여장학금 혜택을 받아왔다. '나 자신은 아직까지 생존의 확실한 의미를 발견치 못하고 있다. 그러나 확실한 삶의 태도를 지키려고 하는 것이 나의 신조다'라고 그의 생활 입장을 밝힌 군은 졸업 후 대학원 진출 예정.

1940년 전남생. 졸업성적 89.41.

-농대• K. S.Y. (임학과)

'짧게 써 주시오'를 연발하는 性急한 삼성 장학금 수급의 임학도. '영화는 초원의 빛', 음악도 애절한 게 좋다는 큰 몸집과 정반대되는 성격의 '센치'파(?). '차차 해야지요'를 전제하면서 나온 연애경력은 원점이라고. 앞으로 ROTC 군복무를 끝내는 것만이 急先務라 한다.

용산고 출신. 1944년 서울생. 졸업성적 90.88.

-정경대● K. Y.U. (경제과)

재학 시 '협진회', '경진회' 등 多方面의 '써클' 활동에도 참가했고 군은 4년 간을 줄곧 3.1장학금을 받아왔다. 평상시 강의에 충실하게 참석한 것이 오늘의 영광을 가져왔다면서 졸업 후 군복무를 마치는 대로 대학원으로 진학 國防經濟學을 공부해 보겠다면서 학계진출의향을 보인다. 후배들에겐 '자기에 성실한 생활을 하라'고 당부하는 김 군은 인상 깊은 일로서 데모 때의 쓰라린 장면을 펼친다.

중동고교 출신. 1944년 충남생. 졸업성적 89.77.

-이공대● P. Y.J. (생물학과)

수석 졸업자 중 紅一點인 박 양은 '意外의 영광이다'라고 겸손을 잊지 않는다. 2학년을 마치고 가사로 3년간을 휴학하다가 63년도에 재입학한 晩學道. 男女共學의 분위기에 젖기가 힘들었으나 4.19에 대열에 참가했던 기억은 잊을 수 없다면서 졸업 후 미국 'NASA'의 장학금으로 'Georgia Institute of Technology'에의 留學이 약속되었다면서 학계진출을 희망. 생물학을 전공하게 된 동기는 어렸을 때 '푸른싹이 돋아나는' 神秘함에 魅惑된 것이 오늘에 이르렀다고.

경기여고 졸. 1940년 경기생. 졸업성적 87.44.

공로상● K. K.S.

'自進勤勞班' 반장으로 그의 활동을 인정받아 교우회장의 功勞賞을 수상케 된 군은 재학 시 전후 8차의 農村啓蒙을 간 자치활동의 '베테랑'. '남(타인)에게 큰소리치며 살 수 있는 인간이 되자'라는 생활신조 하에 꿋꿋이 그리고 성실한 태도로 대학생활을 설계해왔다. 지나온 4년 간을 회상하면서 대다수의 학생들이 '클럽'활동에 무관심하며 스스로 보람된 일을 찾아나서는 탐구적 의욕이 부족한 것 같다면서 또한 학교당국의 재정후원이 특히 아쉬웠다고. '우리나라의 近代化는 농촌에서'부터를 역설하며 점점 흥분하기 시작한 김 군의 눈에는 '푸른 한국'의 장래가 어린다.

경북 사대부고 출신. 경남 진주생. 22세.

-경영대학원• L. Y.M.

희끗한 머리카락의 씨(39세)는 遞信部 공무기획과장에 재임 중인 3남2녀를 가진 多福한 가장. 일단 강의실에 앉으면 向學의 情熱로 가슴이 젊어진다면서 젊은 세대는 냉정히 현실을 직시함으로써 현란을 타개할 수 있다고 격려한다. '남의 부탁을 들을 때 겸손하고, 남에게 부탁할 때 아부하지 않는 사람이 되는 것이 내 座右銘이고 건실하고 虛飾없는 삶을 성실히 꾸려가겠다'고 抱負를 말한다. 취미는 사냥과 낚시.

국학대 졸 1927년 경북생. 졸업성적 92점.

(1966. 2. 26, 졸업식거행 및 수상자 프로필, 高大新聞)

卒業式 2월 25일 거행

<歡送과 期待속의 캠퍼스>

-惜別의 情 속에 59회 학위수여식

-'母校 發展위해 最善 다 할 터', 卒業生 答辭

旣報한 바와 같이 제59회 박사, 석사 및 학사학위 수료식이 2월 25일 하오 2시 내외 귀빈 및 학부형 다수가 참가한 가운데 대운동장에서 성대히 거행되었다. 이 자리에서는 조익순 교수(상대학장)에게 經濟學 박사학위가, 이영만군 등 72명에게는 석사학위, 1천1백79명에겐 학사학위가 각각 수여되었다.

이 날 식전에서 이종우 총장은 訓辭를 통해 '국가가 위기에 처했을 때 民族의 自主權 回復을 위해 창립되었으며 상실된 자주권의 회복 확립을 위해 발전해 온 고려대학교의 傳統的 精神을 계승한 여러분 졸업생들은 사회적 실천에 있어서 대중의 지도적인 위치에 서서 우리 국가민족의 隆興이라고 하는 목표를 향해 매진할 수 있는 인물이 되어야 할 것'이라고 강조하고 '졸업생 여러분은 사회에 나가 어디서 무엇을 하든지 그것이 설사 미미한 일, 작은 직책이다 할지라도 언행과 사고에 있어서는 지도자적 역할을 할 수 있기를 바란다'고 당부했다.

이어 졸업생 대표 이장로 군은 答辭를 통해 '늦은 저녁 圖書館을 나서면서 바라본 洪陵산의 달도 좋았고, 高·延전 응원 후 학교 앞에서 텁텁한 막걸리로 목을 축이던 일은 영원히 잊을 수 없는 추억이 되었다'고 회고하면서 '비록 몸은 떠나나 自由, 正義, 眞理의 高大 精神은 항상 마음속에 간직하고 모교 발전을 위해 최선을 다 하겠다'고 말했다.

또한 이날의 식전에선 졸업생들의 정성어린 기금으로 마련된 2만2천백원의 '石塔奬學金'이 유유길 전 총학생회장에 의해 전달되었으며 재학생들은 모교를 떠나는 졸업생들을 위해 '빠클' 및 '타이핀'을 증정했다.

1천2백여 영재를 사회에 내보내는 이날의 교정엔 惜別의 情이 감돌았고 정든 모교를 떠나는 졸업생들의 얼굴 표정엔 아쉬움을 간직한 感懷가 서렸다.

(1966. 3. 5, 졸업식 2월 25일 거행, 高大新聞)

제4장

교수 시절

뜻이 있는 곳에 길은 열리고

-특집 고난苦難과 영광榮光의 길

대학원 수업을 마치고 방으로 들어왔다. 청오지靑五誌 원고청탁을 위해 교수실에서 대기하고 있는 청오회 회원을 반갑게 맞이하였다. 그동안 청오회와 상청회常靑會 모임에 제대로 참석하지 못한 죄송스러움이 마음 한 구석에 자리하고 있었던 터라 안부를 묻는 등 한동안 환담을 즐길 수가 있었다.

사범학교師範學校를 졸업하고 초등학교 교사로 근무하다가 대학에 입학한 나에게 5.16 장학금 수혜자受惠者로 선정되어 필요한 구비서류가 시골로 우송되어 왔을 때 그 기쁨은 말할 수 없이 컸다.

이 장학금 수혜는 나에게 대학생활을 경제적으로 별 어려움 없이 할 수 있게 해주었을 뿐 아니라 전교수석졸업全校首席卒業의 영예가 안겨지기까지의 커다란 원동력이 되었고 활력소가 되었다.

장학회를 방문했을 때 조태호 이사장님과 사무국 선생님들께서 수석졸업이 보도된 일간신문들에 빨간 펜으로 굵게 적시摘示해 놓으신 보도내용을 보여주시면서 찬사와 격려를 아끼지 않으셨던 그 때 그 순간을 지금도 잊을 수가 없다. 장학금 수혜자가 고려대 전교수석졸업생이 된 사실에 보람을 느끼고 즐거워하셨던 것 같다.

강의실, 아르바이트, 학군단 군사훈련 등의 3중 생활三重 生活로 점철點綴된 고난의 대학생활에서 얻어진 결실이라 생각되어 나 자신도 고무되었다.

대학 졸업 후 육군 통신장교로서의 2년 반의 군복무기간은 험난한 사회생활에서의 역경逆境을 극복하고 간난艱難을 헤쳐 나갈 수 있는 투지력과 인내력을 키우는 좋은 계기가 되었다고 생각한다.

미국 대학으로부터 대학원 진학을 위한 장학금 지원까지 확정되었으나, 계획해왔던 미국 유학은 가장역할을 해야 하는 7남매의 장남으로서 포기할 수밖에 없었다. 군복무를 마치고 대학원에 진학한 후 박사학위를 받을 때까지 줄곧 계속된 강의실과 실험실에서의 생활은 전공의 특성 때문에 밤을 새우는 일이 많았다. 그래서 학부 때보다 더한 고충과 애로隘路를 감내해야만 하였다.

졸업의 의미가 시작을 의미하듯, 대학과 대학원을 졸업 후 곧바로 나의 새로운 교직생활은 다시 시작되었다. 잠시 교직을 떠났다가 다시 대학 교수로 돌아온 것이다. 결국 나에게 천직天職은 역시 교직이구나 하는 생각을 하게 된다.

대학 교수의 임무는 학생들에게 강의를 통한 교육을 하는 것에 추가해서, 새로운 지식을 창조해내는 연구 활동을 하고 또 사회에 봉사하는 것이라 할 수 있겠다.

사회와 인류에 봉사하기 위하여 꾸준히 인격을 도야陶冶하고 진리를 탐구하는데 앞장 서는 일이 훌륭한 인격을 완성하는 바람직한 길이라 생각하였다. 이런 점에서 내 자신 대학 교수 생활에 긍지矜持를 가지게 된다.

교육 및 연구용 실험기자재구입을 위한 AID 차관자금借款資金이 지금까지는 문교부에 신청해봐야 승인이 안 되는 경우가 많아 교수들에게 많은 실망을 안겨주곤 하였다. 그래서 이번에는 많은 교수들이 신청을 포기하였다. 그러나 갖추어야 할 실험장치가 워낙 많은 나로서는 많은 액수를 신청하게 되었다. 드디어 거액 110만 불이 나 혼자 몫으로 승인되는 행운을 얻게 되었다.

따라서 물성물리학物性物理學 연구실의 연구용 실험실 기구와 장치를 상당량 갖출 수 있게 되었다. 많은 교수들로부터 부러움을 사기도 하였으며, 특히 타 대학 교수와 대학원 학생들에게도 측정이나 공동연구를 통하여 도움을 줄 수 있는 계기가 마련된 것이다.

대학교수에게 해딩연구를 위한 연구용 실험 상비를 일시에 대거 갖출 기회를 갖게 된 것은 행운 중 행운이 아닐 수 없다. 그것도 대학에 부임

한지 얼마 안 되어 전공 실험연구를 위한 큰 기틀을 마련한 셈이 되었기 때문이다.

당초, 타원편광분석장치Ellipspsometry는 컴퓨터로 제어하여 고전적인 광학 상수굴절률, 흡수율, 투과율, 두께를 측정하는 장치로 도입되었으나 자기광Magneto-optic효과의 하나인 Faraday 효과를 측정하기 위하여 선편광 또는 평면 편광이 투과할 수 있는 원통형 Faraday cell을 제작하였다. 이것은 일정 길이의 플라스틱원통의 양쪽 입구면을 접착제를 이용하여 유리판으로 막고 독성이 강한 염화탄소액 등을 주입한 것으로 제작과 보존에 어려움이 많았다.

Faraday cell의 길이방향으로 걸어주는 자기장 생성용 헬몰츠코일Helmholtz coil, 원통형 코일 제작과 Kerr효과측정용 전자석 등을 제작하기 위해서는 손톱이 깎여 나가는 코일감기작업을 감내해야만 했다.

또한 거대자기저항Giant magnetotesistance특성측정용 미소장치를 자작하여 고진공이 유지되는 원통형 챔버 내에 장착하고 컴퓨터 인터페이스하여 자성 박막제작과 동시에 in situ로 측정이 가능하게 하였다.

또한 희토류 자성특성측정용 자기계Magnetometor제작을 위하여 축전용량이 큰 대용량 충전기 카트팩도 제작하여 상당부분의 자성체 물성특성에 필요한 실험 장치를 온통 갖추게 된 것이다.

교양 있는 인간으로 살기 위해서는 일생 동안 공부를 해야 한다. "생生의 교육"이라고 하는 새로운 개념은 학교교육이 끝났다고 해서 공부와 담을 쌓아서는 안 된다는 말이다.

따라서 학교를 나와서도 계속 공부해야 하고 또 공부할 수 있도록 사회체제가 이루어져야 한다.

현대는 과학의 급속한 발전 때문에 지식도 굉장히 빨리 늘어나고 있다. 어느 심리학자가 조사한 바에 의하면 우리 인간들은 매년 5% 정도의 새로운 지식을 추가하게 된다는 것이다. 그와 동시에 5% 정도의 지식은 내

버리게 된다는 것이다. 즉 망각妄覺을 해야만 된다. 설령 망각하지 않더라도 그것은 낡은 지식이 되어 쓸모가 없게 된다.

그러므로 새로운 지식이 추가되어 10년이 지나게 되면 50% 정도가 꺼져 없어지고 50% 정도만 남게 된다. 따라서 지금 학교를 나와 10년만 지나게 되면 지식의 반쯤은 구식이 되어버리니까 새로운 지식을 도입하여 보충하지 않으면 융통성이 없어지게 된다.

한 사람의 일생을 통한 교육 중에서 학교교육에서 이루어진 것을 제외한 나머지 부분에 대해서는 졸업하고 나서도 계속 공부하여 보충해야 한다는 뜻이라 생각된다.

이렇듯 청오회 회원 여러분은 어디에서 어떤 일을 하더라도 선택된 엘리트로서의 긍지와 자부심自負心을 갖고, 주어진 여건 속에서 충실히 생활해야 할 것이다. 아울러 꾸준히 새로운 지식을 도입하고 보충함으로써 자기발전自己發展을 위한 실력향상에도 게을리 하지 말아야 할 것이다.

그리고 국가와 사회에 봉사하는 마음과 솔선수범率先垂範하는 선구자적先驅者的 자세를 함양하도록 힘써 주기를 당부한다. 그렇게 함으로써 결과적으로는 상청회와 청오회의 발전에도 기여하는 길이 될 것이다.

나 역시 대학에 몸 담은 이상, 진리 탐구의 달성을 향하여 최선과 성실을 신조로 하는 학구생활을 추구해야 한다고 다짐해 본다.

'뜻이 있는 곳에 길이 열리기 마련'이라는 생각을 되새기며 교수실을 나오면서 문득 쳐다 본 달빛이 오늘은 유난히 밝아 보인다.

(1979. 3, *청오지, 특집 고난과 영광의 길)

*청오회는 5.16장학금 수혜학생의 모임이고 상청회는 그 동창회 모임이다. 이 장학회는 정수장학회로 바뀌었다.

송축사頌祝辭

먼저 김 C.O. 교수님께서 명예로운 정년퇴임을 하시게 되고, 아울러 선생님께서 평생을 걸어오신 그 간의 발자취와 교육적 성과를 기리기 위하여 간행되는 정년 퇴임논문집발간을 축하합니다.

1963년경 학부학생으로 김 교수님과의 첫 만남 이래 그 동안 물리학회에서의 활동까지를 감안하면 어느덧 반세기를 뛰어넘는 오랜 인연이 되어버렸습니다. 흘러가는 세월 앞에서는 어느 누구도 예외가 없다는 말이 새삼 떠오릅니다. 너그러우신 성품과 근엄 과묵하신 김 교수님, 언제나 겸손을 생활화하셨고 다정한 웃음과 온화함을 잃지 않으시는 김 선생님께서 이제 정년을 맞이하시려 하고 있습니다.

일찍이 한양대학교를 졸업하시고 교육계에 투신 이래 30년 이상 학문의 연구, 모교의 발전과 후진 양성 및 사회적 봉사에 혼신의 노력을 정주하여 많은 업적과 공헌을 이룩하신 선생님께서 정년을 맞이하신 데 대하여 존경과 축하를 드립니다. 선생님께서 물성물리학 분야에 많은 업적을 남기셨고 이것은 후학들에게 귀중한 연구업적으로 평가되고 있으며 선생님의 저역서인 일반 물리학, 일반물리학실험, 고체물리학 등은 물리학 전 분야를 체계화시켰고, 이론과 실제를 망라한 집대성으로 후학들에게 많이 읽히는 책으로 간주되고 있습니다. 또한 90년 이후 선생님의 학문적 연구의욕은 초전도물리학에 국한되지 않고, 반도체 연구 분야에 이르기까지 학문적 영역이 넓어졌습니다. 지금까지도 계속하여 대내외 연구비 재단의 연구과제 책임연구자로서 정열적이고 의욕적으로 폭넓은 연구를 수행하고 계십니다.

선생님께서는 국내외 논문 200여 편, 저역서, 국제 및 국내 특허 등의 실적을 쌓았을 뿐만 아니라 세계적인 학술지 Nature 지에 논문을 등재하셨고, 국내 유수한 연구소 및 회사에서 활발히 활동하고 있는 많은 석박사를 지도 배출하셨고 슬하의 두 딸도 훌륭하게 성장시키셨습니다.

교수님의 향학열은 우리나라 물리학의 지평을 넓히고 기초과학 활성화를 다지는데 일익을 담당했다고 생각합니다. 아울러 한국 물리학회 응집물질물리분과 위원장, 홍보지 편집 위원장, 실무이사장 및 회장을 역임하시면서 우리나라 물리학 분야의 학문적 성장에 기여하셨습니다.

그 동안 국제학회에도 열심히 참석하셨으며, 특히 2000년 브라질 레시페에서 개최한 ICM 2000학회와 타이페이에서의 ISPMM/ISAMT 학회에 부부 동반으로 함께 참석하여 한국에서 참석한 교수님들과 사모님들에게 보여준 김 교수님의 적극적이고 진취적인 지도력과 친화력은 참석자 모두에게 두고두고 회자되고 있습니다.

학교행정에 있어서도 교수님은 학과장, 대학 발전위원회 위원장, 자연과학 연구소장, 기획조정처 조정처장, 사회교육원장 및 자연과학대학 학장 등을 맡아 학교의 변화와 성장을 위해 애써 오셨으며 모교에 대한 열정과 진지함은 자타가 인정하는 바 있습니다.

교수업적 우수상을 몇 번씩이나 수상하시며 끊임없이 노력하는 스승의 모습을 보여주시기도 하였으며 큰 사랑과 관심으로 제자들이 실력과 성품을 겸비한 인재로 성장할 수 있도록 가르치시던 교수님을 한양인들은 가슴깊이 간직할 것입니다.

이 모두가 김 교수님께서 교육과 학문을 위해 평생을 살아오신 노고에 대한 하늘의 축복이요, 보답이라고 믿어 의심치 않습니다. 교육자, 과학자로서 또는 행정가로서의 지나온 업적과 발자취를 어찌 몇 줄의 글로서 담아 투영할 수 있으리오 마는 선생님을 향한 지인과 후학들의 간절한 마음은 이 행간과 여백 속에 남아 영원하리라 확신합니다.

다시 김 교수님의 정년퇴임을 진심으로 축하드리면서, 선생님의 여생이 건강과 행운으로 충만하시기를 기원합니다.

(2008. 2. 15, 한양대 김 C.O. 교수 정년퇴임을 축하하며)

YOUNG

제5장

대학장 시절

신입생 오리엔테이션 인사말씀

새 천년의 웅비雄飛와 함께 우리 숙명여자대학교의 새 주역이 될 신입생 여러분의 입학을 두 팔 벌려 환영하고 축하드립니다.

마늘과 파만으로 어두운 동굴에서의 긴 세월을 참고 이겨낸 곰이 웅녀雄女로 새로 태어나 처음 맞는 태양에서 받을만한 흐뭇한 감흥이 여러분의 입 언저리에 가득해 보입니다.

숙명여자대학교는 지금부터 약 100년 전인 1906년 고종 황실의 엄 황귀비께서 당시 한국 여성들에게 고등교육의 터전을 마련하고자 설립된 최초의 민족사학 여성 고등교육기관입니다. 창학 이후 숙명은 한국 근-현대사를 통해 민족과 사회가 요구하는 여성상을 제시하며 우리나라 여성사를 이끌어 왔다고 자부합니다. 또한 세계화, 정보화로 표현되는 21세기를 앞두고 창학 100주년이 되는 2006년까지 국제적 감각과 전문적 능력을 갖춘 '세계 속의 한국 여성'을 양성하며 세계 명문대학으로 비상할 준비를 하고 있습니다. 이렇게 여러분이 선택하신 숙명여자대학교는 과거, 현재, 그리고 미래가 함께 공존하는 우리의 역사 속에서 살아 숨 쉬는 대학입니다.

신입생 오리엔테이션은 비록 이틀 정도의 짧은 일정이지만 우리 학교의 역사와 학사 일정 그리고 앞으로 대학 생활에 대하여 소개하여 여러분 나름대로의 계획을 세울 수 있도록 도움을 드릴 것입니다. 그리고 더 중요한 것은 앞으로 함께 교정을 누리며 공부할 학우들 그리고 선배님들과 알게 되고 친해질 좋은 기회가 될 것입니다.

정보 통신 사업의 발달과 인터넷에 의한 정보화 사회의 도래로 시-공간적 제약이 좁혀져서 지구촌이라는 말에 걸맞게 전세계가 하나의 공동체로 묶여져가고 있는 현실입니다. 21세기 국제화 시대인 2000년에 입학한 여러분은 그 변혁을 지켜보며 주도해나갈 인재이며 우리 미래 사회의 리더가 되어야 할 것입니다. 미래의 리더가 되기 위해 우선 대학인으로서 가져야 할 자세에 대해 말씀드리겠습니다.

첫째, 변혁變革과 신문명新文明 사회를 이끌어 갈 리더는 미래 세계에 대한 설계도를 가져야 합니다.

단기적이고 현실에 제한된 계획이 아니라 장기적인 안목으로 보다 높고 큰 미래의 이미지를 그려 보는 것입니다.

둘째, 사고와 행동 양식의 전환이 있어야 합니다. 그 동안의 타율적인 자세에서 스스로의 자신의 목표를 설정하고 그에 요구되는 수단을 주체적으로 개발하고 관리하는 적극적 태도로의 변화가 요구됩니다.

마지막으로 인간에 대한 기본적인 이해와 사랑이 선행되어야 하겠습니다. 대학은 지적인 측면과 동시에 인간적 성숙을 고양시키는 사회화과정이라 생각합니다. 아무리 지적인 수준이 높더라도 인간적으로 성숙하지 못한 사람은 사회에서 소외당하며 리더로서의 자격이 없습니다.

우리 숙명여자대학교는 4년간의 대학 생활동안 여러분들이 21세기를 주도할 수 있는 여성 리더로서 성장하는데 필요한 모든 교육환경을 조성하는 데 최선을 다하겠습니다.

21세기를 새롭게 시작한 전통적 명문 학교, 숙명여자대학교에 입학하여 4만여 숙명인의 새 가족이 된 여러분을 다시 한 번 더 환영하며 여러분의 꿈이 실현되길 바랍니다.

감사합니다.

(2000. 2, 신입생 OT에서, 학장 인사말씀)

환경주제 설리제 인사말씀

다가오는 21세기는 환경의 세기입니다.

얼마 전까지만 해도 말단의식을 차지해오던 환경문제가 21세기에는 막강한 중심문제로 부상하리라는 예측을 부정하는 사람은 없을 것입니다.

'21세기는 환경의 세기이다'라는 말은 이 문제를 해결하지 못하면 인류의 생존자체가 위협 당할 수 있다는 경고이고, 미해결 사회적 분쟁 및 갈등의 근원적인 문제가 나타날 불길한 징조의 예측이라 해도 과언이 아닙니다.

환경오염으로 인하여 우리의 생활환경이 파괴되고 있습니다. 지하수와 대형인공호수의 오염, 연근해에 발생한 적조현상, 대형도시에서의 오존발생 등 환경관련 뉴스에 익숙해져 우리들 자신이 둔감해지지 않았나 하는 걱정도 없지 않은 것이 오늘의 현실입니다.

환경의 문제를 잘 다스리는 나라는 정치적, 사회적으로 안정되어 있음을 볼 때 환경보존과 사회안정은 밀접한 관계를 가지고 있으며, 사회안정을 위해 환경보존이 필요하다는 논리는 당연한 것인지도 모릅니다.

이렇듯 환경에 대해 신경을 써야 할 때에, 숙명 이과대 학생회에서 이번 11월 3일부터 5일까지 환경을 주제로 이과인들의 문화제인 설리제를 연다고 합니다.

'Clean Sook'이란 제목 아래 캠퍼스 내에서 벌어지고 있는 환경 문제와 우리 숙명인들이 할 수 있는 일들을 함께 생각해 보고 이를 직접 체험해 보는 좋은 기회가 되리라고 생각됩니다. 이 기간 중에 전시회를 열고 재활용품을 나누어 주는 이벤트 그리고 환경과 관련된 영화를 상영하게 될 것입니다. 또 환경에 대한 다양한 대안, 정책 그리고 캠퍼스 내에서 실천할 수 있는 일들에 대한 자료집을 발간하게 되었는데 영광스럽게도 인사말로 권두를 차지하게 되었습니다.

이번 설리제가 환경문제의 중요성과 심각성을 인식하고 환경보존의 실천에 의식전환을 할 수 있는 큰 계기가 되었으면 합니다.

감사합니다.

(2001. 11. 1, 환경주제 설리제, 학장 인사말)

추모사追慕辭

가족과 함께 회갑回甲宴기념으로 중국여행을 가셨던 오 S.D. 교수님께서 불의의 사고로 돌아가셨다는 소식을 듣고 오랜 세월 동안 교수님과 함께 학문연구와 후진양성을 해왔던 저희 동료교수들은 정말 충격을 금할 수 없었습니다.

오 교수님은 저희 교수들에게 친절한 동료이셨습니다. 또한 학생들에게는 제자를 아끼는 따뜻한 마음을 가진 스승이었고, 가정에서는 현모양처賢母良妻이셨습니다.

오 교수님은 서울대학교를 졸업하고 피츠버그대학에서 이론원자물리학으로 박사학위를 받은 후, 1983년 우리 학교 물리학과에 부임하셨습니다. 그동안 양자역학, 수리 물리학 등을 강의하면서 양자정보과학 강의를 학부과정에서 처음 시도하여 학생들의 적극적인 반응을 얻었고, 학부학생들을 직접 연구 활동에 인턴으로 참여시키는 등 연구 활동을 해오시고 있었습니다. 대외적으로는 학회활동을 비롯하여 국무총리산하 원자력위원회에서 다년간 전문 위원, 원자력 고등과학원 협동연구 교수로 활동하시기도 하였습니다.

지난 5월 18일 한국물리학회 주관으로 우리학교에서 개최한 여성 물리학자 워크샵에서 저의 축사에 뒤이어 낭랑한 목소리로 강의하시던 모습이 아직도 눈에 선합니다. 저는 다른 학회의 일로 먼저 자리를 뜨면서 서로 인사를 나눈 것이 오 교수님과의 마지막 인사가 될 줄 몰랐었습니다.

선생님께서는 작년 금강산 교수 연수 때 지팡이에 의지하면서도 동료교수들의 부축을 받아 비로봉까지 올라가 인내력으로 건강을 과시誇示하였습니다. 본인의 건강에 상당히 신경을 쓰셨을 뿐 아니라 주변 사람들의 건강까지도 챙겨 걱정해주시는 다정다감하고 자상하신 교수님이셨습니다. 얼마 전에는 암 수치와 관련한 정기진단검사결과를 조바심으로 기다리다 진단

결과를 전해 듣고 기뻐하시던 그 모습이 아직도 생생하게 떠오릅니다.

돌이켜 보건대, 오 교수님은 시부모님에게는 효부였었고, 외아들의 교육을 위해 맹모삼천지교孟母三遷之敎의 교훈을 몸소 실천하셨던 분입니다. 잠원동에서 방배동으로 또 다시 압구정동으로 이사를 하시면서 외아들의 학교생활을 관리하고 상의해오시던 일, 10여 년 전 다리를 다쳤을 때 본관에서 열리는 전체교수회의 참석을 위하여 교수님을 등에 업고 높은 이층계단을 오르내리던 일, 특히 교수님 개인적으로 마음 상한 일들이 생겨 제 교수실로 찾아와서 하소연할 때 그 대책을 숙의하고 위로해드렸던 일, 이제는 먼 지난날의 추억이 되어 버렸습니다.

학부제學部制 때문에 여러 가지로 어려움에 처한 물리학과의 장래를 위해서 오 교수님의 역할이 그 어느 때보다 중요한 시기에, 우리 전공 교수님 이하, 학생들은 오 교수님을 잃은 슬픔에서 벗어나지 못하고 있습니다. 못다 하신 일들은 저희들에게 맡기시고 하늘나라에서 편히 잠드십시오. 다시 한 번 명복을 빕니다.

여러 가지로 바쁘신데도 불구하고 오늘 오 교수님의 추모식에 참석해주신 여러 교수님들, 교직원 그리고 학생 여러분들에게 감사의 말씀드립니다.

(2005. 3. 23, 오 S.D. 교수님 추모식에서)

YOUNG

제6장

학회 활동

학회장 취임사就任辭

밝아 오는 21세기의 첫 새해를 맞아 사단법인 한국자기학회韓國磁氣學會 제6대 회장에 취임하면서 학회 회원 여러분의 가정에 건강과 행운이 함께 하시기를 기원합니다.

그 동안 우리 학회의 발전을 위해서 물심양면으로 협력을 아끼지 아니하신 강 I.K., 김 T.K., 김 C.S., 임 W.Y. 전임회장님, 그리고 학회 임원, 평의원 및 회원 여러분께 충심으로 감사의 말씀을 드립니다. 또한 우리 학회가 안정된 기반을 구축하고 무난히 학회활동을 할 수 있도록 해주시고 있는 30여 특별회원사, 40여 단체회원 대학교 및 연구원(소) 여러분의 배려에 깊은 감사를 드립니다.

아시는 대로 출범 시부터 국제자기학학술회의 참석모임을 통해 탄생한 우리 학회는 그 동안 국제적인 위상제고에 진력해온 것이 사실입니다. 자기학의 전 분야에 걸친 국제협력과 교류의 성공적 사례가 되었던 1995년의 제3차 ISPMM, 1999년 5월 역사의 도시 경주에서 개최하여 한국의 자기학 분야가 국제화 대열에 당당히 올라와 있음을 과시하고 확인하여 도약을 위한 큰 전환점이 되게 하였던 IEEE의 InterMag '99의 성공적 개최, 90년대 중반부터 계속해온 한-일 MR모임을 통한 ASIST 학회 창립, 90년대 후반부터 매년 동구권과의 학술 교류를 활발히 해 온 한국-폴란드 워크샵의 지속적 추진, InterMag, MMM, MML, ISPMM, ICM 등을 비롯한 자기학관련 국제회의에서의 우리 회원들의 활약상 등이 이것을 입증하는 것이라 할 수 있습니다.

또한 작년 9월에는 우리 학회 창립 10주년을 기념하는 국제 자기학 심포지엄이 제주도에서 열린 바 있습니다. 여기에서는 21세기의 자기학의 새로운 영역을 개척하게 될 '제2의 전자혁명으로 일컫는 스핀트로닉스spintronics와 고밀도 자기기록 분야'를 주제로 하여, 명성 높은 국내외 전문학자들이 최신 세계적 동향 및 연구 결과들을 소개하는 기회를 가졌었습니다.

한편 매년 봄, 가을 2회에 걸쳐 개최해 온 총회 및 학술연구 발표회, 4개 학술분과 위원회가 개최해 온 학술분과 심포지엄 등은 국내 자기학 학술 분야 활동의 중심이 되었습니다. 국문판 한국 자기학회지와 영문판 학회지 'Journal of Magnetics'의 각각 연 6회 및 연 4회 발행은 새로운 학술 이론과 신기술에 대한 괄목할 만한 발표의 장이 되었다고 생각합니다. 또한 이 학회지들이 1999년과 2000년에 학술진흥재단 등재 우수학술지 및 우수학술후보지로 선정된 것은 우리 학회가 발행하는 두 학술지의 학술적 수준을 인정받았다는 의미이기도 합니다. (한 가지 덧붙여 말씀드릴 것은 학술진흥재단이 발표한 각 분야 학술지의 평가에 있어 자기학회지와 J. of Magnetics가 평가분야에 따라 다르게 평가된 것은 학술진흥재단의 등재 후보 학술지 선정과는 무관한 것임을 또한 알려드리고자 합니다.)

그리고 국가 창의과제, ERC, SRC와 NRL 등의 큰 국책사업을 회원 여러분께서 주축이 되어 수행 중이라는 사실은 국내에서 우리 학회가 위치한 위상을 반영하는 자랑스러운 일이라고 생각합니다.

현 시점에서 우리 학회가 추구해야 할 몇 가지 점을 들어본다면,

① 학문적인 기풍을 진작하기 위하여 수준 높은 연구 활동을 수행하는 학자와 기술자들에게 토론의 장을 만들어 주는 전문학회로의 발전,

② 수준 높은 저술과 학술활동을 통한 새로운 원리와 신기술을 교육하고 보급하는 역할 수행,

③ 회원 상호 간의 유대와 친목을 다져 투명하고 진솔한 의견 교환을 도모하고 실천하는 분위기 형성,

④ 외국 관련 학회와 연구 기관 등과의 국제 협력과 지속적인 교류를 통하여 한국의 자기학 분야가 국제적 두각을 나타내도록 노력해야 할 일 등일 것입니다. 이런 것들을 구현하기 위한 실천 방안으로는 우리 학회의

국문 및 영문 학회지의 국제적 수준으로의 질적 양적 위상 신장, 분과 학술활동의 활성화, 보다 많은 회원의 확충, 학연산 유대강화, 학회 업무의 효율성 증진 및 회원에 대한 서비스 향상을 위하여 지속적인 전산화 및 정보화 추진, 일본 응용자기학회 등과의 학술 교류 및 협력 강화, 학회 및 자기학 분야에 대한 홍보 등이라고 생각합니다.

21세기에도 우리 학회가 계속적으로 발전하여 정보화 사회를 이끌어가는 핵심 학술 활동의 요람이 되고, 국제적 위상이 높아져 국가 발전에 이바지하는 학회가 되도록 다같이 노력할 것을 다짐하면서 회장 취임 인사를 마치겠습니다. 회원 여러분의 연구에 보다 좋은 성과가 있으시기를 기원합니다.

(2001. 1. 1, 학회장에 취임하며, 한국자기학회 학회지)

InterMag '93 국제회의 참가기

InterMag '93International Magnetics Conference 93이 스웨덴의 스톡홀름 시내 중심지에 위치한 Folkets Hus city conference center에서 4월 13일부터 16일까지 열렸다.

이번에 개최된 InterMag Conference는 매년 미국에서 열리는 MMM Magnetism and Magnetic Materials Conference, 유럽을 중심으로 3년마다 열리는 ICMInternational Conference on Magnetism과 더불어 자기학 분야의 주요한 국제 학술논문 발표대회 중의 하나이다.

이 대회는 미국 IEEEInstitute of Electrical and Electronics Engineers 산하 자기학회에서 주관하여 매년 열리는데 두 해는 미국 내에서, 셋째 번 해에는 미국 아닌 다른 나라에서 번갈아가며 매년 4월에 개최하는 응용 분야에 중점을 둔 규모가 가장 큰 국제회의라 할 수 있다.

금년으로 31회째가 되는 본 대회에는 세계 각국에서 950여명이 참석하여 750여명이 등록하였고 발표 논문 수는 작년의 500여 편에 비해 이 보다 많은 790여 편으로 발표 기간 중 오전 오후로 나누어 42 session은 구두 발표로, 29 sessions은 포스터 발표, 7 sessions는 plenary sessions으로 하여 총 77개 sessions이 진행되었다.

한국인 참석자는 국내에서 필자를 포함하여 한국과학기술연구소KIST 강 I.K. 한국자기학회회장님, 전북대 이 Y.H. 교수님, 한국표준과학연구소 KRISS 김 C.S. 박사님, 충북대 유 S.C. 교수님 등을 비롯한 14명이었고 미국에서 참석한 김 S.H. 박사님, 문 J.K. 교수님 등을 포함한 유학생 몇 사람도 만나 인사를 나눌 기회가 있었다.

국내 참가자에 의해 발표된 논문은 12편으로 발표 논문 수가 많은 미국, 일본, 영국, 불란서, 독일 등에 비해 미흡한 편이었다. 이번 InterMag'93에서 발표된 논문은 심사를 통하여 국제학술지 IEEE Transaction on Magnetics에 실릴 수 있게 되어 있다.

주제 토론 발표인 plenary session의 내용을 살펴보면 [오늘날의 재료]에 관하여 Sweden Uppsala 대학의 Carl Nordling 교수가 스웨덴을 전망으로 하여 발표하였고, [21세기 정보 기술] 분야에서는 자기 기록 장치 개발, 광기억 기술의 어제와 오늘, Flash memory 등에 관하여 6편, [생체 자기학] 분야에서는 자기장이 생체에 미치는 역할 등에 관한 6편의 발표가 진행되었다.

또 8개의 sessions은 symposium 형식의 초청 강연으로 진행되어 일정한 Topics를 집중적으로 다루었는데 그 내용은 1) 단파장 자기-광기록 (4편), 2) 영구 자석 재료의 새로운 방향 (5편), 3) 자기 기록 헤드 (MR형) (10편), 4) 새로운 미세 관측 기술 (5편), 5) 미세 입자 자기의 경향 (5편), 6) 응용 자기의 수치 기술 (5편), 7) 박막과 다층막의 자기 이방성 (5편), 8) 거대 자기 수송 (5편) 등이었다.

또 730여 편의 일반 발표 내용을 분야별로 보면 다음과 같다. 1) 영구 자석 응용 (15편), 2) 미세 결정질 재료 (11편), 3) 분말 체제 (20편), 4) 비정질 재료 (12편), 5) 박막과 다층막의 자기광 및 자기 탄성 효과 (10편), 6) 자기 센서 (비기록) (14편), 7) 마이크로파 자기(재료 기기) (25편), 8) 자기 측정 (새롭고 개선된 기술) (25편), 9) 규소-철 (11편), 10) 자기-광기록 매체 (비기록) (16편), 11) 다층막과 합금 박막의 거대 자기 저항 (11편), 12) 자기 고체 메모리 (13편), 13) 연 페라이트 (10편), 14) 변압기, 유도기 (16편), 15) 장치 기기 (11편), 16) 연자성 재료 (모형과 자기 탄성) (12편), 17) 자기-광 (비기록) (10편), 18) 자구, 자벽 (30편), 19) 영구 자석(질화물/탄화물) (24편), 20) 자기 기록 체제 (암호, 검색 등) (11편), 21) 초전도체 (29편), 22) 자기 분리와 자성 유체 (8편), 23) 생체 자기 분야 (17편), 24) 미세 입자 (23편), 25) 박막 기록 매체 (35편), 26) 헤드-디스크 Interface (35편), 27) 자기 기록 헤드 (페라이트, MIG, 유도성 박막) (26편), 28) 자기 기록

(체제, 이론, 암호) (42편), 29) 영구 자석-희토류 (Nd-Fe-B) (24편), 30) 영구 자석 (26편), 31) 자기 계산 (58편), 32) 박막과 다층막의 자성 및 제조 (52편), 33) 자기 부상 (19편), 34) 일반 자기 (10편), 35) 광기록(재료, 기록 과정, 체제) (19편).

이상에서와 같이 자기의 여러 분야에 걸쳐 골고루 발표되었지만, 특히 박막 기록 매체를 포함한 박막과 다층 박막의 제조 및 자성분야가 비교적 많이 발표되었으며 초전도체, 생체 자기 분야, 자기 부상 등에도 관심을 보여 많은 논문이 발표되었다. 최근 응용 면에 큰 관심을 끌며 활발히 연구되고 있는 거대자기저항 재료는 작년에 이어 금년에도 여러 편 발표되어 그 관심도를 알 수 있었다. 그것은 position sensor 및 고밀도 자기 기록용 헤드로서의 응용 가능성 때문이라 생각된다.

아쉬웠던 점은 국내 참가학자들의 발표 논문 수뿐 아니라 참가자수가 과학선진국들의 경우와 비교하여 특히 일본과 비교할 때 미흡하여 그들에게 부러움을 느낄 수밖에 없었던 일이다.

88올림픽 개최국 국민으로서 과학선진국과 어깨를 나란히 하기 위해서는 많은 국내학자들이 자주 국제학술회의에 참가하여 전공분야에서 활발한 국제교류를 할 수 있도록 하여야 하겠고, 이를 통하여 국제학술회의가 한국에서도 많이 개최할 수 있도록 함으로써 국내학술활동 진작의 계기를 마련할 수 있어야 할 것이다.

다행히도 이번 학술 회의 기간에 한국자기 학회장이 1999년에 열릴 InterMag '99 conference 개최지를 한국으로 결정하는 문제를 타진하기 위하여 IEEE InterMag 운영 위원회 실무진을 만나 섭외하고 그 개최 가능성을 인정받은 것은 커다란 수확이 아닐 수 없다.

이 국제회의가 한국에서 개최되어 국제적 위상을 높일 수 있는 계기가 되었으면 하고 기대해 본다.

InterMag '93 참석자들을 위한 리셉션이 열렸던 스톡홀름 시청은 매년 노벨 수상자들을 초청하여 축하연과 수상식을 개최하는 유서 깊은 곳으로 시청 청사 내의 20세기의 현대 벽화 및 장식, 시의회 회의실 및 시설 등은 깊은 인상을 주었다.

앞으로 한국의 과학자 중 그 누군가가 바로 이 곳 시청에서 노벨상을 수상하는 장면을 그려보면서 머지않아 현실화되기를 기원해 마지않는다.

(1993. 5, InterMag '93 참가기, 물리학과 첨단기술, 한국물리학회)

학회장2001-2002을 마치면서

이제는 겨울이 지나가고 따스한 봄기운이 감돌고 있다. 2년 전, 학회장에 선출되어 흥분되고 얼떨떨한 감정으로 학회 일을 시작하게 되었다. 그리고 현재에 이르기까지 학회 일을 해오며 있었던 크고 작은 많은 일들이 떠올라 주마등처럼 머릿속을 스쳐 지나간다. 학회장으로 지내면서 있었던 기간을 정리하고 회고해 달라는 학회 측의 요청으로 지금 이 글을 쓰고 있다.

2001년 정초에 제1차 학회 회장단 회의를 시작으로 하여 신년 하례식 및 제1차 이사회를 겸한 새 집행부 출범이 강남역 부근 중국음식점 대려도에서 있었다. 그 날 학회임원들은 학회를 위해서 봉사할 수 있도록 기회가 주어진 것을 영광스럽게 생각하며 회원 상호간에 인화와 유대를 강화하고 자기학 분야의 학문적 발전과 한국 자기학 분야의 산업발전에 기여한다는 학회 설립 취지에 부응하기 위하여 온갖 힘을 쏟자고 굳게 다짐하였다.

여기에서는 연중사업계획이 확정되었고 우리 학회 차원의 일본 응용자기학회와의 상호협력 방안에 대한 논의가 있었다. 특히, 이번 논의는 지난해 제주도 서귀포 롯데호텔에서 열린 우리학회 창립 10주년 기념 국제심포지엄에서 우리 학회 임원진과 여기에 참가했던 일본응용자기학회 회장 Naoe 박사와 전임 회장 Sugita 박사 등 일본측 대표와 한-일 양 학회의 협력 방안을 위한 모임을 가진데 이어, 2001년 1월 San Antonio에서 열린 Joint MMM-Intermag Conference에서 한-일 협력관계 강화에 관하여 구체적으로 이루어진 쌍방 합의에 대한 후속대책을 위한 것이다.

2월 회장단 회의에서는 우리 학회 website의 update 일환으로 PDF file format 학회논문의 게재와 이의 검색시스템 구축방안, 국내외 학술대회 소식 및 학회관련 기관SRC, ERC, National Research Lab. 및 창의연구단 등과의 website link에 대한 방안이 제시되어, 이 중 실현 가능한 것부터 실행에 옮기도록 하였고 현재 많은 부분이 구현되고 있음을 확인하였다.

이윽고 2001년 봄 임시총회 및 연구발표회가 4월 13일 대전 한국표준연구소에서 개최되었다. 특히, 김 C.S. 전임회장님 및 김 Y.B. 박사와 연구소 연구원들의 행사진행에 대한 적극적인 협조로 총회와 연구발표회가 무사히 끝날 수 있도록 힘써 준 노고에 대하여 감사드린다. 논문발표(특별강연 2편, 구두발표 6편, 포스터발표 60편)에 많은 회원이 참석하여 성황을 이루었고 회원들의 적극적인 학회참여 활동에 회장단은 매우 고무되었다.

학회편집회의를 매월 정례화하기로 하였고, 더불어 학회창립 이후 계속 사용해오던 학회 논문지 표지의 변경안이 제기되어 학회참석 회원들을 상대로 하는 선호 투표 결과 현행표지에 비해서 다수회원이 선호한 새 표지가 각각 국문 영문 학회지의 새 표지로 채택되었다. 디자인에 전문지식이 없었지만 의욕만 가지고 학회장 본인이 제작한 학회지 표지를 선호해 준 것에 대해 큰 기쁨이었고 개인적으로도 영광스러운 일이었다. 선호해 준 많은 회원들에게 특별히 감사드린다. 새로운 학회지표지로의 변경채택은 2002년도 발행 학회지부터 적용되고 있다.

5월 중순 자성체물리학 심포지엄 ISPMM 2001이 Taiwan Grand Hotel에서 열렸다. 우리 학회 회원이 다수 참석하여 논문을 발표하였고 해외 국제학회에서 늘 관행으로 해왔던 한국인 참가자 회식모임이 이 곳 대만거주 한국인이 운영하는 간이음식점에서 있었다. ISPMM 회의의 준비와 조직의 엉성함을 우려한 각국의 원로 학자들이 모여 향후 각국 학회에서 2명씩 추천된 5개국 10여 명으로 구성된 영속성 있는 합의체인 ISPMM 운영위원회를 구성하는 의견에 도달한 것은 큰 수확이었으며, 차기 회의는 2004년 싱가포르에서 개최하기로 결정하였음을 강 I.K. 박사님을 통하여 알 수 있었다.

ISPMM 2001를 마치고 귀국하자마자 한-일 양국의 자기학회회장은 양

학회간 상호교류 및 협력을 위한 2001년 3월 26일자 협정서를 작성하고 서명하여 서로 교환하게 되었다. 우리 학회 website 게시판에 올려져 있는 바와 같이 협정의 유효기간은 향후 5년 간이고 이 후 쌍방 합의에 의하여 연장 가능한 것으로 되어 있다. 이어 7월 하순경에는 일본측 실무위원인 Miura 부회장과 Otta 간사가 내한하여 한국측 실무위원(강 I.K. 회장, 임 W.Y. 회장, 이 T.D. 박사, 김 H.J. 박사)과 우리학회 사무실에서 한-일 협력 실무위원회를 개최하였다. 이 모임에서는 한-일 자기학회 간의 joint symposium, 영문학회지 공동출간 및 아시아권 학술회의 개최문제 등을 심도 있게 논의하였다.

기금관리운용위원회가 6월 1일 열려 정기예금 거치에 대한 논의에 이어 부동산 경기가 좋지 않은 이 시기에 오피스텔을 구입하여 학회사무실로 사용하는 문제가 제기되어 장시간 논의가 있었다. 이튿날 학회장은 이 J.I. 재무이사와 함께 여의도에 분양중인 것 중에서 기금으로 구매 가능한 31평형 아크로폴리스와 국제베넷빌딩 오피스텔을 현지 답사하였다. 결과적으로 우리 학회가 오피스텔을 구매하여 독자적인 학회사무실로 사용가능한 기회가 있었음에도 일부의 반대의견으로 현지답사 보고로만 그친 것이 지금으로서는 못내 아쉽기만 하다.

8월 24일에는 전임회장 초청간담회를 강남역 부근 일식집 테란야에서 갖고 그 동안의 사업실적 보고 및 현안문제를 논의하였으며, 역시 12월 14일 테란야에서 있었던 전임회장, 이사 및 회장단 연석회의에서는 학회의 나아갈 길에 관한 토론이 있었다. 현재 학회지 게재내용의 주류를 이루는 spintronics스핀전자공학 관련분야는 산업계 회원들의 관심과는 괴리가 있으므로 산업계 회원을 대상으로 하는 기술 강습회를 위한 교재 개발이나 학회지 편집을 회보 내지 해설 성격에 비중을 두는 형태로 바꾸어 산업계와의 관계가 정립되는 효과를 기대하기로 했나. 그리고, 국제 협력사업과 관련하여 내년 개최 예정인 한-일 공동 심포지엄을 앞두고 철저한 준비,

그리고 타 학회와의 차별화를 통한 우리학회의 장기발전계획 수립의 필요성 등이 논의되었다. 이것들은 학회업무추진에 반영해야 할 중요한 과제들로 인식되었다.

2001년도 재료물성분과 심포지엄이 8월 16부터 18일까지 이틀간 충남대학교에서 충남대학교의 고기능성재료연구센터ReCAMM와 공동 개최하였고, 9월 25일에는 충북대학교 50주년 기념행사시 미래의 첨단물질 국제심포지엄으로 공동 개최한 응용측정분과 심포지엄이 열렸으며, 이어서 12월 1일에는 가톨릭대에서 가톨릭대 자연과학연구소와 공동 개최한 자기이론분과 심포지엄이 있었다. 학회장은 위의 심포지엄에 각각 참석하여 초청연사와 참석 회원들에게 격려의 인사말씀을 드릴 기회를 가졌다.

가을 정기총회와 학술발표대회가 10월 13일 성균관대 수원캠퍼스에서 개최되었다. 당시 행사준비를 열심히 해준 서 S.J. 교수의 노고에 감사를 드린다. 아쉽게도 논문발표(특별강연 1편, 구두발표 10편, 포스터발표 43편) 편수 및 참여회원수가 저조한 편이어서 학회 준비와 관련하여 회장단이 자성하는 계기가 되었다.

우리 학회가 안정된 기반을 구축하고 무난히 학회활동을 할 수 있도록 해주고 있는 특별회원사 방문계획에 따라 11월 20일에는 김 C.S., 김 H.J. 부회장과 함께 태평양 금속(주)과 대보 마그네틱(주)을 방문하여 감사패를 전달하고 계속적인 지원을 부탁하였다. 또한 소형모터부품과 영구자석을 제조하는 MTI(주) 대표 최 P.K. 박사가 스스로 특별회원사로 신규 가입하고 지원금을 약속하여 학회로서는 매우 감사할 따름이다. 또한 연례적으로 우리 학회의 학술지발행 및 학술대회개최에 관련하여 재정적 지원을 해주고 있는 한국과학기술단체 총연합회, 한국학술진흥재단 및 한국과학기술정보원에 감사의 말씀을 드린다.

2001년을 결산하고 2002년을 맞이하게 되었다. 1월 3일 대통령이 참석하여 한국과학기술회관 회의장에서 개최되는 한국과학기술총연합회 신년 하례식에 우리학회를 대표하여 몇몇 학회임원들과 함께 참석하였다.

정초의 회장단 회의에서는 지난 연말 제기된 학회의 진로와 관련된 현안문제 타개방안으로 4개 소위원회를 새로이 구성하여 활동에 들어갔으며, 각 위원회별로 사업내용 및 추진 실적에 대한 보고서 작성을 의무화하였다. 학회장이 위원장을 담당하고 회장단 전원이 참여하는 중장기 발전 기획위원회, 편집담당 부회장의 SCI 등재편집위원회, 학술 부회장이 담당하는 한일공동 심포지엄 추진위원회 및 사업이사가 담당하는 정보화사업 추진위원회 등이 구성되었다.

2002년도 임시총회 및 학술발표회가 4월 12일부터 13일까지 조치원 소재 고려대학교 서창캠퍼스에서 개최되었다. 지난 가을 총회의 전철을 밟지 않도록 하기 위해서 행사준비에 여간 신경이 쓰이는 것이 아니었다. 전임 임 W.Y. 회장님과 고려대 물리학과 교수 전원의 철저한 준비와 세심한 배려 속에서 진행된 행사에서 논문 발표(초청강연 2편, 구두발표 5편, 포스터 발표 68편)는 성황을 이루었고 총회도 성공적으로 마칠 수 있었다. 임 W.Y. 전임회장님의 따뜻한 배려로 진행된 첫날 간담회와 이튿날 점심 식사대접에 대하여 감사의 말씀을 드린다. 학회 기간 중 학회등록회원 전원에게 (주)대보마그네틱의 협찬으로 휴대폰 핸드프리장치를 증정하는 이벤트도 있었다. 특히, 첫날 점심식사에서는 국가 주도형 대형 센터장들을 초대하여 학회와의 협력방안을 협의하였고 이들로부터 긍정적인 반응을 얻었다.

네덜란드 암스테르담 RAI Congress Center에서 4월 28일부터 5월 2일까지 열린 InterMag 2002 Europe에 본인을 포함하여 참가한 국내외 거주 한국인 참가자 회식이 Congress Center 근처 중국집에서 있었다. 여기에서 학회장은 격려의 인사말씀을 드릴 기회가 있었다. 강 I.K. 전임회장님을 비롯하여 참석자가 40명을 넘어선 것은 근래의 국제학회에서 보기 드문 사례로 이것은 최근 국내의 국가차원 나노연구 활성화에 의한 많은 연구비지원에 힘입은 것으로 생각되어 반가운 일이 아닐 수 없었다.

2002 World Cup 축구대회로 온 나라가 뜨거워지고 있던 6월에는 충남대학교 ReCAMM과 Tohoku 대학의 Takahashi Lab.이 공동주관한 한일 magnetic memory 국제심포지엄이 충남대학교에서 개최되어 학회장이 격려와 축하말씀을 드릴 기회가 있었고 여기서 발표된 모든 논문은 김 C.S. 편집담당부회장의 수고로 영문학회지 프로시딩으로 발간되어 다행스러운 일이 아닐 수 없었다.

7월초에는 한국과학기술회관에서 개최된 2002 세계 한민족 종합 과학기술자 종합 학술대회, 8월 중순에는 서울대학교 호암 컨벤션홀에서 열린 한국학술단체연합회 정기학술대회에 학회를 대표하여 참석하였다. 우리 학회는 이 연합회에 이미 가입한 바 있다.

8월 2일에는 학회 회장단-자기학관련 국가주도형 대형센터장 연석회의가 일식집 테란야에서 있었다. 여기에서 결정된 사항은 첫째, 2002년 가을 정기총회는 강원도 용평리조트에서 12월 초순 개최하되 이 중 국제심포지엄은 충남대 ReCAMM과 공동협의하여 개최한다. 둘째, 2003년 봄 학회는 5월 중 제주도나 부산에서 개최하되 이 중 한-일 공동심포지엄 관련사항은 KIST 미래기술연구본부 또는 포항 SRC와 추후 협의하여 결정한다. 그리고 해외 연사초청은 ERC나 SRC가 진행하고 기타 행정적 지원은 학회에서 담당한다는 것 등이었다. 이 연석회의로 우리 학회와 국가주도형 대형센터간의 협력관계를 한 차원 높일 수 있는 계기가 되었다.

금속재료관련학회 12개학회가 참여하는 한국재료관련학회 협의회 제1회 정기총회가 8월 5일 역삼역 근처 포스코 회의장에서 열렸다. 우리 학회는 이 협의회의 운영위원 학회로 선정되고 본인은 이 협의회 부회장을 맡게 되었다.

그 동안 년 1회 개최한 금속관련학회의 학회장 간담회에 우리 학회 학회장이 참석하여 왔었다. 이 간담회에서의 주된 관심사는 국내 재료관련

학회들의 상호협력을 통한 공동 발전을 도모하고 학술활동 등 주요사업을 지원하는 일들에 관한 것들이었다.

앞으로 대정부 건의 시 한 목소리를 내야 할 경우를 고려해서라도, 현재의 간담회 형식의 운영보다는 정관을 가진 가칭 한국재료관련학회협의회로의 구성 및 발족을 본인이 정식으로 제의하였고, 전체 참석학회장들의 찬동으로 이 협의회가 새롭게 탄생하였다. 또한 이 협의회는 각 학회의 상부조직이 되어서는 바람직하지 않으며 수평적 대등관계에서 상호협력하는 방안을 모색하는 협의체가 되어야 한다는 것도 규정하였다. 일부 이 협의회 가입에 관하여 부정적인 우려도 있었지만, 그 취지가 건전하고 발전적이라 생각되어 계속해서 우리학회가 이 협의회 일원으로 존속하는 것이 바람직하지 않을까 생각한다.

7월에는 성균관대 서 S.J. 교수가 총괄책임자로 있는 정보통신용 신기능성 소재 및 공정연구센터AMPIT가 한국 과학재단 지역협력연구센터RRC로 새로 지정되었다. 이것은 자기학 관련 국가주도형 대형센터인 충남대 김 J.O. 교수가 주관하는 고기능성 자성재료 ERC를 비롯하여 과학기술부가 추진하는 Frontier 21 사업이다. 이들 사업은 삼성전자의 이 J.W. 박사가 이끄는 Tera Level Nano Devices 연구단, KAIST 신 S.C. 박사의 Spintronics 강의 과제팀, 포항공대 정 Y.H. 박사의 Spin Science SRC, 고려대 이 S.R. 교수의 NRL 및 KIST 김 H.J. 박사의 미래기술연구 본부와 더불어 우리 학회회원들의 위상을 반영하는 자랑스러운 일이 아닐 수 없다.

또한 우리 학회 김 C.S. 부회장은 지난 9월 뫼스바이어 효과 관련 국제학술지 논문 최소 100편 이상 게재한 학자들의 모임인 뫼스바우어 센추리 클럽에 한국인 최초로 등재되는 영예를 안게 되었고, 12월에는 울산대 조 S.R., 홍 S.C. 교수팀이 컴퓨터의 정보저장과 처리를 동시에 할 수 있어 전력소비도 줄이고 하드디스크도 필요 없는 컴퓨터 개념자체를 바꾸는 것이 가능할 것으로 기대되는 상온에서 강한 자성을 갖는 자성 반도체를 최초로 개발하여 특허를 출원하는 개가를 올린 것은 우리학회의 경사가 아닐 수 없다.

한국기초기술연구회가 주최하여 Spintronics의 세계를 주제로 한 제6회 미래기술포럼/정보저장 TRM 공청회가 8월 30일 KIST 존슨강당에서 개최되었다. 특히 김 H.J. 부회장의 주제발표에서는 전자의 스핀방향을 자기장을 이용하여 제어함으로써 정보를 처리하는 미래정보혁명의 주역이 될 Spintronics 세계의 기술지도 제시가 있었다. 여기에서는 우리 학회 신 S.C. 교수KAIST와 정 Y.H. 교수포항공대 그리고 본인이 지정토론자로 참가하였다.

1년에 1회 한-일 양학회의 정기학술행사 때 공동심포지엄을 갖기로 한 결정에 따라 그 첫 번째 행사로 2002년도 일본응용자기학회 학술회의 때 갖기로 한 한-일 Spintronics 공동심포지엄이 일본 동경 히가시오가네이역 근처의 일본 농공대에서 9월 17일부터 3일간 개최하였다. 일본측이 공식참가요청을 한 한국측 회장인 본인과 학술담당 부회장(김 H.J. 박사)이 한국측 대표단으로 참석하였다. 또 이번 모임을 가질 수 있도록 여러 가지로 애써 주신 강 I.K. 박사님, 발표자 3명(KIST 신 K.H. 박사, 포항공대 정 Y.H. 교수, KIST 김 H.J. 박사)을 포함하여 각 대학 및 기업들에서도 10여 명의 한국인 학자들도 참가하였다.

Ueno회장을 비롯한 일본학회측 전임 회장단이 초청한 한국측 대표단과의 공동심포지엄 전날 저녁만찬은 한-일 양 학회간 상호 협력을 다짐하는 화기애애한 분위기 속에서 진행되었고, 여기에서 일본이 개최하는 InterMag 2005 행사의 성공적인 개최를 위한 협조요청 등이 있었다.

한국과 일본 양 자기학회의 협력을 다짐하는 총회 행사모임에서는 향후 한-일 자기학회의 협력을 적극적으로 계속해야 한다는 양측 대표의 공통적이고 선언적인 순서로 일본학회장의 환영사와 한국측 학회장의 격려사가 있었다.

150여 명이 참가한 18일 저녁에 열린 연회에서는 일본응용자기학회장과 한국자기학회장이 일본전통술통을 깨뜨리는 민속 행사를 가지면서 각각 인사말씀을 나누었다. 더불어 한-일 참가자들 간에 환담하는 기회를 가졌었다. 이번의 행사는 양 학회가 공식적인 협정을 맺은 후 처음으로 국제공동심포지엄을 개최함으로써 향후 실질적이고 지속적인 국제 협력의 장을 열었다는 데에 큰 의의를 부여할 수 있을 것이다.

10월 초에는 한-일 공동심포지엄을 마치고 귀국 후 곧이어 베트남 하롱베이에서 열린 ISAMM 2002 국제회의에 한국측 10여 명의 교수와 연구원들로 구성된 학회회원들과 함께 참석하였다. 여기에선 충북대 유 S.C. 교수의 활동 및 역할이 돋보였고, 베트남 학자들의 연구에 대한 열정에 찬사를 보내지 않을 수 없었다.

10월 중순에는 전임 회장단과 현 회장단과의 연석회의를 통해 9월까지의 사업실적 및 경과보고와 더불어 정기총회 및 학술 발표회 계획 및 진행사항에 대한 마무리 차원의 협의를 가졌다.

폴란드측 사정으로 2001년도에 개최하지 못한 한-폴 공동세미나 개최를 위해서는 한국과학재단의 지원을 받아야만 했다. 초창기부터 활동해 온 충북대 유 S.C. 교수와 함께 한국과학재단을 방문하여 지원의 필요성을 역설하고 드디어 재정적 지원을 받게 되었다. 제7차 한-폴 공동세미나가 2002년 12월 1일부터 5일까지 폴란드 바르샤바의 Polish Academy of Science의 Institute of Physics 세미나실에서 개최되었다. 한국측 참가자는 본인을 포함하여 9명(오 J.H. 교수, 정 W.Y. 박사, 남 I.T. 교수, 유 S.C. 교수, 이 H.B. 교수, 황 D.G. 교수, 김 C.K. 교수, 김 Y.B. 박사)이었고 폴란드측 참가자는 대표를 포함하여 연인원 30여명이 참가하였다.

공동세미나 개최전 폴란드측 대표 Lachowicz 교수의 환영사와 한국측 대표인 본인의 인사말씀이 있었다. 오전 오후 session으로 한국측과 폴란드측 참가자가 한명씩 번갈아 가면서 30분씩 구두발표로 진행되었고, 폴란드측의 탄탄한 기초적인 연구능력에 놀라지 않을 수 없었다. 발표된 연구논문들은 양측대표를 편집위원장으로하는 한-폴 국제공동세미나 논문 Journal of Materials Science으로 발행되었다.

이 세미나 후, 폴란드 옛 수도 크라쿠푸 소재 소금강산을 비롯하여, 바르샤바 시내관광에 포함된 빌라누이 궁전, 왕궁, 퀴리부인 생가, 바르샤바 대학, 그리고 성십자가 성당 등을 방문하면서 폴란드의 역사와 문화를 생각해 볼 기회를 가졌었다. 특히 한국인이 경영하는 한식당에서 폴란드 보드카인 쇼팽을 반주로 마시면서 한국 학자들 사이에 나눈 돈독하고 화기애애한 교류를 잊을 수가 없다.

세미나 개최 준비를 위해 그동안 본인과 몇 십 차례 e-mail을 주고받은 폴란드 coordinator인 Lachowicz 교수를 비롯한 폴란드측 참가 학자들의 수고와 환대에 감사드린다. 그리고 열성적인 세미나 참여와 단합된 공동체 분위기를 위해 협조해주신 한국측 참가 학자들에게도 감사를 드린다. 한국 서울에서 2004년에 열기로 한 제8차 한-폴 공동세미나도 성공적으로 개최하여 양국 간의 학술적 교류가 지속되기를 기원해 본다.

우리 학회는 창립초기부터 봄, 가을 두 차례에 걸쳐 정기학술발표회를 가져왔으나 타 학회와의 중복을 피하고 휴식도 겸할 수 있도록 하기 위하여 행사시기를 봄, 가을에서 여름, 겨울로 바꾸고 가급적 휴양지에서 개최하도록 하였다. 지금까지 하루종일 또는 이틀간 진행하던 행사기간을 3일로 늘리고 첫날은 강습회, 둘째 날은 국내논문발표, 마지막 날은 국제심포지엄을 하도록 하였다. 이 방침에 따라 첫 번째 시도되는 2002년 정기총회 및 동계학술연구 발표회 행사는 휴양지 용평리조트에서 12월 9일부터 3일간 진행되었다. 총무이사와 나는 한-폴 공동세미나 참석으로 인하여 행사 전날에야 겨우 귀국하여 그동안 행사준비를 위하여 수고하신 부회장단과 재무이사에게 미안함을 금할 수 없었다.

첫날 강습회에서 노 B.W. 교수님고려대 명예교수과 임 S.H. 박사KIST의 강의는 산업계 회원들과 대학원생들에게 자기학의 기초를 익힐 수 있는 좋은 기회가 되었다. 국내논문발표회에서는 회원 215명이 등록하고 초청강연 10편, 구두발표 7편 및 포스터발표 98편으로 성황을 이룬 가운데 진행되었다. 또 이 기간에 국가주도형 대형 연구센터인 충남대 ERC의 협찬으로 개최한 SOMMA 2002 국제 심포지엄에서는 자성체와 그 응용에 관한 새로운 연구개발 동향을 파악할 수 있도록 하기 위하여 세계적인 MIT의 Moodera 박사, Tohoku 대학의 Miyazaki 교수 등을 포함한 외국의 석학 8명을 대폭 초청하여 성공적으로 진행하였다. 이번 학회기간 동안 열띤 학술 연구발표 및 토론을 통하여 시종일관 열심히 참여해 준 많은 회원들의 협조에 감사드린다.

다년간 학술 또는 기술 분야의 업적이 탁월하고 지도적인 역할을 하여 한국자기학회 발전을 위해 현저한 공적이 있는 분에게 수상하도록 제정한 강일구상은 2001년에는 여러 가지 사정에 의하여 수상하지 못하였으나 그 동안 수상자 추천을 위한 홍보를 하고 포상심사위원회의 심의결과와 이사회 인준을 거쳐 한국자기학회장을 역임하신 김 T.K. 명예교수님충남대에게 수상하게 되었다. 또 우리 학회의 수상제도의 대폭적인 확대 개선에 따른 논문상, 학술상, 우수논문상 등도 시상하였다. 국내외 논문집에 우수한 연구업적 발표를 인정하여 수상하는 2002년도 우수논문상에는 김 C.S. 교수국민대, 또 국영문 한국자기학회지에 실린 다수의 논문발표자에게 수상하는 학술상은 김 Y.B. 박사한국표준과학원 그리고 최근 수년간 한국자기학회지에 실린 다수의 논문을 인정하여 수상하는 논문상에는 김 K.Y. 박사KIST, 남 I.T. 교수강원대, 신 S.C. 교수KAIST, 이 S.S. 교수상지대, 임 S.H. 박사KIST 및 최 S.B. 박사KAIST에게 각각 수여하였다.

그동안 학회 내의 여러 현안 문제에 대처하기 위하여 2002년 연초부터 활동에 들어간 4개 소위원회의 진행사항 및 그 실적사항을 간추려보기로 한다.

한-일 공동 심포지엄 추진위원회는 한-일 양 자기학회간에 협력행사인 한-일 공동심포지엄의 추진을 담당하였고, 9월 일본 동경에서 한-일 공동 심포지엄의 성공적 개최로 한-일 양 자기학회간의 우의와 협력을 다지게 하였으며, 2003년 한국에서 개최 예정인 한-일 공동심포지엄의 준비를 담당하는 일이었다.

우리 학회 학술논문지의 우수 학술지로서의 자리를 계속하여 유지하고 더 나아가 SCI 등재를 위한 추진전략을 담당하는 SCI 등재편집위원회에서는, 1단계로 학술진흥재단의 학술지 계속평가 1, 2차 심사에서 우수학술지로 판정을 받은 영문지에 이어, 우수학술지 등재후보로 선정된 국문지의 우수학술지 선정을 위한 노력의 결과, 2002년 말 2차 심사에서 선정되어 그 숙원을 이루게 되었다. 영문지에 이어 국문지가 우수학술지로 선정되어 그 학술적 수준을 인정받은 것은 우리 학회의 자랑스러운 일이 아닐 수 없다. 이 학회지들이 모두 우수학술지로 자리잡게 해주신 회원여러분과 편집담당 부회장을 비롯한 편집담당자 여러분의 협조와 노고에 감사할 뿐이다.

그 동안 국문 및 영문 학회지 발행을 제 날짜에 지켜주신 출판사 ㈜한림원 사장님에게도 감사의 말씀을 드린다. 계속적으로 우리 학회지의 질적 양적 성장을 위하여 우리학회 회원 전체의 학회지에 대한 관심과 협조는 필수적이라 생각한다.

또 우리 학회 업무의 효율성 증진 및 회원에 대한 서비스 향상방안을 담당했던 정보화사업추진위원회는 우리학회의 website 구축 및 서버관리 방안으로 ㈜네티안과 10월에 서버관리협약을 체결할 수 있게 하였다. 새로운 website 단장으로 현재 학술행사부분만 먼저 open하였고 기타 contents를 입력 중에 있으며 회원 명부 서비스에 이어 학회논문집과 학술발표회 개요집의 PDF format화가 이루어지는 대로 본격적인 검색서비스로 들어갈 예정이다.

그리고 학회업무 전반에 관한 중단기 발전기획업무를 담당하는 중단기 발전기획위원회는 출판사업, 특별회원의 관리방법개선, 학술대회개최방법 개선, 자기학관련 연구센터 및 그룹 책임자 간담회 개최 필요성 등을 기획해 왔었다. 특히 학술 대회 개최방법을 개선하여 2002년 겨울부터 실행에 옮김으로서 발전적이고 성공적인 용평리조트 학술행사를 갖게 된 것이다.

그동안 학회 일을 맡아서 하는 동안 초대 회장이신 강 I.K 박사님, 김 T.K. 회장님, 김 C.S. 회장님 그리고 임 W.Y. 회장님의 헌신적인 지도와 협조에 감사드리며, 열성적이고 성실하게 일해주신 김 C.S. 편집담당부회장, 김 H.J. 학술담당부회장, 남 I.T. 총무이사 및 이 J.I. 재무이사를 비롯한 20여 명의 학회 임원들의 노고에 한없는 감사를 드린다.

아울러 여러 가지로 협조해주신 특별회원사와 단체회원 여러분의 협찬과 격려에 감사드린다. 그리고 그동안 알뜰하게 학회 살림을 맡아준 학회 사무국 임 I.S. 실장에게도 감사를 드린다. 학회회원 모두가 신임 이 T.D. 회장KAIST과 회장단 및 임원들을 중심으로 하여, 우리 학회가 계속적으로 발전하여 정보화 사회를 이끌어 가는 핵심학술활동의 요람이 되고 국제적 위상이 높아져 국가발전에 이바지하는 학회가 되도록 협조해주시고 노력해주실 것을 당부하면서 이만 줄인다.

(2003. 2. 25, 학회장을 마치며, 한국자기학회 학회지)

YOUNG

제7장

대외 활동

자화상自畵像

방학이 시작되자, 아들 녀석이 컴퓨터를 업그레이드하자고 조르는 것이다. 날씨도 춥고 그리 내키지 않았지만, 결국 녀석의 성화에 못 이겨 함께 용산전자상가로 향했다. 이 녀석은 컴퓨터 잡지에서 베끼어 적은 자료라며 뭔가를 가득 적은 종이를 손에 들고 이 가게, 저 가게 돌아다니며 부품을 하나하나 사 모으는 것이다.

집에 돌아오자마자, 녀석은 컴퓨터를 풀어헤치더니 내부의 부품을 교체하기 시작했다. 나한테 가끔 자문을 구한다며 옆에 있어 달라고 해서 난 신문이나 여기저기 들쳐보고 있었다.

아스피린aspirin의 새로운 효과가 발견되어 항암제로도 쓰여질 수 있다는 논문의 발표를 기사화 광고화한 것을 볼 수 있었다.. 아스피린은 100년 정도의 역사를 지닌 감기약이다. 이에 대한 계속적인 연구와 임상적 실험은 심장병에 대한 효과를, 최근에는 항암제로의 효과까지 밝혀내게 되었다는 것이다. 하지만, 한국의 의약계는 저러한 외국의 다국적 의약품 회사의 임상 실험의 전초지로의 역할을 위해 약품의 판매 촉진을 위한 광고에 열을 올리고 재빠른 신상품(어쩌면 실험용일)으로의 교체만을 생각하는지 우려된다.

텔레비전에 나오는 광고를 보면 광고의 약 30%정도가 의약품에 관한 것이다. 철따라 바뀌는 옷이나 식료품만큼은 아니지만 얼마나 많은 새 약이 쏟아져 나오고 사라져 가는지…. 광고에 등장하는 약들은 얼마나 초고속으로 치료를 하는지…. 광고에 거의 매일 노출되어 있고 이에 세뇌되어 가는 현대인들이 정말로 광고 속의 상황을 믿고 사지 않고는 못 배기게 된다.

사람들은 의사의 처방이나 실제적인 통계치 등에 의한 이성적 판단이 아닌 광고라는 드릴로 뇌 속에 새겨진 제2의 본능에 의해 충동적 행동을 저지르고 마는 것이다.

내가 외국에 나가 소위 한국의 약국 같은 곳인 드럭 스토어drug store에 간 적이 있는데 의사의 처방이 없이도 구입이 가능한 약품은 손에 꼽을 정도로 얼마 안 되었다. 그리고, 약을 광고하는 건 더더군다나 찾기 힘들었다.

한편 컴퓨터 광고의 대부분도 이것만 사면, 이것만 끼우면 만능이 된다는 것이다(가끔 벤치마크 같은 실험을 통한 통계치로 우수성을 내세우기도 하나 기준상의 문제로 절대적이지 않다). 기계나 전자 제품의 경우는 사용자의 손에 의해 정말 만능에 가까워지기도 하므로 꼭 허위 광고라 할 수는 없다.

그러나, 인간의 생명을 담보로 한 의약품의 경우엔 얘기가 달라진다. 광고에 의한 약의 소비의 부추김이 단순한 소비자의 돈의 소비만으로 끝난다면 그러려니 하겠지만 약의 남용濫用이 중독으로, 심한 경우엔 생명도 앗아갈 수 있으므로 그리 가볍지 않은 문제이다.

하여튼 녀석과 같이 뜬 눈으로 밤을 지새워 컴퓨터 업그레이드를 끝냈다. 하지만 새로 도입한 제품들의 기능과 사용을 익히려고 매뉴얼을 붙잡고 다시 새로운 씨름 한 판을 벌인 것이다.

컴퓨터 옆에 쌓여 있는 부품의 상자에 쓰인 낯익은 외국의 상표를 보고 씁쓸함을 느꼈다. 믿을만하고 안정된 -오랜 베타 테스터의 노력으로 인한- 상품…. 우리 모두 한 번쯤 다시 생각해보고 반성해 보아야 할 자화상이 아닐런지.

(1998. 2. 5, 약업신문)

광양역사의 기록자 되길

여러 가지로 어려운 여건 속에서 탄생한 광양신문이 어느덧 창간 1주년이 된 것을 진심으로 축하합니다.

백두산의 정기가 태백산맥을 따라 직통하다가 지리산으로 연결된 한민족의 기상이 백운 산자락에서 용해된 광양의 지형은 한국에서 가장 수려하고 독특한 것을 우리는 항상 긍지로 여기는 것입니다.

이러한 천혜의 지리를 따라 세계적 명품인 광양제철소가 건설된 것입니다.

따라서 "산업의 쌀"인 철의 주산지로서 명예를 높혀감에 따라 이에 걸맞는 문화 창조의 계도가 절실한 때 그 소임을 자부하고 나선 광양신문의 의의는 참으로 크다고 할 수 있는 것입니다.

신문은 단순한 인쇄물이 아닙니다. 미국의 사회학자 R. E. Park는 신문을 "독자의 지반위에 살아남는 종Species의 역사"라고 갈파하였습니다.

독자의 애정을 획득하지 못한 신문은 결국 도태되고 만다는 것을 설명한 것입니다.

사회의 거울인 신문이 역사의 기록자라면 지역신문은 그 지방의 역사를 추적하고 보존하는 박물학적 의미를 승화하여 새로운 지역문화창조의 파병이 되는 것입니다.

덧붙이고 싶은 것은 공해문제와 환경파괴의 감시자로, 또 생활의 과학화를 가속시키기 위한 과학의 저변확대에 앞장서고 출향인들의 애향심을 구심화시키는 역할도 병행해야 합니다.

우리고장 광양은 영-호남의 접경지이며 한반도 남단의 중심지역입니다.

섬진강이 먼 발원지에서 굽이굽이 돌아 태평양을 향해 마지막 대단원을 이룬 곳이 우리 고향 광양입니다.

그래서 백운산 문명의 초석이 되고 광양문화창조의 척도가 되려고 높이

깃발 올린 광양신문이 더더욱 발전하여 “시작은 미약하였으나 결과는 창대하리라”라는 성경의 말씀을 증거하는 위대한 현대의 신화를 창조하리라 확신하는 바 입니다.

거듭 광양신문 창간 1주년을 축하드리오며 무궁한 발전 있기를 기원합니다.

(1995. 2. 1, 광양신문 창간 1주년을 기념하며)

시집 '바다 갤러리' 발간을 축하하며

여수일보가 창간 2주년을 맞아 여수일보 연재 시집, 시로 읽는 여수 '바다 갤러리' 출간을 진심으로 축하드립니다.

'바다 갤러리'는 대한민국 남해안의 바다를 배경으로 한 삶을 그려낸 주옥같은 시들로 지역 시인들이 만들어 낸 작품들을 묶어낸 수준 높은 시집으로 알고 있습니다.

개인 작품의 시집을 출간하는 경우는 여러 시인들의 책을 많이 보아왔지만 이번 '바다 갤러리' 시집은 여수지역을 사랑하는 시인들이 오랫동안 이 지역에 살아오면서 지역의 공기, 숨소리, 바다내음까지도 시감으로 표현해 낸 작품들입니다.

시란 언어의 의미·소리·운율 등에 맞게 선택·배열한 언어를 통해 경험에 대한 심상적인 자각과 특별한 정서를 일으키게 하는 문학의 한 장르 -pome(프), Gedicht(독)-입니다.

이럴 때 시는 주로 그 형식적 측면을 가리켜 문학의 한 장르로서의 시, 즉 작품poem을 말하는 경우와, 그 작품이 주는 예술적 감동의 내실적內實的인 시정詩情 및 시적 요소poetry를 가리키는 경우가 있다는 것입니다.

통합된 언어의 메아리·리듬·하모니 등의 음악적聽覺的 요소와 언어에 의한 이미지·시각 등의 회화적視覺的 요소에 의해서 독자의 감각이나 감정 또는 그 상상력에 작용하여 깊은 감명이나 고양된 존재감을 제공하는 것을 의도하는 문학작품이 바로 시라고 할 수 있을 것입니다.

더불어 소설·희곡·수필 등의 문학작품에서 미술·음악·무용·연극·사진·영화·건축 등의 예술작품, 더 나아가서는 자연이나 인간사, 사회현상에 이르기까지 그 존재를 인정할 수 있도록 하는 것이 바로 시라는 것입니다.

이처럼 시를 쓴다는 것은 아주 어려운 일입니다. 이에 '바다 갤러리'는 시감의 어려움을 넘어 인간경지에 도달하여 만들어낸 작품들을 한데 묶어

출간해 낸 작품들입니다.

이 시집을 소장하는 것만으로도 독자들의 상상력을 키우고 정서감정을 살찌우게 하는 계기가 되었으면 하는 마음 간절합니다.

끝으로 여수일보 관계자 여러분들의 노고에 깊이 감사드리고 시집 '바다 갤러리' 출간을 거듭 축하드립니다.

(2017. 1. 20, 시집 '바다 갤러리' 발간을 축하하며)

첨단 테크놀로지 발판삼아 선진기업으로 웅비雄飛하길

초등학교에 다닐 무렵이었다. 어느 설날, 어른들에게 받은 세뱃돈으로 동네 구멍가게에서 연양갱을 처음으로 사 먹던 기억이 떠오른다. 그 것이 나와 해태와의 첫 만남이었다.

그 후 대학원 시절, 여름철이면 단골 메뉴였던 부라보콘도 잊을 수 없다. 또 개인적으로 해태 타이거즈 야구팀을 좋아한다. 검은 색과 붉은 색의 대조로 강렬한 인상을 심어주는 유니폼과 시원시원한 야구경기의 진행, 이 모든 것이 마음에 든다.

해태는 나와 함께 지금까지 같이 성장-정신적 성장도 성장이니까-해 왔다. 해태는 나와 함께 환갑을 바라보는 동년배인 셈이다. 지금 해태는 50번째 생일을 맞아 '생활과 직결된 기술로 새로이 변화된 미래를 누구나 충분히 누릴 수 있다'는 신뢰와 기술을 바탕으로 한 High Tommorrow의 세계를 열어 가겠다고 한다.

얼마 전까지만 해도 해태는 주로 우리 한국의 식품업계를 주도해 온 대기업 중 하나였다. 하지만, 현재에 이르러선 해태전자를 설립하고, 가전제품과 컴퓨터 등을 생산했다. 그리고, 한국 최고의 오디오 회사인 인켈을 인수하여 음향과 영상기기 사업에 본격적으로 참여했다. 최근에는 나우정밀을 인수하여 정보통신분야를 개척할 채비를 했다. 국민건강의 바탕이 되는 식품분야에서부터 최첨단 전자, 통신분야에 이르기까지 선진기업으로서의 완벽한 면모를 갖추게 된 것이다.

해태는 이제 국내 굴지의 대기업으로 성장했다. 국가경제 발전에 대한 기여도는 더 말할 필요가 없을 것이다. 해태는 고객을 중히 여기는 마음으로 계속적인 기술개발과 품질개선에 끊임없이 노력하고 있다. 이러한 보이지 아니한 노력에 의한 해태의 품질 좋은 상품은 이미 고객들에게 두터운 신뢰감을 형성하고 있는 것이다.

21세기를 눈앞에 두고 세계화를 부르짖으며, 정치, 경제, 사회, 학술, 문화 등 모든 분야에서 힘찬 약동을 위한 술렁거림과 꿈틀거림이 도처에서 발견된다.

특히 최근에는 대학의 싱싱한 두뇌를 적극적으로 활용할 수 있는 산-학협동연구소가 활발히 진행 중이다. 해태는 모 대학의 암센터에 지원을 하여 식품사업의 최절정점이라 할 수 있는 의약사업에 대해 준비를 하고 있다. 이러한 노력의 결실로 해태는 세계일류기업과 경쟁할 수 있는 힘을 지녀야 할 것이다.

마지막으로 아무리 강조해도 지나치지 않은 환경문제, 우리 후손들에게 자랑스럽게 금수강산을 물려줄 수 있도록 더욱 더 신경을 써 주길 바라며 이 분야의 기수가 돼 달라는 부탁을 해 본다.

창립 50주년을 맞는 해태그룹이 첨단 테크놀로지를 기반으로 한 선진기업으로 웅비하기를 고대하며, 해태가 만들어 갈 High Tommorrow를 마음속에 그려본다.

해태창립 50주년을 진심으로 축하한다.

(1995. 10. 2, 해태창립 50주년을 축하하며, 해태홍보지)

YOUNG

제8장

봉사 활동

총동창 회장 취임사

– 順師는 運命의 열쇠

13회 이장로입니다.

제가 1957년에 입학했으니까 내년에는 순천사범 가족이 된지 꼭 반백년이 되고, 올해는 순천사범학교가 개교한 때로부터 61년, 환갑이 되는 해입니다.

참으로 뜻 깊은 시기입니다. 이런 의미심장한 때에, 모교가 없어진 순천사범의 재경 총동창회장으로서 봉사할 기회를 갖게 된 저로서는 영광스럽다기보다 책임감이 앞섭니다.

아시는 분도 계시겠지만 저는 순천사범 졸업 후 고향인 광양에서 초등학교 교사로 1년 여 근무했고, 대학에서 35년째 근무하고 있습니다. 오직 교육계 경험밖에 없습니다. 이런 사람이 상당한 '사회력'이 요구되는 총동창회장 역할을 잘 해낼 수 있을까 두려운 마음이 드는 것도 사실입니다.

그렇지만 선후배 동창 및 동기생 여러분들의 권유에 따라 재경 총동창회장을 맡기로 한 이상, 지금까지 평생을 통해 제가 맡아왔던 그 어떤 직위보다도, 가장 고귀하고 소중한 임무로 생각하고, 자랑스럽게 받아들이겠습니다.

사실 순천사범은 우리에게 단순한 고등학교 과정이 아닙니다. 대다수의 동창들을 교육계에서 일생 근무할 수 있도록 통로를 열어 준 운명의 열쇠였고 교육의 본적지입니다.

또 교육계를 떠난 사람에게는 순천사범이 정신의 고향이기도 합니다. 그래서 저는 50년 전, 봉화산 밑에서 '교육사' 시간에 배웠던 그리스의 철학자 생각이 납니다. 플라톤은 자기에게 세 가지의 행운이 있었다고 말했습니다.

한 가지는 남자로 태어난 것이고, 또 한 가지는 그리스에서 태어난 것이 행운이며, 세 번째는 소크라테스에게 배운 것이 가장 큰 행운이었다고 말했습니다.

송구스럽지만 저도 60을 훨씬 넘기고 플라톤처럼 일생을 회고해보니, 남자로 태어난 것이 행운이었고, 전라도에서 태어난 것이 역시 행운이었습니다. 세 번째로는 순천사범에서 공부할 수 있었던 것이 내 일생에서 가장 큰 행운이었다고 솔직히 고백합니다. 이것은 저만이 아니고 여기 계시는 상당수 동문 여러분의 생각이라고 유추됩니다.

따라서 저는 보은의 자세로 정성껏 일해보려고 합니다.

그 동안 우리 동창회의 발전을 위해서 봉사와 협조를 아끼지 아니하셨던 전임 회장님들을 비롯한 회장단 임원 그리고 선후배 여러 회원님들의 뜻과 조언을 받들고 또 본인의 그 동안의 학교에서 보직 교수로서의 경험과 한국자기학회 회장으로서의 책임과 체험들을 살려서 참여하는 동창회로 운영해보고 싶습니다.

정보기술화 시대에 부응하기 위하여 e-mail을 통한 정보교환 및 통신연락의 권장 및 활성화를 추구하고 인터넷 카페 운용도 했으면 합니다. 아울러 각 기별 동창회 활성화, 총동창회 참여율 제고, 여러 취미클럽 결성, 순천 총동창회와 유대 강화 등을 실천하고 추구해보려고 합니다.

이런 것은, 가장 많은 회원이 소속되어 있으면서 전국의 순천사범 동문을 실체적으로 대표하는 재경 동창회가 맡아야 할 의무일 것입니다. 그러나 이런 것은 회장이나 집행부 몇 사람의 힘 가지고는 안 됩니다.

선후배 동창회원 및 동기생 여러분의 능동적인 참여가 절실히 요구됩니다. 제가 순천사범을 졸업하던 해인 1960년 존·에프·케네디가 미국 대통령에 당선되었습니다. 그 케네디가 취임식에서 이런 말을 했습니다.

"국가가 여러분을 위해 무엇을 해줄 것인가 묻지 말고, 여러분이 미국을 위해 무엇을 할 수 있는가 물어 달라"고 말했습니다.

존경하는 순천사범 동창회원님 여러분, 저도 회원 여러분에게

"총동창회가 여러분을 위해 무엇을 해줄 것인가를 묻지 마시고, 동창회원 여러분께서 재경 총동창회를 위해 무엇을 할 수 있는가를 물어주시기 바랍니다."

이렇게 말씀드리면서 인사를 끝내겠습니다.

감사합니다.

(2006. 10. 18, 재경 순천사범 총동창회장에 취임하며)

고물동 62 안내문

고물동高物同 62 친구 여러분,

지난번 양재동 연와 불고기집 모임에서는 16명의 친구가 모여 바둑, 건강 및 전쟁이야기 등 세상 돌아가는 이야기로 화제의 꽃을 피우면서 즐거운 시간을 보냈습니다. 무려 2시간 30분 동안이었습니다.

송 S.H. 친구도 허리건강이 많이 회복되어 건강한 모습으로 참석했습니다. 참으로 다행스러운 일이었습니다. 헤어지기 아쉬운 마음을 뒤로하고 모임을 마쳤습니다.

다음 모임에 모두들 건강한 모습으로 만났으면 합니다.

그런데 내가 약 2주 전부터 대상포진이라고 하는 고약한 바이러스에 감염되어 고생하고 있습니다.

대상포진은 어렸을 때 수두에 걸린 뒤 몸속 신경에 잠복해있던 수두대상포진 바이러스가 주범이며, 평소엔 아무렇지 않지만 나이가 들고 면역력이 약해진 상태에서 스트레스 많이 받고 피로가 누적되면 발병한다고 합니다.

대상포진은 신경을 타고 염증을 일으키는 질환이어서 참을 수 없는 통증을 동반하여, 환자에게는 수십 개의 바늘로 찌르는 듯한 느낌, 벼락이 치는 느낌, 살이 찢어지는 고통이 오며, 사람이 공감할 만한 통증 중에서 가장 극심한 고통을 느끼게 한다고 합니다.

처음에 목욕탕에서 허리부위에 군데군데 생긴 물집으로 대상포진이라고 하는 것을 알게 되었습니다.

몸살감기로 느껴지면서 발, 다리 발목, 정경이, 허벅지, 엉덩이 등에 물집이 생기고 주기적으로 전기 감전된 것처럼 짜릿짜릿한 괴로운 통증이 지속되었습니다. 바이러스가 신경줄에 침범하여 그런 느낌을 갖게 한다고 합니다. 심지어 2~3일 동안은 이 통증 때문에 잠을 이룰 수가 없었습니다.

그래도 다행히 일찍 진단을 받아 대치동 소재 둘째 아들 정형외과병원에서 허리신경차단주사 치료를 받고 항바이러스 약을 먹고 있습니다. 물리치료도 병행하고 있습니다. 치료 기간도 길어지고 통증도 오래 간다고 해서 걱정입니다.

2주 동안 계속해서 치료를 받아 왔음에도 아직도 통증이 심하고 이 바이러스가 왼쪽 다리와 발등을 타고 내려가 다리에 힘이 없어지는 마비증세가 나타나 보행이 불편하기도 합니다.

혹시나 다른 원인이 있나 해서 MRI 조사결과 다행히 척추협착이나 목디스크는 아직은 걱정하지 않아도 된다고 합니다. 여러 가지 좋은 조건에서 치료 받고 있으니 빨리 좋아지기를 기대하고 있습니다.

아무튼 우리 친구들은 스트레스도 받지 않고 피로가 누적되지 않도록 주의해서 면역력이 약해지지 않도록 해야겠어요.

아직까지 대상포진 예방주사를 못 맞으신 친구들은 이 글 보시는 즉시 꼭 맞으시기 바랍니다.

친구 여러분!

건강에 유의하셔서 건강하게 살아야 하겠습니다.

따라서 안 T.J. 팀장의 고물동 건강프로젝트로 계획된 15일 우면산 산행 모임에 참가하기는 어렵겠습니다. 양해해 주시기 바랍니다. 산행 후 점심 식사 장소는 안내하도록 하겠습니다.

그리고 당초 계획한 소장 오디오 시스템 소개는 점심 후 오피스로 이동하여 예정대로 진행하겠습니다. 약간의 음료와 다과는 준비하도록 하겠습니다.

그 날 뵙도록 하겠습니다.

*참고로 아래는 청음을 위한 소장 오디오 목록입니다.

-소장한 음원으로 CD 2000여장, LP판 250 여장,

HDD에 저장한 약 30만곡이 NAS을 통하여 Music Network Player에 연결되어 아이패드로 선곡하여 비교감상도 가능합니다.

<소장 앰프 System>

-Technics, Turntable (Shure v15 type III)

-Esoteric X-5 CDP

-Manly 300B Tube Monoblock Power-Amp

-Klyne Pre-Amp,

-Teac D1, T1 CDP,

-Marantz 2285B,

-Celetian 12SL Speaker,

-McIntosh 275 PowerAmp

-JM Lab Utopia Speaker

-Sony Tuner, 550ES

-LDP-Pioneer CLD-3390

-Magnum Tuner 101T

-Master Sound 300B PSE A class (Int-Amp)

-Lumin-Audiophile Music Network Player

-Luxman Int-Amp 590AX

-IsoTek Power Conditioners

-B&W 802 Diamond Speaker

-PASS Aleph 0 Monoblock Power-Amp

-Audio Research Pre-Amp Reference 5SE (Design & Audio)

-ATC SCM 150 ASL Tower Annıversary Speaker-15 in., 91db, 23-22kHz

-Avangard Speaker Uno G2

-Speaker Cable QIU YE YUAN

-Nature Power Supply

-Turntable-Thorens 126 MK3

-Turntable-Linn Sondek LP12

-MC catridge Denon- DL-103R.

*고물동 62회장 이장로

(2015. 10. 6, 고물동 62 건강프로젝트 산행 안내문)

*고물동은 고려대 물리학과 동창회의 약칭임.

우면산牛眠山 산행

- 안태준

정확히 43년전 40명의 꿈 많은 젊은이가 안암동에서 만났다.
거의가 시골 사람이었다.

서울사람 된지도 30여년 불러도 대답 없는 사람도 생겼고
서울서 서성거리는 늙은이 20여명 한가한 5명 모여
우면산에 올랐다.

기분은 43년전 야유회다.
다리가 무겁다. 이야기 꽃에 힘든 것도 잊고
정상 소망탑에 올라 소망빌고 대성사 부처님 미소에
합장하고 예술의 전당 시원한 분수쇼 감상,
백년장수 기원하며 백년옥 순두부와 막걸리 한사발

졸업 때 총장상을 받은 자랑스런 이장로 교수의 수억짜리
애장품 오디오 감상에 맥주한잔

세상에 누구도 부럽지 않은 호사의 하루였다.

11월 20일 산행을 약속하며-

(2015. 10. 16, *안태준, 우면산 산행을 마치고)

*안태준씨는 고려대 물리학과 62동기동창으로 (주)대한광학회사와 (주)동진물산 대표이사 사장을 역임하였다.

全州李氏 大宗會 定期總會 參觀記

第53회 전주이씨 경녕군파 대종회 정기총회가 2018년 3월 10일(토요일) 오전 11시부터 전주이씨 대동종약원 이화회관 강당에서 개최되었다.

정기총회는 주영 전주이씨 대동종약원 조직 이사님, 승동 헌릉봉향회 회장님, 대종회 상임고문님, 고문님, 그리고 남영 회장님, 6군파 회장단 및 100여명의 종원님들이 참석한 가운데 엄숙하게 거행되었다.

사회자 재근 재무이사님의 성원보고, 개회선언, 그리고, 국민의례, 종묘 배례와 명덕사 배례, 타계하신 종원에 대한 묵념 순서로 진행되었다.

남영 대종회 회장님은 개회선언에 이어 계속된 개회사에서 "우선 가까이 그리고 멀리에서 대종회 제53회 정기총회에 참석해 주신 모든 종원에게 감사드립니다. 2018년은 우리 대종회의 희망이 시작되는 해입니다. 대종회의 오랜 숙원인 파시죠 묘역을 수호하게 되었습니다. 단산도정파에서 파시죠 묘역 4,950여 평을 매입하여 파시조 묘역과 명덕사를 수호하게 되었습니다. 이번 큰 결단을 내려 주신 단산도정파 종태 회장님을 비롯한 종원님들에게 깊은 감사를 드립니다. 큰 박수를 부탁드립니다. 종원들은 이번 일을 거울삼아 더욱 더 화합하고 대동단결하여 효빈 할머니 묘역도 수호하고 사적으로 지정되어 문화재로 보호받을 수 있도록 우리 모두가 헌신의 노력을 발휘해주시기 바랍니다.

존경하는 전국의 6만 종원 여러분!

그동안 발행된 우리 명덕지들을 숙독하면서 느낀 바 생자는 필멸하나 종사는 영원하다는 것을 깨닫게 되었습니다.

우리 대중회의 급선무는 대중회의 회관건립입니다. 용기를 가지고 협력을 부탁드립니다. 대종회의 회관을 건립함으로써 이 회관이 대종회 종원들의 섬김과 구심점의 성단으로 거듭나게 해주실 것을 부탁드립니다. 다시 한 번 참석해주신 종원 여러분에게 감사의 말씀드립니다. '라고 하였다.

그리고 회장님은 내빈소개에서 대동종약원 이사, 대종회 상임고문, 고문, 부회장, 감사 순으로 소개하였다.

이어서 예년과 마찬가지로 대동종약원 이사장을 대리하여 대동종약원 주영 이사님이 축사를 대독하였다. 주영 이사님은 축사에서 "대종회 제53회 정기총회를 축하하며 희망 찬 새해를 맞이하여 종친 여러분의 가정에 만복이 가득하시길 기원합니다. 우리 전주이씨는 조선왕조의 왕손으로서의 자부심을 갖고 숭조돈종의 정신으로 매진하고 있습니다. 지난해 대동 종약원에서는 조경단 대제 및 조경제, 종묘대제, 종묘추계대제, 건원릉 친향례, 사직대제, 환구대제, 각 왕릉의 제향을 무사히 봉립하였습니다. 2018년 모든 제향에도 많은 참석과 협조를 부탁드립니다. 그리고 조경단 환경 조성 및 조경제 건립기금 모금에 아낌없는 관심과 참여를 부탁드립니다. 아울러 경녕군파 대종회의 발전을 기원드립니다." 라고 하였고 뒤이어 헌릉봉양회 승동 회장님은 축사를 통해 "제53회 대종회 정기총회와 명덕지 제34호 발행을 축하합니다. 경녕군파 명덕지는 태종왕자 11왕자 파 중 효령대군파의 청권지, 온녕군파의 혜덕지와 더불어 대동종약원 산하 발행회지 중 중단 없이 발행되는 몇 안 되는 회지 중 하나입니다. 경녕군파 파사조 묘역 묘지를 매입하고 수호하게 됨은 위대한 결실이며 자손만대 잊지 못할 일입니다. 이것은 경녕군파 대종회의 발전의 신호로 보입니다. 뜻이 있으면 길이 열리기 마련이어서 모두가 희망하는 대종회 회관건립이 머지 아니한 장래에 실현되리라 믿습니다. 모든 종원이 협조해주시기 바랍니다. 효빈 묘역도 대종회 후손의 품으로 안기고 사적으로 지정될 날이 머지않았다고 생각됩니다. 헌릉 태종대왕 지신제에도 작년에 이어 금년에도 많은 관심을 가지고 많이 참석해주시기 바랍니다. 경녕군 파종회의 무궁한 발전을 기원하옵고 6만 후손 여러분의 가정에 평강과 행운이 항시 충만하시기를 기원합니다."라고 하였다.

뒤이어, 포상순서로 그동안 대종회 발전에 많은 기여를 하셨고 대종회

사무실을 대여하여 편의를 제공해주신 명영 고문님에게 감사장을 수여하였다.

계속하여 광근 총무이사님의 2017년도 종사 사업보고와 2018년도 사업계획보고가 있었다. 이후 재근 재무이사님의 상세한 전년도 재무상태와 손익계산보고로 이어졌다.

재근이사님의 재무 보고 중 흥규 이사님은 재무상태에 대한 부기형태의 문제점을 제기하자 윤로 감사님은 단식이냐 복식이냐가 문제가 아니고 자세한 명세서 첨부가 문제가 된다고 하자 남영회장님은 내년부터는 재무상태표에 자세한 명세서를 첨부하도록 하겠다고 하여 이 문제는 일단락되었다.

계속하여 윤로 감사님의 감사 보고가 있었다. 윤로 감사님의 전반적인 재무상태 보고에서는 계정과목을 열거하면서 자세히 설명하였다. 전반적으로는 회계결산감사결과는 적정하나 자산추정을 위해서라도 공시지가를 명시할 것을 요구하였고 그 외 손익계산서 오류 표기 등 몇 가지 문제점 등을 지적하고 시정을 촉구하도록 하였다.

부의안건 제1호와 제3호는 각각 2017년도와 2018년도 수입지출 결산서 승인의 건이었다. 의안 제2호는 2018년도 사업계획 승인의 건으로 총무부가 주관하는 정기총회를 비롯한 각종회의 개최, 재무부의 예산결산 관련 및 전례부의 효빈묘, 파시조묘의 묘제봉행, 종묘, 건원릉, 헌릉기신제 참반 등, 사업부의 효빈묘를 비롯한 각종 묘제봉행, 명덕사 주변 정비업무, 문화부의 명덕지 발행과 선대조 문집발췌 편집등, 조직부의 6군파, 지방 종중, 문중의 조직 장려 및 숭조돈종심 독려의 승인에 관한 건이다.

제4호의 부의안건은 대종회 회관 건립추진위원회 구성 승인 건이다. 남영 회장님은 '그동안 대종회의 종회운영은 오피스텔 임대료와 종원들의 헌성금으로 운영되었으나 많이 부족하다. 2017년도에는 임원 30명이 모금한 임원회비(특지성금)로 운영해오고 있다. 이러한 애로사항을 유념해주시

기 바랍니다.'라고 했다

그리고 대종회관건립의 필요성과 중요성을 부연 설명하였다. 전주이씨 경녕군파 대종회관 건립 목적은 안정적으로 종사를 볼 수 있는 사무실 확보와 그 일부를 임대하여 년 3000만원의 수익으로 종회운영자금을 확보하도록 하고 있다. 회관 규모는 대지 60평, 연건평 200평으로 하고 건립예산은 약 10억 원이 소요될 것으로 추정하고 있다.

건립의 진행을 위하여 15~16명의 건립추진위원회를 구성하고 이 위원회는 회관 건립 후 입주 시까지 존속하는 것으로 되어 있다.

대종회회관건립 추진위원회 승인건인 제4호의 부의안건은 상정되고 총회참석회원 전원의 만장일치로 승인되었다.

곧바로 이어진 기타토의사항에서는 흥규 이사님이 제기한 족보 처리건에 대하여 인기 자문위원님은 족보편찬주기가 20년 이상이어서 향후 2~3년 내에는 족보편찬계획이 없으므로 재고는 파악하도록 하고 결손처리는 유보하는 것이 좋겠다고 하여 종원들의 동의를 받았다.

남영 회장님은 재고를 정확히 파악하되 기존 6군파에 나가있는 수량은 재고에서 떨고 기존대로 소비하겠다고 하였다.

흥규 이사님의 봉양회 위상관련 질의에 대하여 인기 자문위원님과 남영 회장님은 지난번 이사회 결의에 따라서 봉양회를 인정하고 수용하는 차원에서 봉양회를 대종회 산하로 하는 전례담당부서로 하고 봉양회장을 대종회 산하 부회장으로 영입하는 것이 상정되고 가결되었다.

사회자의 점심식사 장소에 대한 안내 고지가 있은 후에 무려 2시간 30분의 장시간 총회는 끝나고 폐회를 선언하니 오후 1시 30분이다.

(2018. 3. 10, 대종회 총회 참관기-대종회 고문 이장로, *명덕지 34호)

*명덕지는 전주이씨 경녕군파 대종회 회지이다.

동창회장 퇴임사

'順天師範 길이 섰도다'

존경하는 선후배 동창회원님, 그리고 동기생 여러분, 건강한 모습으로 뵙게 되어 대단히 기쁩니다.

제가 2년 전 회장에 취임할 때는 순천사범에 입학할 때처럼 떨리는 심정이었는데, 임기만료를 앞두고 이 자리에 서니 순천사범을 졸업할 때처럼 결핍감이 들고 부끄러운 심정이 듭니다.

그러나 저에게 지난 2년간은 순사시절 미흡했던 과업을 마무리한 것처럼 보람 있고 희열喜悅 넘친 기간으로, 마치 사범학교를 2년 더 다닌 기분이었습니다.

50년 전 국민소득이 100달러도 못될 때 우리들은 관비官費를 받아가며 공부했습니다. 대부분 미성년자로서 교직에 섰으며, 평생을 교단에서 보낸 사람이 많습니다. 그 동안 농업사회는 산업사회를 거쳐 정보화시대가 되었고 우리는 역사상 두 번째 1000년의 고비를 넘는 문명사적 장관壯觀을 목격하면서 두 세기에 걸쳐 살고 있는 행운을 누리고 있습니다.

그러나 꽃보다 아름다웠던 우리의 얼굴에는 너나없이 신산辛酸한 세월의 우수憂愁가 묻어나옵니다. 노년이 된 우리들이 상쾌한 여생을 보내는 데는 질풍노도疾風怒濤의 추억을 공유한 中高 동창들과 어울리는 것이 최상이라고 합니다.

동문 여러분, 우리는 총회원의 30% 이상 참여하는 '名品 同窓會'를 우리 손으로 가꾸었습니다. 이것은 여기 계신 동문 여러분이 수도서울에서 성취해낸 순사정신의 결실입니다. 이렇게 되기까지는 선배님들과 후배님들, 그리고 동기생 여러분들의 헌신적인 모교 사랑이 초석礎石이 되었습니다. 순사출신은 '敎師 資格證'은 물론 '人格 資格證'도 함께 따고 나왔음을 입증하는 결과입니다.

저는 이 세상에 다시 태어난다면 직업을 다시 교직으로 선택해야 할지

고민이 됩니다. 그러나 선후배만은, 이곳에 계시는 동문 여러분을 다시 선후배로 만나고 싶습니다. 저기 있는 13회 남녀친구들을 역시 다시 동기동창으로 만나고 싶습니다.

그동안 지속되어온 기우회와 더불어, 등산모임인 산우회도 활성화되고 있으며 더 발전하는 모임으로 자리 잡도록 여러분의 많은 참여 부탁드립니다. 앞으로 낚시회, 서도회, 골프회 등 친목그룹이 더 발족되었으면 하는 바램입니다.

'열린사회와 그 적들'을 써서 20세기 사상계에 충격을 주었던 Karl Popper는 '오류가 없다면 과학이 아니다'고 과학적 방법론을 주창했습니다. 송구스럽지만 저도 실수했던 점, 부족했던 점이 많았던 것을 솔직히 시인하고 동문 여러분의 이해를 구합니다.

다만 한 가지, 순천사범은 없어지지 않았다는 것을 강조하고 싶습니다. 순천시 조례동에 있었던 순천사범 우리모교는 없어졌지만 '順師魂'을 계승한 새로운 순천사범이 인터넷 카페에 부활했습니다. 이 부활한 디지털 순천사범에는 졸업도 폐교도 없습니다. 정년도 퇴직도 없습니다. 영원히 학생으로 교사로 활동할 수 있는 학교, 우리 교가처럼 '순천사범 우리모교 길이 섰도다'가 되고 있습니다.

지금(2008.10.6)까지 열성적이고 적극적으로 협조하여주신 동문들의 헌신적인 사랑과 노력에 힘입어 무려 4,200여건의 글이 올라와 있습니다. 방문자수가 서울은 물론 광양, 순천, 광주, 미국 등 전세계에서 4만 3천명에 이르고 있습니다. 새로운 모교 '디지털 순천사범'을 동문들께서 더욱 더 사랑해주시기 바랍니다.

존경하는 선후배 동문 여러분, 저 이장로는 마음은 총동창회에 두고 몸만 회장직에서 물러납니다.

감사합니다.

(2008. 10. 16, 재경 순천사범 총동창회장을 물러나며)

시의 세계

세월의 흔적

-서영수

그냥 이대로
있어 주었으면 했는데
나도 모르는 사이에
멀리 피안의 세계로
흘러가고 있음을 어찌하랴

바람을 탓하랴
꽃을 탓하랴
별빛을 탓하랴

구름 타고 떠나는 배
그 속 옹기 모여 있는
우리들의 작은 삶

시냇물처럼 유유히 흐르는
세월 가슴 안고
내일 향해 떠나는 그대

하얀 꽃처럼 순수하게
피어 있는 얼굴 위에
그리움의 흔적만 남기고

초침들이 모여
시간의 둔탁한 음향 만이
울리고 있는
또 다른 작은 우주 세계로
안내 하는 그대의 마음를
이해 할 수 도 있다
지금 쯤은

세월의 흔적 위에
순수한 마음 적시며
우리들 얼굴 속에 남아
따뜻한 생명의 바람 풍기며

우리들 정신을 더욱 더
살찌우게 해주는 그대의
갸륵하고 고마운 배려

잊을 수 없어 잊지 못해
동산 위에 올라 구름 사이 핀
파란 하늘 끝을 바라본다

세월의 흔적 속에 그려져 있는
우리들 얼굴 다시 보고 싶어

2015. 12. 18. 구름 길에서

-독후 글

서 형!

시 "세월의 흔적" 잘 감상했습니다. 이 시를 읽으면서 지난 고교 동기 동창회 모임에서 누군가가 세월을 가리켜 "모든 것은 다 지나가는 것"이라고 얘기하였고, 또 어떤 친구는 "이 내 몸은 그대로 두고 세월만 가거라"를 외치는 모순에 찬 덕담 등이 떠오릅니다.

그리고 서 형이 지난번 보내주신 시 "허공"에서 묘사한 진공眞空이 생각납니다. 대기압의 천만 분의 일에 해당하는 압력을 갖는 진공을 인위적으로 만들고 그 안에서 1m의 10억만 분의 일 두께를 갖는 나노물질을 연금술적鍊金術的 기술작업으로 제작하여 국제 및 국내 학술논문을 만들고 국내외 특허를 출원하며 국제학술회의에서 발표하는 일을 수백 번 거듭하는 동안 이내 세월은 흘러갔습니다.

미국 시인-새뮤엘 울먼Samuel Woolman은 그의 시에서 "청춘은 인생의 어느 시기를 말하는 것이 아니고 그 사람의 마음의 상태를 말하는 것이다. 세월을 거듭하는 것만으로 사람은 늙지 않는다. 이상을 잃을 때 비로소 늙는 것이다. 세월은 흐르면서 피부에 주름살을 남기지만, 정열을 잃으면 영혼에 주름살이 생긴다."와 같이 정의했듯이 즉 젊어도 정열을 가지고 있지 않으면 청춘이 아니고, 늙어도 정열이 있으면 청춘이라는 것입니다.

그래서 세월의 흐름은 어쩔 수 없는 것, 원망하고 허망해 한들 아무 소용없는 듯 싶습니다. 비록 몸은 늙었지만, 그래도 아직은 이상理想과 정열情熱을 구가하면서 새뮤엘 울먼이 말한 바로 그 청년을 누리고 싶습니다. 그래서 청년시인 서영수, 청년 물리학자 이장로로 남고 싶은 것입니다.

(2015. 12. 20, 시詩 '세월의 흔적' 독후 글)

우리가 同窓會의 CEO

가까운 김수환 추기경이 위중하다는 소식이 들려오는데 아직도 싱싱한 여배우 최진실이 자살했습니다. 많은 동료 연예인들의 애도 속에 진행된 장례식에서 한 개그우먼은 자기도 함께 죽겠다고 발버둥치는 友愛를 보이기도 했습니다. 우리가 順天에서 살았던 1957년 노벨상을 받은 까뮈는 '異邦人'에서 주인공이, 자기가 죽는 순간에 많은 구경꾼이 오지 못할까 걱정하는 대목이 있습니다. 최진실의 자살을 보면서 人間은 역시 '不條理'하다고 생각하지 않을 수 없습니다. 生命을 演技한 탤런트와 달리 범용한 우리가 죽으면 同伴自殺하겠다고 잠꼬대 나마 해줄 사람이 나올 수 있을까? 20세기의 엑스트라로 쓰러져 버리는 것 아닌가, 인생의 겨울로 접어든 우리에게 많은 想念을 강요합니다.

在京順師總同窓會 총회 일자가 10월 30일로 결정되었습니다(오후 5시, 행복웨딩문화원, 충무로 전철역 1번 출구, Tel: 02-2273-9600). 별도의 안내가 없어도 꼭 참석해주시기 바랍니다.

통상적으로 초중고의 총동창회라는 것은 市郡의 향우회나 각 氏族의 종친회처럼 지극히 解弛된 임의 단체입니다. 운영양태도 똑똑한 사람보다는 나서기 좋아하는 사람들이 주도하여 Gresham의 法則이 증명되기 쉬운 구성체인 것도 사실입니다.

그러나 順師의 재경총동창회는 다릅니다. 분명히 다릅니다. 학교의 성격만큼 方向과 次元이 확실히 다릅니다. 經營資源이 300명 남짓한데 정기총회와 신년회에 100명 이상씩 참석하는 총동창회가 한국에서 몇 개나 되겠습니까? 총회원이 300여 명 뿐인데도, 평일에 100명 이상이 참석하여 서해안에서 동해안까지 韓半島를 횡단하는 야유회를 가질 수 있는 총동창회가 대한민국에서 몇이나 있을 것 같습니까?

그 뿐이 아닙니다. 職責의 解釋力이 높은 이장로 동기가 총동창회장을 맡아서 在京順師總同窓會 會長이라는 職位의 品格을 高揚시키고 있습니다. 그의 전공을 살려 개설한 재경순천사범 총동창회 인터넷카페(club.cyworld.com/scns)에는 지금까지 4천건이 넘는 글이 게재되었고 방문자수가 4만 3천명에 이르고 있습니다. 이 카페는 流失되어 버린 우리의 과거를 복원하여 영원할 미래로 疏通시키는 多次元의 'Silk Road'가 되고 있습니다.

지방에 있는 조그만 도시, 50년 전에 폐교된 학생 수 적은 실업학교의 Cyber카페가 이렇게 隆昌한 사건은 지구촌 전체에서도 稀貴한 사례가 될 것입니다.

13회는 재경총동창회에서 산술적 16분의 1이 아닙니다. 동창회의 사회적 기능이 가장 절실할 때 재경 동창회는 安樂死되어 있었습니다(1976-1986). 그때 동창회의 Dark Age를 깨고 145명이 참석하는 총회(북한산)을 열어 '불타는 가슴에 희망이 춤추게' 한 것이 13회였습니다. 총동창회가 재건된 이후 신 B.S.(4회) 조 K.S.(10회), 조 H.I.(11회), 이 B.R.(13회), 허 J.(13회), 위 G.W.(13회), 정 H.C.(15회) 동문 등이 총무와 사무국장을 맡아 동창회를 운영하였지만, 한 기에서 세 사람이나 총무를 맡은 것도 13회뿐이었습니다. 그렇기에 누가 총회장이고 누가 총무였던 간에 13회 전체가 총동창회의 CEO라 해도 결코 과장이 아닙니다. 우리가 순사 총동창회에 적극 참여해야 할 이유가 바로 여기에 있습니다.

이제 順師總同窓會는 On-line, Off-line 竝進하면서 또 한 번 New Frontier를 맞고 있습니다.

21세기가 되어 先輩, 後輩, 男子, 女子가 竝進하면서 또 한 번 New Frontier를 맞고 있습니다.

그 중심에 New Frontier의 해(1960)에 봉화산을 떠났던 13회가 있습니다.

-10월 30일 참석에 관계없이 총동창회 年會費 5만 원 이상을 빨리, 꼭 송금해주시기 바랍니다.

-계좌번호: 신한은행 110-143-0424190 정 H.C.

(2008. 10. 4, 在京順天師範 13回 同窓會 總務 김 B.G.)

과학과 함께 걸어오다

초판인쇄 2018년 11월 12일
초판발행 2018년 11월 15일

지 은 이 이장로
발 행 처 한림원(주)

등록번호 제2-0642호
등록일자 1998년 08월 23일

주 소 서울특별시 중구 퇴계로 51길 20 1202호(오장동, 넥서스타워)
전 화 02-2273-4201
팩 스 02-2273-4240
홈페이지 http://www.hanrimwon.com

ISBN 978-89-5708-300-0
값 15,000원